"十三五"职业教育规划教材

实用C语言程序设计教程

（第二版）

主　编　陈　珂　陈　静
副主编　熊志勇　陈小英　李爱军
编　写　王　芳　殷　凡　张　苏　程　媛　王勤宏
主　审　李金祥

中国电力出版社
CHINA ELECTRIC POWER PRESS

内容提要

本书为“十三五”职业教育规划教材。全书共分为七个模块，包括程序设计基础、结构化程序设计、数组与字符串、函数及应用、指针及应用、组合数据类型、位运算与文件等。每个模块分解为2～3个任务，每个任务讲述若干个有代表性的案例，以突出各模块需要掌握的重点知识；在内容编排上，本书通过逐步引入一个完整的“学生成绩管理系统”案例的各个环节，培养学生设计中、大型程序的基本能力。

本书可作为高等职业技术学院、高等专科学校、成人高校及本科院校中的二级职业技术学院计算机及相关专业的教材，也可作为对C语言程序设计感兴趣的读者的自学用书。

图书在版编目（CIP）数据

实用C语言程序设计教程 / 陈珂主编．—2版．—北京：中国电力出版社，2016.5（2020.11重印）
“十三五”职业教育规划教材
ISBN 978-7-5123-8713-3

Ⅰ．①实…　Ⅱ．①陈…　Ⅲ．①C语言—程序设计—高等职业教育—教材　Ⅳ．①TP312

中国版本图书馆CIP数据核字（2015）第315508号

中国电力出版社出版、发行
（北京市东城区北京站西街19号　100005　http://www.cepp.sgcc.com.cn）
北京雁林吉兆印刷有限公司印刷
各地新华书店经售

*

2010年7月第一版
2016年5月第二版　2020年11月北京第十一次印刷
787毫米×1092毫米　16开本　19.75印张　483千字
定价 **55.00** 元

前　言

C 语言程序设计是大专院校计算机及相关专业开设的一门专业基础课程。本书的第一版《实用 C 语言程序设计教程》出版发行以来受到了各院校教师和学生的普遍欢迎，使用过程中他们也提出了一些宝贵意见。我们根据这些反馈意见，结合目前职业教育的教学改革要求，对教材进行了重新修订和完善。与第一版相比，第二版根据高职高专计算机教学的要求对教材的组织结构、内容编排、变量规范、习题选择、可读性等多方面进行了相应的优化，增加了大量实用案例，对各种不同类型变量的名称进行了统一规范，并根据各章的教学重点和难点习题进行了重大整改，以帮助学生进一步巩固已学知识。

具体来讲，本书具有以下特点：

（1）从 C 语言的认知结构出发，将教学内容分为 7 个模块，每一个模块都包括 2～3 个任务，每个任务中又包含多个案例。通过一个"学生成绩管理系统"的完整开发流程来贯通所有的知识点。

（2）采用项目、案例式教学，结合高职高专学生的认知特点，精心设计的案例在紧扣教学目标的同时，也注重学生的学习主动性并方便教师的讲解，将知识讲解融入到案例之中，分散难点，突出重点，使理论与实践密切结合。

（3）内容组织上层次分明、结构清晰、实用性强，全面讲授 C 语言程序设计的基本思想、方法和解决实际问题的技巧。

（4）加强实践教学环节，突出"做中教，做中学"的职业教育特色。"技能训练"和"拓展与练习"借助于教师的引导，培养学生自主解决问题的能力，进一步提升编程技能。

（5）每个模块后面安排了数量丰富且有针对性的自测题，并在书尾提供了全部的参考答案，以帮助学生进一步巩固已学知识和技能。

（6）以目前最流行的 C 语言开发软件，即微软的 Visual C++环境作为操作平台，为学生的后续学习与提高夯实基础。书中全部案例的源程序经在该环境中调试顺利通过并正确执行。

全书包括 7 个模块和 5 个附录，模块 1 程序设计基础，模块 2 结构化程序设计，模块 3 数组与字符串，模块 4 函数及应用，模块 5 指针及应用，模块 6 组合数据类型，模块 7 位运算与文件。

本书由陈珂、陈静主编，熊志勇、陈小英、李爱军副主编，李金祥主审。参加编写的人员还有王芳、殷凡、张苏、程媛、王勤宏。陈珂规划了全书的整体结构并承担了统稿工作。本书在编写过程中，参考了有关教材和网站的资料，同时也吸收和听取了许多院校专家及企业人士的宝贵经验和建议，得到了中国电力出版社的大力支持，在此一并表示衷心的感谢。

为便于教师授课，与教材配套的教学课件可在中国电力出版社网站下载。

限于编者水平，书中难免有不足之处，欢迎各位读者提出宝贵意见。联系邮箱：cke@jssvc.edu.cn。

编　者

2015年10月

目　录

模块1 程序设计基础

任务1 程序结构与特征

学习目标

掌握C语言程序的基本结构，领会C语言程序设计的风格，掌握在Visual C++环境中调试程序的方法。

1.1.1 案例讲解

案例1 菜单显示

1. 问题描述

模拟校园管理信息系统的菜单，利用printf函数按一定格式输出文字，在屏幕上显示如图1-1所示的菜单显示界面。

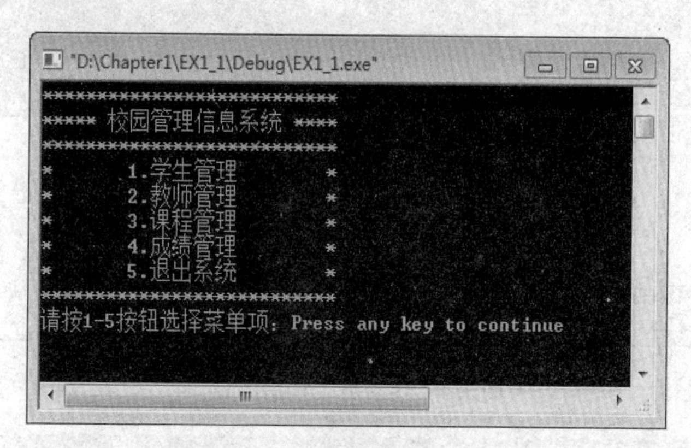

图1-1 菜单显示界面

（1）启动Visual C++。选择“开始”→“程序”→Microsoft Visual Studio 6.0→Microsoft Visual C++ 6.0菜单命令，启动Microsoft Visual C++ 6.0编译系统。

（2）新建工程。选择“文件”→“新建”菜单，在出现的“新建”对话框的“工程”选项卡中选择Win32 Console Application选项，在右侧“位置”栏中选择D盘Chapter1文件夹，在“工程名称”栏中输入“EX1_1”，这时界面如图1-2所示。单击“确定”按钮后，在出现的应用框架选择向导对话框和新建工程信息对话框中分别单击“完成”和“确定”按钮，完成新工程的建立，如图1-3所示。

（3）编写源程序。重新选择“文件”→“新建”菜单，在出现的“新建”对话框的“文件”选项卡中选择C++ Source File选项，在右侧“文件名”栏中输入“EX1_1.CPP”，如图1-4所示。C语言程序的源程序文件扩展名为“.C”，C++语言程序的源程序文件扩展名是“.CPP”。.C文件使用C编译器，.CPP文件使用C++的编译器，二者是有区别的。

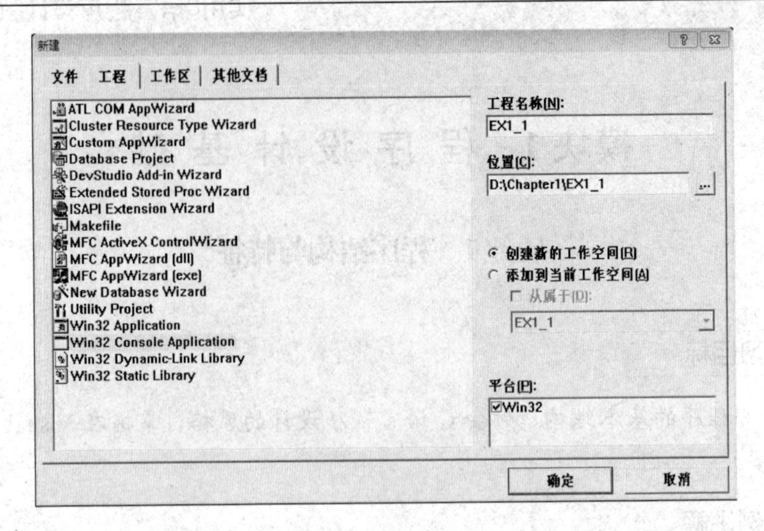

图 1-2 “新建”对话框的“工程”选项卡

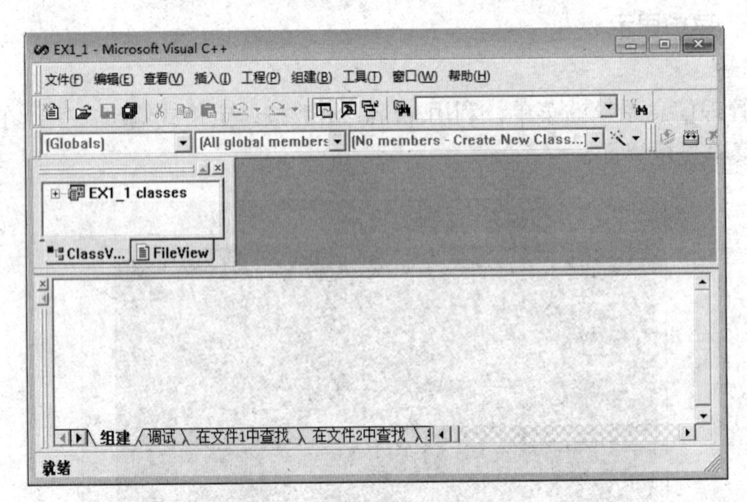

图 1-3 建立新工程后的窗口

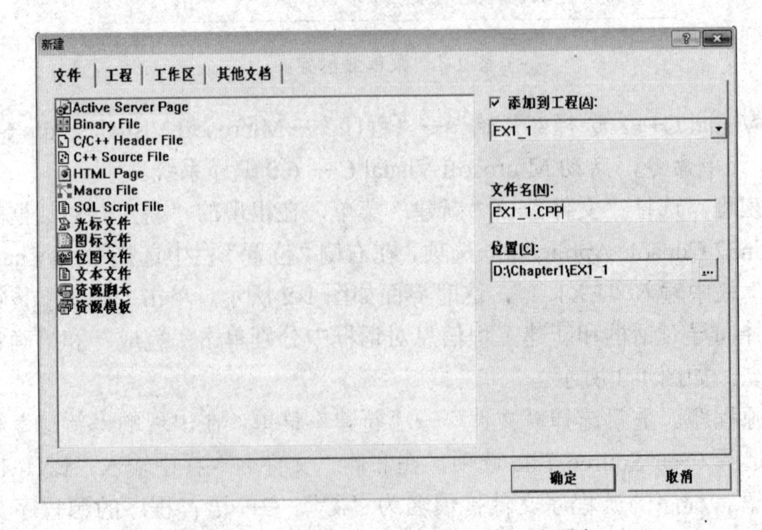

图 1-4 “新建”对话框的“文件”选项卡

单击“确定”按钮后，在出现的窗口（称为编辑窗口）右侧输入如下代码，如图 1-5 所示。

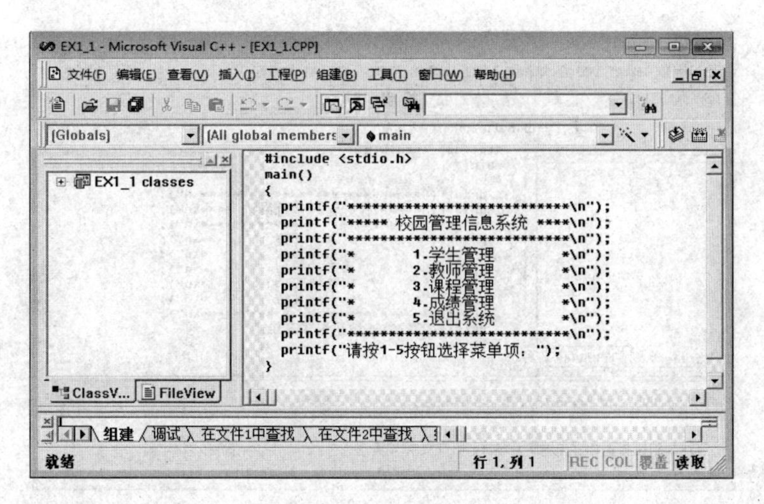

图 1-5 编写源程序

```
/* EX1_1.CPP */
#include <stdio.h>
main( )
{
  printf("****************************\n");
  printf("***** 校园管理信息系统 ****\n");
  printf("****************************\n");
  printf("*       1.学生管理          *\n");
  printf("*       2.教师管理          *\n");
  printf("*       3.课程管理          *\n");
  printf("*       4.成绩管理          *\n");
  printf("*       5.退出系统          *\n");
  printf("****************************\n");
  printf("请按 1-5 按钮选择菜单项：");
}
```

（4）保存程序。选择“文件”→“保存”菜单或单击保存按钮进行保存。为了防止意外丢失程序代码，应养成及时存盘的好习惯。

（5）编译程序。选择“组建”→“编译 EX1_1.CPP”菜单或单击编译按钮进行编译。系统在编译前会自动将程序保存，然后进行编译。注意：警告级错误不会停止编译，可以连接，也可以执行程序，而错误是必须要改正的。根据编程经验，除非错误明显，一般每改正第 1 个错误后就要再进行编译。若还有错，再改正第 1 个错误，……，直至排除全部错误。双击显示错误或警告的第一行，则光标自动跳到代码的错误行。修改程序中的该错误后，重新进行编译，若还有错误或警告，继续修改和编译，直到没有错误为止。本案例没有发现任何错误和警告，所以错误数和警告数都为 0，如图 1-6 所示。

（6）完成连接。选择“组建”→“组建 EX1_1.exe”菜单或单击连接按钮，与编译时一样，如果系统在连接的过程中发现错误，将在如图 1-6 所示的窗口中列出所有错误和警告信息。修改错误后重新编译和连接，直到编译和连接都没有错误为止。

（7）运行。选择“组建”→“执行 EX1_1.exe”菜单或单击运行按钮 ! ，或者按 Ctrl+F5 组合键就可以直接运行程序，如图 1-7 所示就是运行时的控制台窗口。

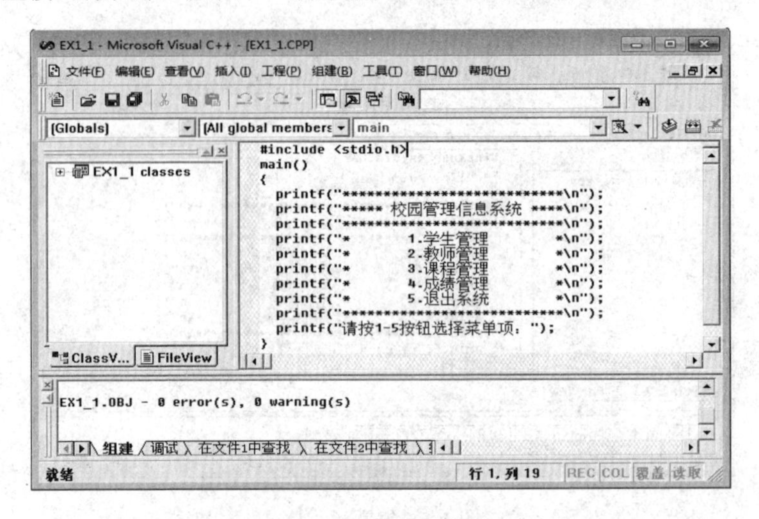

图 1-6　编译后的情况

图 1-7　案例 1 运行结果

要运行程序，还有另一个方法。它与上述方法不同，叫做调试运行，在图 1-6“组建”菜单中的“开始调试”（Start Debug）子菜单中。这种运行方法适用于分步调试程序，观察程序内部运行状况，排除错误逻辑。调试工具条如图 1-8 所示。

图 1-8　调试工具条

（8）调试。调试程序的方法主要以单步执行程序为主，也可以采用设置断点的方法，依次运行到断点之处。无论是单步还是设置断点，都是为了观察变量的内部状态，结合窗口的输出，判断程序是否按照预定的逻辑正确执行。

调试案例 1：计算一个圆的面积。

源程序：

```
/* DG1.CPP */
#include<stdio.h>
#define PI 3.14159
```

```
main( )
{  float  floatR, floatArea;
   printf("本程序计算圆的面积,请输入圆的半径\n");
   scanf("%f",&floatR);
   floatArea=(float)PI* floatR * floatR;
   printf("半径为%.3f 的圆面积为: %.3f\n", floatR, floatArea);
}
```

开始单步调试，按 F10 键运行到如图 1-9 所示界面。

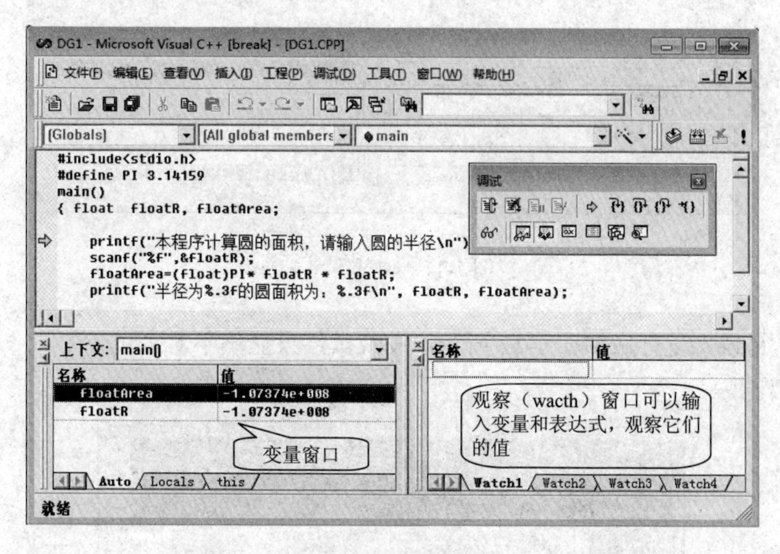

图 1-9 调试窗口 1

当运行到输入界面时，可在如图 1-10 所示窗口中输入数据。

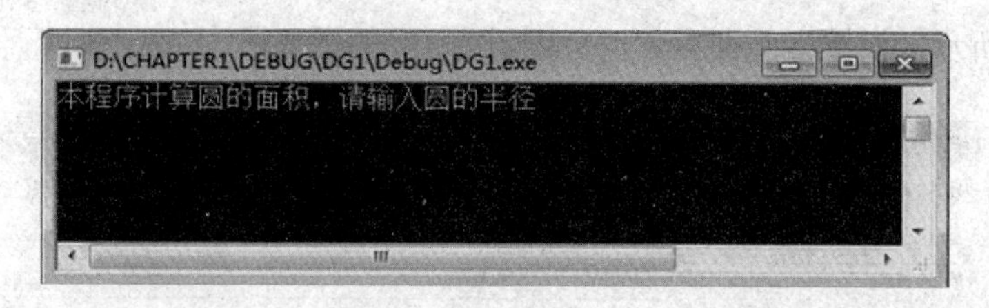

图 1-10 数据输入窗口

同时可以在变量窗口和观察窗口看到相应的数据，如图 1-11 所示。

单击停止调试按钮或按 Shift+F5 组合键，结束本次调试。

调试案例 2：计算累加和，程序有错。

```
#include<stdio.h>
void main( )
{
   int intI,intSum;
   for(intI=1;intI<=100;intI++)
      intSum=intSum+intI;
    printf("sum=%d\n",intSum);
}
```

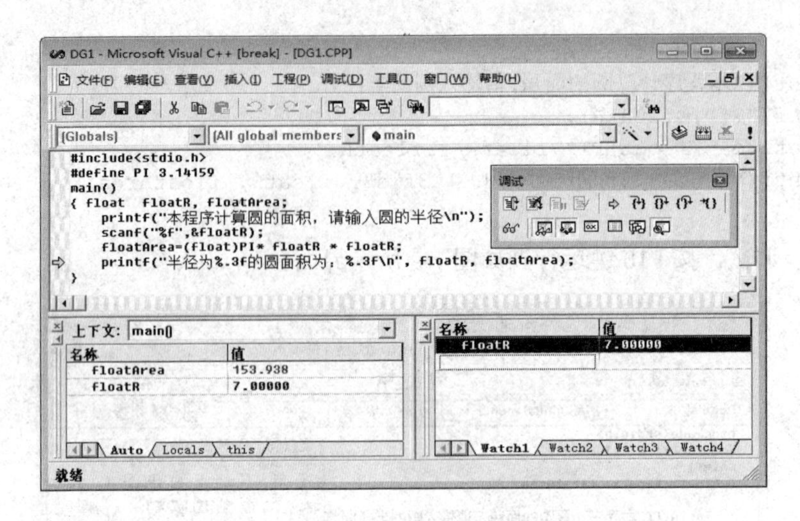

图 1-11　调试窗口 2

排除语法错误，运行后如图 1-12 所示，发现其结果显然不对。

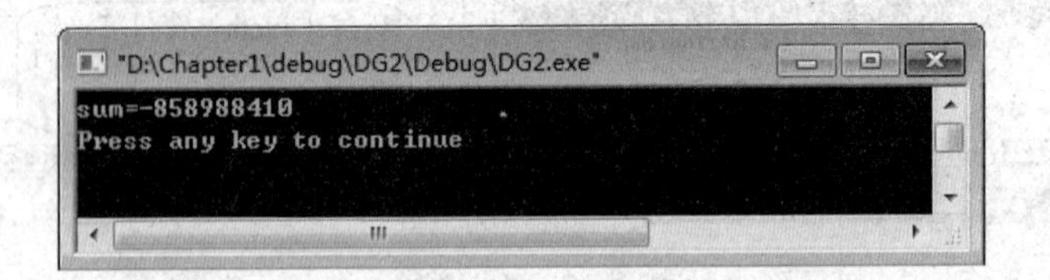

图 1-12　运行结果

如图 1-13 所示，设置一个断点。

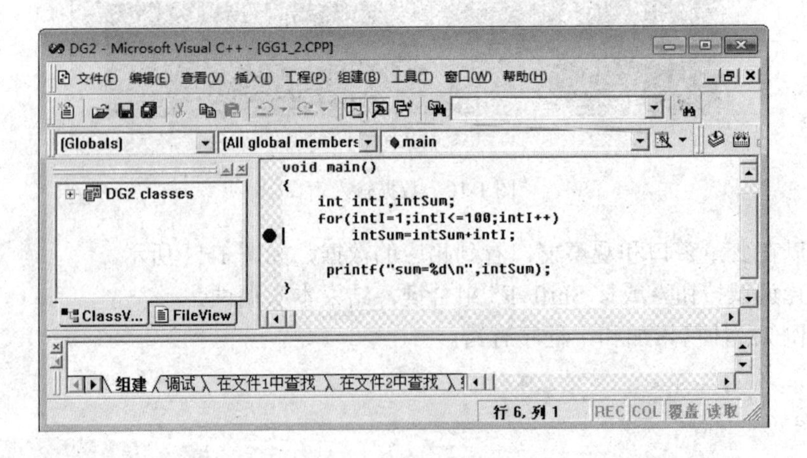

图 1-13　断点设置

使用 F5 键运行到断点处，运行结果如图 1-14 所示，发现变量窗口中 intSum 变量有问题，为初值赋值问题。

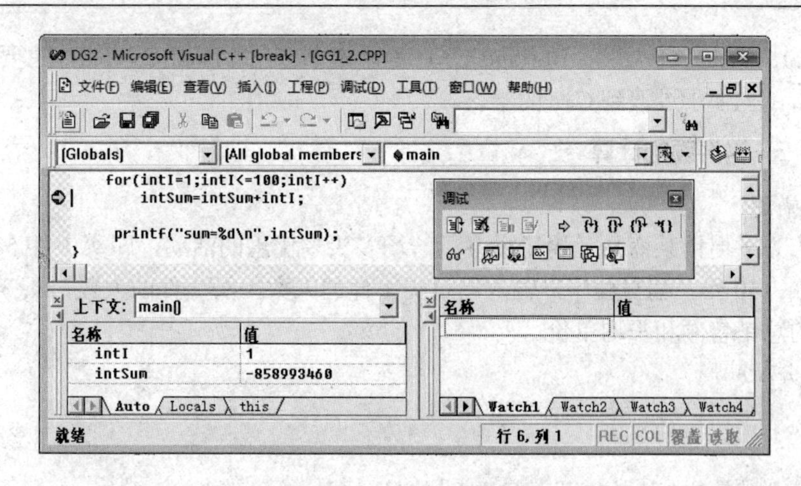

图 1-14 运行到断点处

修改程序，就可以正常运行。

注 意

如果程序较长，可以设置多个断点。程序调试可以利用以上多种方法结合使用，要多上机练习。

单步调试：最简单的一种调试方法，使用（step over）或按 F10 键一步一步地执行。可在“变量窗口”(Variables)观察和分析变量的变化。

断点调试：使用按钮或 F9 键设置(或取消)断点，再使用按钮或 F5 键运行到断点。可在“变量窗口”(Variables)观察和分析变量的变化。然后决定是继续单步执行，还是运行到下一个断点。

运行到光标处：先定位好光标的位置，再使用 (run to cursor)按钮运行到光标处。然后决定是继续单步执行，还是运行到下一个断点。

2. 归纳分析

（1）一个 C 源程序至少包含一个主函数（main 函数）主函数的一般框架为

```
main( )
{ 定义变量部分
  功能语句部分
}
```

（2）在屏幕上显示内容使用 printf 函数，printf 函数显示字符串的格式为

```
printf(一串字符);
```

在函数后面加分号构成输出语句，语句是程序执行的基本单位。程序中“\n”是换行符。

（3）C 语言系统提供丰富的标准库函数，而且为了方便使用，对这些函数进行分类并存放在对应的头文件中。程序 EX1_1.CPP 的第 1 行#include <stdio.h>是一条预处理命令，作用是将头文件 stdio.h 包含入本程序，如果程序中需要输入输出数据，就必须包含头文件 stdio.h，而数学函数则存放在“math.h”文件中。在附录 D 中列出了系统常用的 C 库函数。

（4）C 语言程序必须经过编辑、编译、连接的过程后才能运行。C 语言的上机环境很多，

如 Turbo C 2.0、Visual C++6.0、Borland C++ 等。本书选用 Visual C++6.0，主要是方便同学使用鼠标编辑，也便于过渡到 C++的学习。

案例 2 销售额的计算

1. 问题描述

某玩具店为了促销某商品，周日举办了一场多买多优惠的活动，即买 1 件 58.5 元，2 件 108.5 元，3 件 150 元。编写程序，输入周日买 1 件的人数，买 2 件的人数，买 3 件的人数，并计算当天的总销售额和平均单价。

2. 编程分析

```
main( )
{
    定义整型变量 intN1,intN2,intN3 和 intN
    定义双精度实型变量 doubleSum,doubleAve

    分别输入买 1 件,2 件,3 件的人数存入 intN1,intN2,intN3 中
    计算总的卖出件数存入 intN 中
    计算总销售额放在 doubleSum 中
    计算平均单价放在 doubleAve 中
    显示总销售额和平均单价
}
```

3. 编写源程序

```
/* EX1_2.CPP */
#include <stdio.h>
main( )
{
  int intN1,intN2,intN3, intN;
  double doubleSum,doubleAve;
  printf("请输入三种人数 intN1,intN2,intN3:");
  scanf("%d,%d,%d",&intN1,&intN2,&intN3);
  intN=1*intN1+2*intN2+3*intN3;
  doubleSum=58.5*intN1+108.5*intN2+150*intN3;
  doubleAve=doubleSum/intN;
  printf("总销售额:%lf, 平均单价:%lf\n",doubleSum,doubleAve);
}
```

特别提示：源程序编写好后要存盘，如以“EX1_2.CPP”存盘。

4. 运行结果

编译、连接后运行程序，等待输入时输入“3，4，5<回车>”，则运行结果如图 1-15 所示。

图 1-15 案例 2 运行结果

5. 归纳分析

（1）程序中的printf函数输出一条信息“请输入三种人数intN1,intN2,intN3:”，用于提示用户需要输入三个数据，以及按怎样的格式进行输入（用逗号分隔三个数），和scanf函数配合使用以实现用户和计算机之间的信息交互。

（2）从键盘输入数据使用scanf函数，该函数的一般形式为

```
scanf (<格式控制字符串>,<地址列表>)
```

<格式控制字符串>是用双引号括起来的字符串，也称“转换控制字符串”，它包括两部分信息：一部分是普通字符，这些字符将按原样输出；另一部分是格式说明，以“%”开始，后跟一个或几个规定字符，用来确定输出内容格式，如%d、%f 等，它的作用是将输出的数据转换为指定的格式输出。

<地址列表>是由若干个地址组成的列表，可以是变量的地址，也可以是字符串的首地址。

程序中，字符串“&intN1,&intN2,&intN3”中的“&”是“地址运算符”，& intN1 指 intN1 在内存中的地址。上面scanf函数的作用是按照intN1、intN2、intN3在内存的地址将intN1、intN2、intN3的值存进去。变量intN1、intN2、intN3的地址是在编译连接阶段分配的。

“%d”表示按基本整型输入数据。

1.1.2 基础理论

1. C程序的基本结构

通过以上几个案例，可以看到：

（1）C程序由函数构成。C语言中用函数来实现特定的功能。一个C源程序至少包含一个main函数，也可以包含一个main函数和若干个其他函数。因此，函数是C程序的基本单位，程序中的全部工作都是由各个函数分别完成的，编写C程序就是编写一个个函数。

C语言的这种特点使得程序的模块化容易实现。

（2）函数由两部分组成。C语言中的函数由两部分组成：

1）函数的首部，即函数的第一行。其包括函数属性、函数类型、函数名、函数参数（形参）名、参数类型。

EX1_1.CPP中的main函数的首部为

```
main ( )
```

在此例中，只定义了函数名，没有给出函数的类型、参数等内容，这是允许的，但一个函数名后面必须跟一对圆括号。

2）函数体，即函数首部下面的花括号{…}内的部分。如果一个函数内有多个花括号，则最外层的一对花括号为函数体的范围。

函数体一般包括以下两部分：

声明部分：在这部分中定义所用到的变量，如EX1_2.CPP中的“int intN1,intN2,intN3, intN;”。在后面课程中还将会看到，在声明部分中要对所调用的函数进行声明。

执行部分：由若干个语句组成。

当然，在某些情况下也可以没有声明部分，甚至可以既无声明部分，也无执行部分。

（3）C程序从main函数开始执行。一个C程序总是从main函数开始执行的，而不论

main 函数在整个程序中的位置如何（main 函数可以放在程序最前，也可以放在程序最后，或在一些函数之前，在另一些函数之后）。

（4）程序书写格式自由。C 程序书写格式自由，一行内可以写几个语句，一个语句可以分写在多行上。

（5）分号是语句的结束符。C 语言中，每个语句和数据定义的最后必须有一个分号，分号是 C 语句的必要组成部分。例如：

```
intC=intA+intB;
```

（6）程序中可以使用注释。可以用/*……*/对 C 程序中的任何部分作注释。一个好的、有使用价值的源程序都应当加上必要的注释，以增加程序的可读性。

2. printf 函数

（1）printf 函数的一般格式。

```
printf(<格式控制字符串>,<参数列表>)
```

例如：

```
printf("intI=%d,charC=%c\n",intI,charC)
```

括弧内包括两部分：

1）<格式控制字符串>是用双引号括起来的字符串，也称“转换控制字符串”，它包括两种信息：一部分是普通字符，这些字符将按原样输出，如“intI=,charC=”；

另一部分是格式说明，以“%”开始，如%d、%f 等，它的作用是将输出的数据转换为指定的格式输出。

2）<参数列表>是需要输出的一些数据，可以是表达式，如上面 printf 函数中的“intI, charC”部分，其个数必须与格式化字符串所说明的输出参数个数一样多，各参数之间用逗号分开，且顺序一一对应，否则将会出现意想不到的错误。

下面是另一个例子：

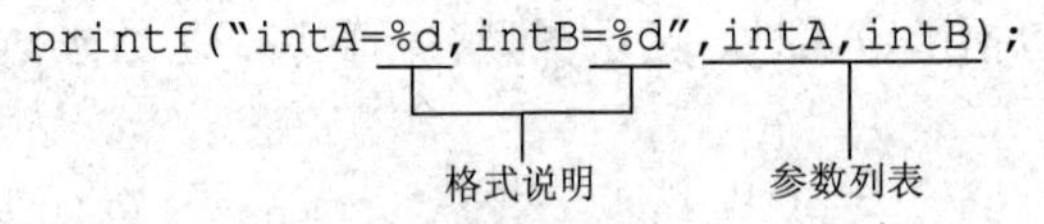

在上面双引号中的字符除了“%d”和“%d”以外，还有非格式说明的普通字符，它们按原样输出。如果 intA、intB 的值分别为 10、20，则输出为

```
IntA=10, intB=20
```

其中有下划线的字符是 printf 函数中的“格式控制字符串”中的普通字符按原样输出的结果。10 和 20 是 intA 和 intB 的值（注意 10 和 20 无前导空格和尾随空格）。

（2）格式说明。格式说明的一般形式为

```
%[标志][输出最小宽度][.精度][长度] 类型格式字符
```

其中方括号（[ ]）中的项为可选项。各项的意义如下：

1）类型格式字符。类型格式字符用以表示输出数据的类型，注意不同的类型数据要用相应的类型字符输出，其格式符号和作用如表 1-1 所示。

表 1-1 类型格式字符

符号	作 用	符号	作 用
d	十进制有符号整数	x、X	无符号以十六进制表示的整数
u	十进制无符号整数	o	无符号以八进制表示的整数
f	浮点数	e	指数形式的浮点数
c	单个字符	g	浮点数，选用 f 或 e 格式中输出宽度较短的一种格式
s	字符串	p	指针的值

2）标志字符。标志字符有–、+、#、空格四种，其意义如表 1-2 所示。

表 1-2 标 志 字 符

标志	意 义	标志	意 义
–	结果左对齐，右边填空格	空格	输出值为正时冠以空格，为负时冠以负号
+	输出符号（正号或负号）	#	对于 c、s、d、u 类，无影响； 对于 o 类，在输出时加前缀 0； 对于 x、X 类，在输出时加前缀 0x、0X； 对于 e、g、f 类，当结果有小数时才给出小数点

3）输出最小宽度。用十进制整数来表示输出的最少位数。若实际位数多于定义的宽度，则按实际位数输出；若实际位数少于定义的宽度，则补以空格或 0。

4）精度。精度格式符以“.”开头，后跟十进制整数。本项的意义是：如果输出数值，则表示小数的位数；如果输出的是字符，则表示输出字符的个数；若实际位数大于所定义的精度位数，则截去超过的部分。

5）长度。长度格式符为 h、l 两种，h 表示按短整型量输出，l 表示按长整型量输出。

3. scanf 函数

（1）格式说明。和 print 函数中的格式说明相似，以%开始，以一个类型格式字符结束，中间可以插入附加的字符。表 1-3 列出 scanf 函数用到的类型格式字符。

表 1-3 scanf 函数中类型格式字符

格式字符	说 明
d、i	用来输入有符号的十进制整数
u	用来输入无符号的十进制整数
o	用来输入无符号的八进制整数
x、X	用来输入无符号的十六进制整数（大小写作用相同）
c	用来输入单个字符
s	用来输入字符串，将字符串送到一个字符数组中，在输入时以非空白字符开始第一个空白字符结束
f	用来输入实数，可以用小数形式或指数形式输入
e、E、g、G	与 f 作用相同，e 与 f、g 可以互相替换（大小写作用相同）

表 1-4 列出 scanf 函数可以用的附加说明字符（修饰符）。

表 1-4　　scanf 函数的附加格式说明字符

字　符	说　　明
字母 l	用于输入长整型数据（%ld、%lo、%lx）和 double 型数据（%lf 或%le）
字母 h	用于输入短整型数据（%hd、%ho、%hx）
正整数 m	域宽，指定输入数据所占宽度（列数）
字符*	表示本输入项在读入后不赋给相应的变量

（2）注意事项。

1）可以用整数 m 指定输入数据所占列数，系统自动截取所需数据，例如：

```
scanf ("%3d%3d",&intA,&intB);
```

输入：123456↙

系统自动将 123 赋给 intA，456 赋给 intB。

此方法也可用于字符型：

```
scanf ("%3c",&charCh);
```

如果从键盘连续输入 3 个字符 abc，由于 charCh 只能容纳一个字符，系统就把第一个字符 a 赋给 charCh。

2）如果在<格式控制字符串>中除了格式说明以外还有其他字符，则在输入数据时，应输入与这些字符相同的字符，例如：

```
scanf ("%d,%d", &intA,&intB);
```

输入时应用如下形式：

```
1,2↙
```

注意 1 后面是逗号，它与 scanf 函数中的<格式控制字符串>中的逗号对应。如果输入时不用逗号而用空格或其他字符是不对的，例如：

```
1:2↙
```

系统读入 1 存入变量&intA，后面由于输入符号为：与要求输入的逗号不一致，变量&intB 不能获得有效的数值。如果是

```
scanf ("%d,%d,%d ",&intA,&intB,&intC);
```

正确输入格式为

```
11,12,13↙
scanf ("%d:%d:%d,&intA,&intB,&intC);
```

正确输入格式为

```
11:12:13↙
scanf ("intA=%d,intB=%d,intC=%d", &intA,&intB,&intC);
```

正确输入格式为

```
intA=11,intB=12,intC=13↙
```

3）在用“%c”格式输入字符时，空格字符和“转义字符”都作为有效字符输入：

```
scanf ("%c%c%c",&charCh1,& charCh2,& charCh3);
```

如输入

```
x␣y ␣z↙
```

字符 x 存入 charCh1，字符空格存入 charCh2，字符 y 存入 charCh3，因为%c 只要求读入一个字符，后面不需要用空格作为两个字符的间隔，因此 x 和 y 之间的空格作为下一个字符送给 charCh2。

4）在输入数据时，遇以下情况时该数据认为结束。

① 遇空格，或按“回车”键或“跳格”（Tab）键。

② 按指定的宽度结束，如“%3d”，只取 3 列。

③ 遇非法输入。

输入输出是程序中最基本的操作，而 C 语言的格式化输入输出函数的规定又比较烦琐，用得不对就得不到预期的结果，所以本章作了较为详细的介绍。但读者在学习时不必花许多精力在每一个细节上，只要重点掌握最常用的一些规则即可，其他部分可以通过编写和调试程序来逐步掌握。

4. getchar 函数

此函数的作用是从终端（或系统隐含指定的输入设备）输入一个字符。getchar 函数没有参数，其一般形式为

```
getchar( )
```

函数的值就是从输入设备得到的字符，例如：

```
charA=getchar( );
```

该语句的作用是将从键盘输入的字符存放在变量 charA 中。

5. putchar 函数

putchar 函数的作用是向终端输出一个字符，例如：

```
putchar(charC1);
```

其中，charC1 为一个字符变量或常量。

1.1.3 技能训练

【实验 1-1】运行下面的程序，分析运行结果。

```
/* EX1_3.CPP */
#include<stdio.h>
main( )
{
    int intI;
    long longJ;
    float floatF;
    intI = 123;
    longJ = 123456;
    printf("%d,%5d,%05d \n", intI,intI,intI);
```

```
    printf("%ld,%8ld,%08ld \n",longJ,longJ,longJ);
    floatF =123.4;
    printf("%f\n", floatF);
    printf("%10f\n", floatF);
    printf("%10.2f\n", floatF);
    printf("%.2f\n", floatF);
    printf("%-10.2f\n", floatF);

}
```

指 导

（1）启动 Visual C++集成环境。

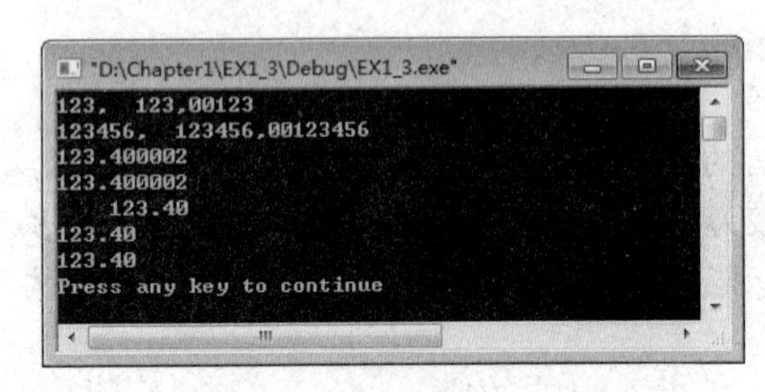

图 1-16 实验 1-1 运行结果

（2）输入上述程序，并以“EX1_3.CPP”为文件名保存在磁盘上，然后编译、运行该程序。

（3）观看程序运行结果，如图 1-16 所示。

（4）对程序运行结果分析如下：

先看第一个输出结果：变量 intI 的初值为 123，经过格式输出控制符，分别输出了三种不同的格式。d 格式符用来按十进制格式输出整数，常见的几种用法如表 1-5 所示。

表 1-5 d 格式符的用法

格式符	输 出 格 式
%d	按整型数据的实际长度输出
%md	m 位整数（数据位数不足 m 时补空格，大于 m 时按实际长度输出）
%-d、%-md	同上，左对齐
%0md	m 位整数（数据位数不足 m 时补 0，大于 m 时按实际长度输出）
%ld、%mld、%0mld	长整型数据

注意，表中的 m（位数控制）、0（位数不足补 0）和-（左对齐）对于其他格式符也适用。

再看第二个输出结果：变量 longJ 的起始值为 123456，分别实现了按实际输出，按 8 位输出不足补空格，第三个数是按 8 位不足补 0 来输出的。

第三个输出结果是一个单精度实型数，f 格式符用来按小数形式输出实数（包括单、双精度），具体用法如表 1-6 所示。

表 1-6 f 格式符的用法

格式符	输 出 格 式
%f	按实数格式输出，整数部分按实际位数输出，6 位小数
%m.nf	总位数 m（含小数点），其中 n 位小数
%-m.nf	同上，左对齐

float 数据只有前 7 位数字是有效数字，千万不要以为凡是打印出来的数字都是准确的。

双精度数同样可用%f 格式输出，它的有效位数一般为 16 位，给出小数 6 位。

【实验 1-2】编写程序，输入三个字母（“A”和“a”除外），输出这些字母前面的字母。

指 导

1. 编程分析

计算某个字母 charCh 前面的字母 charCh1，是根据字符在 ASCII 码表中的排列顺序，故可以得到 charCh1=charCh-1。

2. 编写程序

```
/* EX1_4.CPP */
#include<stdio.h>
main( )
{
    char  charCh;
    printf("第一个字母:");
    charCh=getchar( );                          /*接收输入第一个字母后的回车符*/
    charCh=charCh-1;
    putchar(charCh);
    printf("\n 第二个字母:");
    getchar( );                                 /*接收输入第二个字母后的回车符*/
    charCh=getchar( );
    charCh=charCh-1;
    putchar(charCh);
    printf("\n 第三个字母:");
    getchar( );
    charCh=getchar( );
    charCh=charCh-1;
    putchar(charCh);
    putchar('\n');
}
```

程序执行时，要求连续输入三个字符后按“回车”键。不要输入一个字符按一次“回车”键。(因为“回车”也是一个字符，其 ASCⅡ值为 10。而制表符的 ASCⅡ值为 9。)

```
charCh=getchar();
charCh= charCh-1;
```

两行改写成

```
charCh=getchar()-1;
```

这样程序看起来更简洁，可读性更强。

整个程序可以改为

```
#include<stdio.h>
main()
{
putchar(getchar()-1);
putchar(getchar()-1);
putchar(getchar()-1);
}
```

3. 运行程序及分析

在 Visual C++集成环境中输入上述程序，文件存成 EX1_4.CPP。写出程序的运行结果，并根据[实验 1-1]的分析结果对该程序的每个输出结果进行分析。

【实验 1-3】示例程序 EX1_5.CPP 是一个交互程序，设圆半径 *r*=1.5，圆柱高 *h*=3，求圆周长、圆面积、圆球表面积、圆球体积、圆柱体积。用 scanf 函数输入数据，输出计算结果，输出时要求有文字说明，取小数点后 2 位数字，请编写程序。

指 导

1. 编程分析

输入(键盘)：

提示并输入下列数据：

圆半径　　圆柱高

1.5　　　　3

（1）输出(屏幕)：

输出以下内容：

圆周长为：　　　　floatL=****.**

圆面积为：　　　　floatS=****.**

圆球表面积为:　　　floatSq=****.**

圆球体积为:　　　　floatSv=****.**

圆柱体积为:　　　　floatVz=****.**

（2）处理要求：

1）定义变量。

2）计算各个数据。

圆周长=2*圆周率*圆半径；

圆面积=圆周率*圆半径*圆半径；

圆球表面积=4*圆周率*圆半径*圆半径；

圆球体积=3.0/4.0*圆周率*圆半径*圆半径*圆半径；

圆柱体积=圆周率*圆半径*圆半径*圆柱高。

3）在屏幕上输出。

2. 伪代码

```
main( )
{
    定义各个输入变量和输出变量
    提示和输入圆半径，圆柱高
    计算各个数据：
    圆周长=2*圆周率*圆半径
    圆面积=圆周率*圆半径*圆半径
    圆球表面积=4*圆周率*圆半径*圆半径
    圆球体积=3.0/4.0*圆周率*圆半径*圆半径*圆半径
    圆柱体积=圆周率*圆半径*圆半径*圆柱高
    打印圆周长、圆面积、圆球表面积、圆球体积、圆柱体积
}
```

3. 编写程序

```
/* EX1_5.CPP */
#include<stdio.h>
main( )
{
    /*声明变量*/
    const float PI = 3.14159;                    /*圆周率*/
    float floatR;                                /*圆半径*/
    float floatH;                                /*圆柱高*/
float floatL,floatS, floatSq, floatVq, floatVz;     /*圆周长,圆面积,圆球表面积,
圆球体积,圆柱体体积*/
                                                 /*输入数据*/
    printf("请输入圆半径, 圆柱高:\n ");
    scanf("%f,%f",& floatR,& floatH);
                                                 /*计算*/
    floatL =2*PI* floatR;
    floatS = floatR * floatR *PI;
    floatSq =4*PI* floatR * floatR;
    floatVq=3.0/4.0*PI* floatR * floatR * floatR;
    floatVz =PI* floatR * floatR * floatH;
                                                 /*显示计算出的数据*/
printf("圆周长为:            floatL =%6.2f\n", floatL);
    printf("圆面积为:        floatS =%6.2f\n", floatS);
    printf("圆球表面积为:    floatSq =%6.2f\n", floatSq);
    printf("圆球体积为:      floatSq =%6.2f\n", floatVq);
    printf("圆柱体积为:      floatSq =%6.2f\n" , floatVz);
}
```

图 1-17 所示为示例程序 EX1_5.CPP 的屏幕输入和输出。

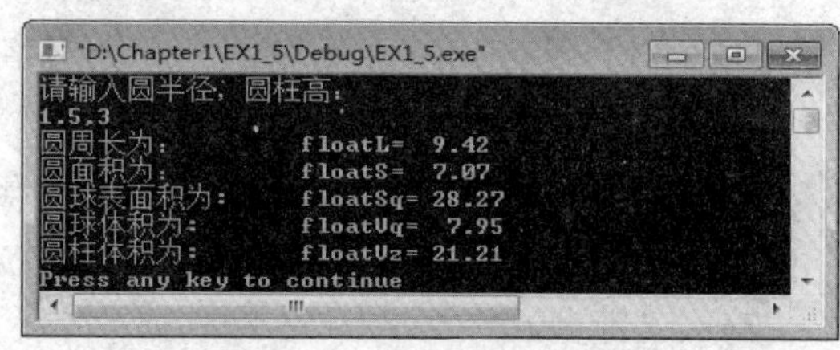

图 1-17 实验 1-3 运行结果

4. 归纳分析

#include<stdio.h>是将该标准输入/输出头文件包含到源代码中。stdio.h 头文件含有 scanf( )函数和 printf( )函数的预编译代码。要从键盘输入数据，并将数据输出到屏幕，就必须将这些函数包含到源代码中。

```
main( )
{
    /*声明变量*/
    const float PI = 3.14159;                          /*圆周率*/
    float floatR;                                      /*圆半径*/
    float floatH;                                      /*圆柱高*/
    float floatL,floatS, floatSq, floatVq, floatVz;    /*圆周长,圆面积,圆球表面积,
圆球体积,圆柱体体积*/
```

上述语句声明程序常量和变量。

```
/*输入数据*/
printf("请输入圆半径, 圆柱高:\n ");
```

这个输出语句在屏幕上显示了双引号中的消息，提示用户输入圆半径、圆柱高。提示将

显示一个屏幕命令或一条消息，通知用户应该做什么。

```
scanf("%f,%f ",& floatR,& floatH);
```

该语句将输入的浮点值赋给变量 r 和 h。

```
/*计算*/
   floatL =2*PI* floatR;
   floatS = floatR * floatR *PI;
   floatSq =4*PI* floatR * floatR;
   floatVq=3.0/4.0*PI* floatR * floatR * floatR;
   floatVz =PI* floatR * floatR * floatH;
/*显示计算出的数据*/
   printf("圆周长为:        floatL =%6.2f\n", floatL);
   printf("圆面积为:        floatS =%6.2f\n", floatS);
   printf("圆球表面积为:     floatSq =%6.2f\n", floatSq);
   printf("圆球体积为:       floatSq =%6.2f\n", floatVq);
   printf("圆柱体积为:       floatSq =%6.2f\n" , floatVz);
```

第一个输出语句在屏幕上显示圆周长，然后通过\n 强制使用换行。第二个输出语句在屏幕上显示输出圆面积，以下相同。此处，类型格式符%6.2f 通知计算机将各输出结果格式设置为定长浮点型数值字段，并用结果替换类型格式符。

```
}
```

右花括号标志着函数的结束。

1.1.4　拓展与练习

【练习 1】用 getchar 函数输入一个大写字母，并将它转换为对应的小写字母。

要求编写出程序，并给出运行结果。

【练习 2】根据表 1-7 中数据，实现账单输出。

编写程序，计算和输出月底余额。

输入（键盘）：

提示并输入每位客户的数据（括号中为中文注释，无需输入）。

表 1-7　　客户数据表

LastName（姓氏）	PreviousBalance（上次余额）	Payments（付款）	Charges（收费）
Allen	5000.00	0.00	200.00
Davis	2150.00	150.0	00.00
Fisher	3400.00	400.00	100.00
Navarez	625.00	125.00	74.00
Stiers	820.00	0.00	0.00
Wyatt	1070.00	200.00	45.00

输出（屏幕）：

为每位客户输出如下账单信息：

顾客 r:X---------X

月底余额：￥9999.99

要求参考【实验 1-3】的形式，写出伪代码，然后实现编程，最后运行。

1.1.5　编程规范与常见错误

下面列举出初学者易犯的错误，以提醒读者注意。

（1）书写标识符时，忽略了大小写字母的区别。

```
main( )
{
   int intA=5;
   printf("%d",inta);
}
```

编译程序把 intA 和 inta 认为是两个不同的变量名，而显示出错信息。C 语言认为大写字母和小写字母是两个不同的字符。习惯上，符号常量名用大写表示，变量名用小写表示，以增加可读性。

（2）忘记加分号。分号是 C 语句中不可缺少的一部分，语句末尾必须有分号。intA=1intB=2 编译时，编译程序在“intA=1”后面没发现分号，就把下一行“intB=2”也作为上一行语句的一部分，这就会出现语法错误。改错时，有时在被指出有错的一行中未发现错误，就需要看一下上一行是否漏掉了分号。

```
{ intZ=intX+intY;intT=intZ/100;printf("%f",intT);}
```

对于复合语句来说，最后一个语句中最后的分号不能忽略不写。

（3）多加分号。对于一个复合语句，例如：

```
{ intZ=intX+intY;intT=intZ/100;printf("%f",intT);};
```

复合语句的花括号后不应再加分号，否则将会画蛇添足。

（4）输入变量时忘记加地址运算符“&”。

```
int intA,intB;
scanf("%d%d", intA, intB);
```

这是不合法的。scanf 函数的作用是按照 intA、intB 在内存的地址将 intA、intB 的值存进去。“&intA”指 intA 在内存中的地址。

（5）输入数据的方式与要求不符。

1）`scanf("%d%d",& intA,& intB);`

输入时，不能用逗号作两个数据间的分隔符，如下面输入不合法：

```
3,4
```

输入数据时，在两个数据之间以一个或多个空格间隔，也可用回车键、跳格键。

2）`scanf("%d,%d",& intA,& intB);`

C 语言规定：如果在“格式控制”字符串中除了格式说明以外还有其他字符，则在输入数据时应输入与这些字符相同的字符。下面输入是合法的：3，4

此时，不用逗号而用空格或其他字符是不对的。例如：

```
3 4   3：4
```

又如：

```
scanf("intA =%d, intB =%d",& intA,& intB);
```

输入应如以下形式：

```
intA =3, intB =4
```

（6）输入字符的格式与要求不一致。在用“%c”格式输入字符时，“空格字符”和“转义字符”都作为有效字符输入。

```
scanf("%c%c%c",&charC1,&charC2,&charC3);
```

如输入a　b　c字符，“a”送给charC1，字符“　”送给charC2，字符“b”送给charC3，因为%c只要求读入一个字符，后面不需要用空格作为两个字符的间隔。

（7）输入输出的数据类型与所用格式说明符不一致。例如，intA已定义为整型，intB定义为实型。

```
intA=3;intB=4.5;printf("%f%d\n",intA,intB);
```

编译时不给出出错信息，但运行结果将与原意不符。这种“隐形”错误尤其需要注意。

（8）输入数据时，企图规定精度。

```
scanf("%7.2f",&floatA);
```

这样做是不合法的，输入数据时不能规定精度。

任务2　基本数据类型

了解基本类型及其常量的表示法，掌握变量的定义及初始化方法，掌握运算符与表达式的概念，领会C语言的自动类型转换和强制类型转换和赋值的概念。

1.2.1　案例讲解

案例1　变量定义和表达式运算

1. 问题描述

某图书的代号为A，单价为28.50元，第一次印刷1600册，另一种图书代号为B，单价为31.80元，第一次印刷2100册。编写程序计算出这两种图书第一次印刷的销售总价，以及两本书的销售差额。

2. 编程分析

```
main( )
{
    定义字符型变量charCh1,charCh2
    定义双精度实型变量doubleT1,doubleT2,doubleT3
    定义整型变量intN1,intN2
    输入图书代号和印刷册数
```

```
    计算代号 A 的图书销售总价放在 doubleT1 中
    计算代号 B 的图书销售总价放在 doubleT2 中
    计算两种图书销售差价放在 doubleT3 中
    显示图书总价和差价
}
```

3. 编写源程序

```
/* EX1_6.CPP */
#include <stdio.h>
main( )
{
    char charCh1,charCh2;
    double doubleT1,doubleT2,doubleT3;
    int intN1,intN2;
    printf("请输入图书代号和印刷册数: ");                          /* 输入提示 */
    scanf("%c, %d, %c, %d",&charCh1,&intN1,&charCh2,&intN2); /* 数据间用逗号分隔*/
    doubleT1=28.50*intN1;
    doubleT2=31.80*intN2;
    doubleT3=doubleT2-doubleT1;
    printf("图书代号 is %c, 图书总价 is %lf\n", charCh1, doubleT1);
    printf("图书代号 is %c, 图书总价 is %lf\n", charCh2, doubleT2);
    printf("两种图书销售差价 %lf\n", doubleT3);
}
```

特别提示：源程序编写好后要存盘。例如，以“EX1_6.CPP”存盘。

4. 运行结果

编译、连接后运行程序，运行结果如图 1-18 所示。

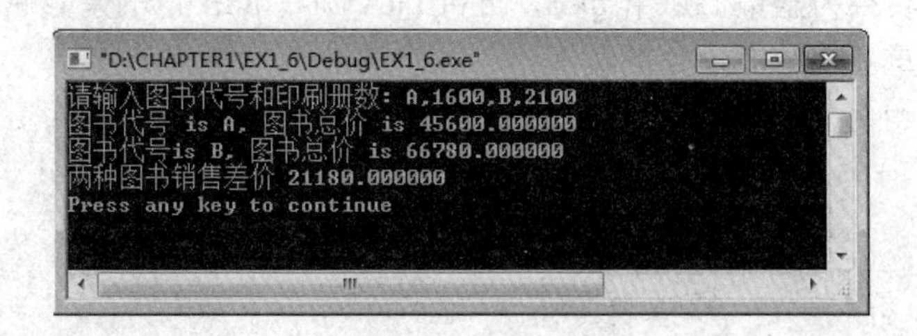

图 1-18 案例 1 运行结果

5. 归纳分析

（1）基本数据类型，如整型、长整型、单精度实型、双精度实型和字符型分别用类型名 int,long,float,double 和 char 来定义。它们在程序中都代表着固定含义的关键字，不能另作他用，不能作为变量名使用。

（2）程序中的 charC1、doubleT1、intN1 等均为变量。C 语言中的变量必须有确定的类型，变量中只能存放该类型的值，并且只能完成该类型允许的运算，如整型变量，就是只能存放和处理整型数据的变量。

C 语言规定变量名必须由字母、数字和下划线组成，并且第一个字符不能是数字，下面这些是合法的变量名： a、i、sum2、Zhang_San；而下面是不合法的变量名：T.H.Jack、￥23、#02、X+Y。在 C 语言中，程序员自定义的变量名、函数名、文件名等通称为标识符，上面列出的变量命名规则也就是标识符的命名规则。

还有一点需要注意，C 语言是区分大小写字母的，也就是说大写字母和小写字母被认为是两个不同的字母。

另外，变量必须先定义再使用，在定义变量时必须确定变量名和类型，变量定义语句的格式为

```
<类型名>    <变量名>[,<变量名>];
```

（3）程序中变量 intN1 和 intN2 为整型，doubleT1、doubleT2、doubleT3 为双精度实型，charC1 和 charC2 为字符型，其原因是 intN1、intN2 是图书册数，是整型数据，而 doubleT1、doubleT2、doubleT3 为销售的总价，是实型数据。而 charC1 和 charC2 是图书代号，是字符型数据。定义变量时，一定要注意其中将要存放的数据类型，已经定义为整型的变量 intN1 中就只能放整型数据。

（4）程序中出现的“=”叫做赋值运算符。语句 doubleT1=28.50*intN1;的作用是计算出 28.50*intN1 的值后，将值赋给变量 doubleT1。

赋值语句的基本格式是<变量名>=<数据>，这里的数据可以是常量、变量或由变量和常量组合而成的计算式。

（5）C 语言的字符型常量是用单引号括起来的一个字符，如'A'、'x'、'D'、'? '、'$'等都是字符常量。注意，'a'和'A'是不同的字符常量。字符数据在内存中以 ASCII 码值存储。

案例 2 数据类型转换

1. 问题描述

设 floatX 为 3.6，floatY 为 4.2，编写程序写出将 floatX 值转换为整数后赋给 intA，将 floatX+floatY 的和转换为整数后赋给 intB，再将 intA 除以 intB 得的余数赋给 intC，最后把求 floatX+floatY 的和重新赋给 floatX 的程序。

2. 编程分析

```
main( )
{
    定义 intA,intB,intC 为整型变量
    定义 floatX,floatY 为实型变量
    给 floatX,floatY 赋值
    将 floatX 值 3.6 转为整型并赋给 intA
    将 floatX+floatY 的值转为整型并赋给 intB
    intA 除以 intB 的余数赋给 intC
    将 floatX+floatY 的值赋给实型变量 floatX
    输出结果
}
```

3. 编写源程序

```
/* EX1_7.CPP */
#include <stdio.h>
main( )
{
   int intA,intB,intC;            /*定义 intA,intB,intC 为整型变量*/
   float floatX,floatY;           /*定义 floatX,floatY 为实型变量*/
```

```
    floatX=3.6;
    floatY=4.2;                      /*给 floatX,floatY 赋值*/
    intA=(int)floatX;                /*将 floatX 值 3.6 转为整型并赋给 intA*/
    intB=(int)(floatX+floatY);       /*将 floatX+floatY 的值转为整型并赋给 intB */
    intC=intA%intB;                  /*intA 除以 intB 的余数赋给 intC*/
    floatX=floatX+floatY;            /*将 floatX+floatY 的值赋给实型变量 x*/
    printf("intA=%d,intB=%d,intC=%d,floatX=%f\n",intA,intB,intC,floatX);
}
```

特别提示：源程序编写好后要存盘。例如，以“EX1_7.CPP”存盘。

4. 运行结果

编译、连接后运行程序，运行结果如图 1-19 所示。

图 1-19　案例 2 运行结果

5. 归纳分析

（1）在 C 语言中，可以利用强制类型转换符，将表达式的类型转换为所需类型。

强制类型转换的一般形式为

(类型名) 表达式

例如，(int)floatA 表示将 floatA 变量转换成 int 类型；(int)(3.2+5)表示将(3.2+5)表达式的值转换成 int 类型，即将 8.2 转换成 8；(float)(7%3)表示将(7%3)表达式的值转换成 float 型。

（2）强制类型转换时，表达式要用括号括起来，以防止出现错误。

例如，设 floatX=3.2, floatY =2.5，则表达式(int)(floatX+ floatY)表示将 floatX+ floatY 的值 5.7 取整，即值为 5；而对于表达式(int)floatX+floatY，则表示先对 floatX 取整后，再加实型变量 floatY 的值，表达式的值为实型，其值为 5.5。

（3）强制类型转换是将所需变量或表达式的值转换为所需类型，但并不改变原来变量和表达式的类型属性，也就是说原来变量或表达式的类型未发生任何变化。

（4）强制类型转换运算符要用圆括号括起来，而变量定义时类型名直接书写，在使用时易发生混淆，应特别注意。

1.2.2　基础理论

1. 数据类型

数据类型确定了如何将数据存储到内存，还确定了数据的存储格式。最基本（或最常用）的数据类型包括整型（int）、长整型（long）、浮点型（float）、双精度型（double）和字符型（char）。

（1）整型：整数，如 5、16 和 8724。八进制整数：以数字 0 开头的整数。例如，0127 表示八进制数 127，其值为 1*64+2*8+7*1，等于十进制的 87。十六进制整数：以 0x 或 0X 开头的整数。例如，0x127 表示十六进制数 127，其值为 1*256+2*16+7*1，等于十进制的 295。

-0x2a 等于十进制数-42。在整型常量后跟有字母 l 或 L 时，表示该整型常量是长整型常量。例如：

```
49876L,0X2F9BCL,3L。
```

指定 int 整型数据类型将声明一个整型变量。整型变量存储的实际范围值随编译器而异，通常情况下，数据范围为-32768~+32767。

如果需要更大的整数，则应指定长整型数据类型。长整型数存储的数据远远超过-32768～+32767 的范围，可通过指定 long 来声明长整数。

（2）实型：实型常量的表示形式有十进制形式和指数形式两种。

十进制形式：它由数字和小数点组成，如 12.34、0.002 等。使用十进制形式时需要注意小数点不能省略。

指数形式：它由小数和指数两部分组成，之间用字母 E 或 e 分隔。指数部分采用规范化的指数形式。例如，125.37 表示为 1.2537e2，将 0.035 表示成 3.5e-2。注意 e 前面必须有数字，e 后面的指数一定是整数。所以，E2 和 1.2E0.5 都不是合法的实型常量。

实数(或浮点数)含有小数点。浮点数值的例子有 2.651、74.8 和 653.49。可通过指定 float 数据类型来声明浮点数变量。

如果需要更大的浮点数，则应指定双精度数据类型。双精度变量可存储非常小和非常大的数据值。可通过指定 double 来声明双精度变量。

（3）字符型：字符可以是任何单个字母、数字、标点符号或特殊符号。例如，'a'、' x '、'$'等都是字符常量。除了以上形式的字符常量外，C 语言还允许用一种特殊形式的字符常量，就是以一个“\”开头的字符序列。例如，前面已经遇到过的，在 printf 函数中的'\n '，它代表一个“换行”符。这是一种控制字符，在屏幕上是不能显示的。在程序中，也无法用一个一般形式的字符表示，只能采用特殊形式来表示。

这种以“\”开头的特殊字符称为转义字符，常用的转义字符如表 1-8 所示。

表 1-8 转义字符及其含义

字符形式	含　义	ASCⅡ码值
\n	换行，将当前位置移到下一行开头	10
\t	水平制表（跳到下一个 Tab 位置）	9
\b	退格，将当前位置移到前一列	8
\r	回车，将当前位置移到本行开头	13
\f	换页，将当前位置移到下页开头	12
\\	反斜杠字符“\”	92
\’	单引号字符	39
\”	双引号字符	34
\ddd	1～3 位八进制数所代表的字符	
\xhh	1～2 位十六进制数所代表的字符	

如果需要的字符不止一个，就要定义一个字符串。字符串是两个或多个字符的组合。字

符串常量是双引号括起来的零个、一个或多个字符序列，如"C Program"。编译程序自动地在每一个字符串末尾添加串结束符'\0'，因此，所需要的存储空间比字符串的字符个数多一个字节，故上述字符串在内存中以如下形式存放：

C		P	r	o	g	r	a	m	\0

不要将字符常量与单字符的字符串常量混淆。例如，'a'是字符常量，"a"是字符串常量，二者不同。可通过指定 char 数据类型来声明字符数据。

2. 运算符和表达式

C 语言的运算符范围很丰富，由这些运算符可以组成相应的表达式。

（1）算术运算符和算术表达式。C 语言中的算术运算符有+（加法运算符），-（减法运算符），*（乘法运算符），/（除法运算符），%模运算符或称求余运算符，%两侧均应为整型数据，如 7%4 的值为 3。对于/运算符，若除数和被除数均为整数，则结果只取整数部分，舍弃小数部分，如 7/4=1；而若除数或被除数中有一个为实数，则结果就是 double 型，如 7/4.0=1.75。算术表达式就是用算术运算符和括号将运算对象（也称操作数）连接起来的、符合 C 语法规则的式子，如表达式 7%2+5-2 就是合法的算术表达式。

（2）关系运算符和关系表达式。C 语言提供了 6 种关系运算符：>（大于）、>=（大于等于）、<（小于）、<=（小于等于）、= =（等于）、!=（不等于）。由关系运算符将两个表达式（可以是任意类型的表达式）连接起来的式子，称为关系表达式。例如，intA+intB>6 是合法的关系表达式。关系表达式的值是一个逻辑值 “真”或“假”，在 C 语言中，没有逻辑值这种类型，而是用整数 1 代表逻辑值“真”，用 0 代表逻辑值“假”，所以若关系表达式中的关系成立，则表达式值为 1；若不成立，则表达式值为 0。

（3）逻辑运算符和逻辑表达式。C 语言提供了 3 种逻辑运算符：&&（逻辑“与”）、||（逻辑“或”）、!（逻辑“非”）。其中，“&&”和“||” 是双目运算符，它要求有两个运算量（操作数），如 intA&&intB；“!”是单目运算符，它只需要一个运算量，如!intA。

逻辑运算的运算法则通常以真值表的形式表示，如表 1-9 所示。

表 1-9　　逻辑运算的真值表

运算量		运算结果		
intA	intB	intA&&intB	intA||intB	!intA
真	真	真	真	假
真	假	假	真	假
假	真	假	真	真
假	假	假	假	真

逻辑表达式的运算量和结果值都是逻辑量，和关系运算一样，C 语言在给出逻辑运算结果时，用 1 表示“真”，0 表示“假”，但在判断一个量是否为“真”时，认为 0 表示“假”，非 0 表示“真”，即将一个非零的数值认为“真”。

（4）赋值运算符和赋值表达式。最基本的赋值运算符是=，由赋值运算符组成的表达式称为赋值表达式，其形式为

<变量>=<表达式>

含义是先求出<表达式>的值，然后将此值送入<变量>对应的存储单元，而整个赋值表达式的值就是<变量>的值。

在赋值运算符“=”之前加上某些特定运算符，可构成复合运算符，复合运算符包括+=、-=、*=、/=、%=等运算符。例如，intA+=8 等价于 intA=intA+8。

赋值运算符按照“自右而左”的结合顺序，连续多个=运算符的运算次序是先右后左，因此，“intJ=2”外面的括弧可以不要，即“intI =(intJ=2)”和“intI=intJ=2”等价，都是先求“intJ=2”的值（得 2），然后再赋给 intI，下面是赋值表达式的例子：

```
intA= intB=intC=10
```

赋值表达式的值为 10，intA、intB、intC 的值均为 10。

赋值表达式也可以包含复合运算符。例如：

```
intA+=intA-=intA*intA
```

也是一个赋值表达式。如果 intA 的初值为 4，此赋值表达式的求解步骤如下。

1）先进行“intA-=intA*intA”的运算，它相当于 intA=intA-intA*intA=4-16=-12。

2）再进行“intA+=-12”的运算，相当于 intA=intA+(-12)=-12-12=-24。

（5）自增、自减运算符。 ++intI 和 intI++的作用都相当于 intI=intI+1，但两者在执行次序上是有差别的。++intI 是先执行 intI=intI+1 后，再使用 intI 的值；而 intI++是先使用 intI 的值后，再执行 intI=intI+1。例如，设 intI 的原值等于 3，则执行下面的赋值语句：

```
intJ=++intI;/*intI 的值先加 1 后变成 4,再赋给 intJ,intJ 的值为 4*/
intJ=intI++;/*先将 intI 的值 3 赋给 intJ,intJ 的值为 3,然后 intI 加 1 后变为 4*/
```

--运算符的使用和++类似，这里不再重复讲解了。

在使用这两个运算符时，还要注意它们只能用于变量，而不能用于常量或表达式。

（6）其他运算符和表达式。C 语言中有条件运算符“ ?: ”，用其构成的条件表达式的一般形式是

```
<表达式 1> ? <表达式 2> : <表达式 3>
```

例如，表达式 intMax=(intA>intB)?intA:intB 就是将 intA、intB 两个数中的较大值送给 intMax。这里，该表达式整体为一个赋值表达式，赋值运算符右边为条件表达式。

C 语言还提供了一种被称为逗号运算符的特殊运算符“,”，用它将两个表达式连接起来，称为逗号表达式。逗号表达式的一般形式为

```
<表达式 1>,<表达式 2>
```

其含义是先求<表达式 1>的值，再求<表达式 2>的值，整个表达式的值就是<表达式 2>的值。

例如，逗号表达式 intA=3+8,intA+4，则先求 intA=3+8，得 11，然后求解 intA+4，得 15，故整个逗号表达式的值为 15。但 intA 变量的值仍保持为 11，没有发生变化。

（7）运算符的优先级和结合性。下面给出 C 语言中所有运算符的优先级，但由于 C 语言中运算符众多，读者应该先记住各类运算符之间的运算次序：

括号→单目运算符→算术运算符→关系运算符→逻辑运算符→三目运算符→赋值运算符→逗号运算符。

然后再记住：

算术运算符中：*、/、%的优先级比+、-高，++、--是单目运算符、

关系运算符中：>、>=、<、<=的优先级比==、!=高。

逻辑运算符中：&&的优先级比||高，!是单目运算符。

如果在一个运算对象两侧的运算符的优先级别相同，如 intA*intB/intC，则按规定的“结合性”处理。

3. 数据类型转换

（1）自动转换。整型和实型可以混合运算，前已述及，字符型数据可以与整数通用，因此，整型、实型、字符型数据间可以混合运算。例如，1+intA+1.5 是合法的。在进行运算时，不同类型的数据要先转换成同一类型，然后进行运算。转换的规则如图 1-20 所示。

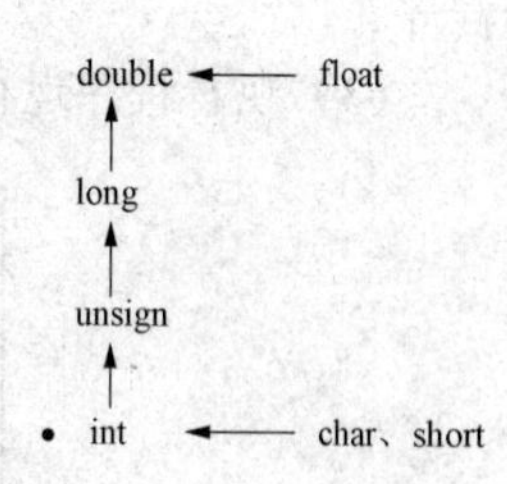

图 1-20 表达式中类型自动转换规则

如果赋值运算符两侧的类型不一致，但都是数值型或字符型时，在赋值时要进行类型转换，转换规则是将赋值运算符右侧数据的类型转换为左侧变量的类型。当赋值表达式左边变量的数据类型级别高于右边表达式的级别时，仍按图 1-20 中的规则转换；否则，就要把右边高级别表达式的数据类型转换成左边低级别变量的数据类型。

（2）强制类型转换。以上的转换是自动进行的，称为自动转换。一种类型的数据还可以强制转换成另一种类型数据，称为强制转换，其一般形式是

```
(<类型名>) <表达式>
```

这个整体称为强制类型表达式，如(int)(floatA+ floatB)。

强制类型表达式的类型是<类型名>所代表的类型，因此，假如 intI 是整型，则(float) intI 这个强制类型表达式的类型是 float 型，但 intI 仍保留原先的整型。

1.2.3 技能训练

【实验 1-4】运行下面的程序，分析运行结果。

```
#include<stdio.h>
main( )
{
    int intI=5,intJ=5;
    int intX,intY,intZ,intA,intB,intC;
    char charC1,charC2;
    intI++;
    printf("intI=%d,intJ=%d\n",++intI,intJ++);
    intX=10;
    intX+=intX-=intX-intX;
    printf("intX=%d\n",intX);
    intY=intZ=intX;
    printf("++intX||++intY&&++intZ=%d\n",++intX||++intY&&++intZ);
    intC=246;
    intA=intC/100%9;
    intB=(-1)&(-1);
    printf("intA=%d,intB=%d\n",intA,intB);
```

```
    charC1='A'+'5'-'3';
    charC2='A'+'6'-3;
    printf("charC1=%c,charC2=%c\n",charC1,charC2);
}
```

指 导

（1）启动 Visual C++集成环境。

（2）输入上述程序，并以“EX1_8.CPP”为文件名保存在磁盘上，然后编译、运行该程序。

（3）观看程序运行结果，如图 1-21 所示。

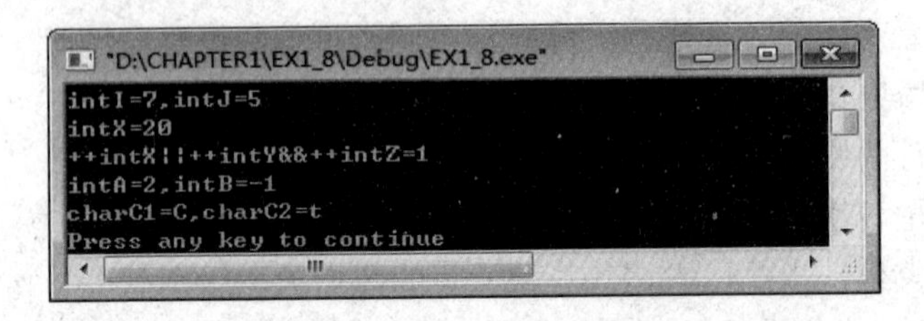

图 1-21　实验 1-4 运行结果

（4）分析程序运行结果。先看第一个输出结果：变量 intI 的初值为 5，经过赋值语句 intI++;后，其值为 6，在输出语句中又执行表达式++intI，即先加 1 再取 intI 的值，所以 intI 的最后结果为 7；变量 intJ 只在输出语句中执行了表达式 intJ++，即先取 intJ 的值，再使 intJ 加 1，所以输出的 intJ 值为 5。

再看第二个输出结果：变量 intX 的起始值为 10，在执行表达式 intX+=intX-=intX-intX 时，从右到左进行计算，即先计算 intX-intX，其值为 0，然后计算 intX-=0，结果为 intX=10；最后计算 intX+=intX，得到 intX=20。

第三个输出结果是一个逻辑表达式的值，其结果不是 0 就是 1。经过++运算后，intX、intY、intZ 的值均为 21，经逻辑“与”运算后，即 21&&21，结果为 1，再经过逻辑“或”运算，即 21||1，结果为 1。

第四个输出结果：计算 intA 的值时，先用 246 整除 100，结果为 2，再用 2 与 9 取余，即 2 除以 9 的余数，结果仍为 2；intB 的计算则是一个按位“与”运算，-1 在内存中是按二进制补码方式存储的，即“全 1（1111111111111111）”，两个“全 1”经按位“与”运算后仍为“全 1”，所以结果仍为-1。

最后一个输出结果：由于大写字母 A 的 ASCII 码值为 65，数字字符 5 和 3 的 ASCII 码值分别为 53 和 51，由此可以计算 charC1 的值为 65+53-51=67，它代表大写字母 C；charC2 的值为 65+54-3=116，它代表小写字母 t。

【实验 1-5】编写程序，输入三角形的三条边 a、b、c（假设三条边满足构成三角形的条件），计算并输出该三角形的面积 floatArea。

指 导

1. 编程分析

计算三角形面积的公式为

```
p=(a+b+c)/2, area=sqrt(p*(p-a)*(p-b)*(p-c))
```

2. 编写源程序

```
#include<math.h>
#include<stdio.h>
main( )
{
    float floatA,floatB,floatC,floatP,floatArea;
    scanf("%f%f%f",& floatA,& floatB,& floatC);
    floatP =( floatA + floatB+ floatC)/2;
    floatArea =sqrt(floatP *( floatP - floatA)*( floatP - floatB)*( floatP - 
floatC));
    printf("Threeedgesare:%.2f,%.2f,%.2f\n", floatA, floatB, floatC);
    printf("Theareais:%.2f\n", floatArea);
}
```

注 意

程序中需要用到数学函数 sqrt( )，故必须包含头文件 math.h；程序中的变量 floatP 和 floatArea 必须定义成 float 或 double 型；程序中的数据输出格式可以自由选择。

3. 结果分析

在 Visual C++集成环境中输入上述程序，文件存成 EX1_9.CPP。写出程序的运行结果，并根据第 1 题的分析结果对该程序的每个输出结果进行分析。

【实验 1-6】示例程序 EX1_10.CPP 是一个交互程序，它接收键盘输入数据，计算实际薪酬，并在屏幕上输出，程序代码如下所示。交互式程序包含一个对话框，用户和计算机通过这个对话框进行交互，从而生成输出。例如，薪酬程序会提示用户输入每小时薪酬及工作小时数。

指 导

1. 编程分析

（1）输入（键盘）：

提示并输入下列数据：

每小时薪酬　　　　工作小时数

25.10　　　　　　　38.5

（2）输出（屏幕）：

输出以下薪酬信息：

李威的总薪酬　mm/dd/yy

总薪酬是　￥999.99

（3）处理要求：

1）定义程序变量。

2）计算总薪酬：

每小时薪酬×工作小时数。

3）在屏幕上输出。

2. 伪代码

```
main( )
{
   提示和输入每小时薪酬
   提示和输入工作小时数
   计算总薪酬:
   每小时薪酬×工作小时数
   输出标题行
   输出总薪酬
}
```

3. 编写源程序

```
/**************************************************************
Program: EX1_10.CPP
Date:mm/dd/yy
**************************************************************/
#include<stdio.h>
main( )
{
    /*声明变量*/
    float floatPayrate;                  /*每小时薪酬*/
    float floatHours;                    /*工作小时数*/
    float floatPay;                      /*总薪酬*/
    /*输入数据*/
    printf("输入每小时薪酬:￥");
    scanf("%f",&floatPayrate);
    printf("输入工作小时数:");
    scanf("%f",&floatHours);
    /*计算总薪酬*/
    floatPay=floatPayrate*floatHours;
    /*显示输出消息和总薪酬*/
    printf("\n\n李威的总薪酬 mm/dd/yy\n\n");
    printf("总薪酬是￥%6.2f\n",floatPay);

}
```

图 1-22 所示为示例程序 EX1_10.CPP 的屏幕输入和输出。

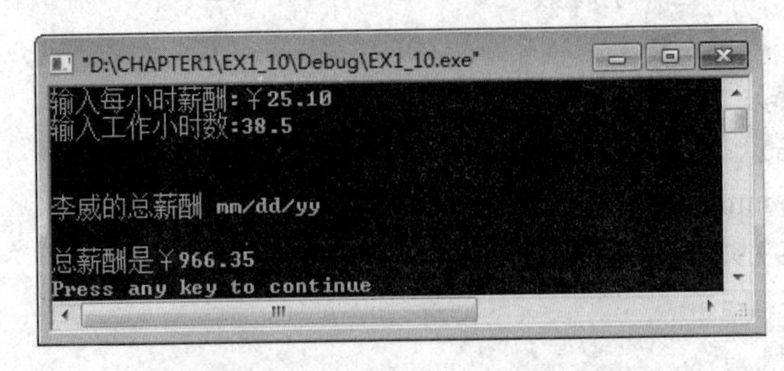

图 1-22 实验 1-6 运行结果

4. 归纳分析

程序的前 4 行是注释，计算机并不对它们进行处理。注释放于源代码中，用来记录程序用途，并阐明程序各个部分的作用。

```
main( )
{
    /*声明变量*/
    float  floatPayrate;                /*每小时薪酬*/
    float  floatHours;                  /*工作小时数*/
    float  floatPay;                    /*总薪酬*/
```

上述语句声明程序变量。

```
/*输入数据*/
printf("输入每小时薪酬:￥");
```

这个输出语句在屏幕上显示了双引号中的消息，提示用户输入每小时薪酬。提示将显示一个屏幕命令，或一条消息，通知用户应该做什么。

```
scanf("%f",&floatPayrate);
```

该语句读取字符串，将字符串转换为浮点值，并将结果保存在地址&floatPayrate 中。换而言之，浮点值被赋给变量 floatPayrate。

```
printf("输入工作小时数:");
scanf("%f",&floatHours);
```

上面两条语句提示输入并读取工作小时数，将输入字符串转换为浮点值，并将结果赋给 floatHours。

```
/*计算总薪酬*/
floatPay=floatPayrate*floatHours;
```

将每小时薪酬与工作小时数相乘，并将乘积赋给 floatPay。

```
/*显示输出消息和总薪酬*/
printf("\n\n 李威的总薪酬 mm/dd/yy\n\n");
printf("总薪酬是￥%6.2f\n",floatPay);
```

第一个输出语句在屏幕上显示标题行，然后通过\n\n 强制使用两倍行距。第二个输出语句在屏幕上显示输出消息和总薪酬。此处，格式控制符%6.2f 通知计算机将总薪酬格式设置为定长浮点型数值字段，并用结果替换格式控制符。

```
}
```

右花括号标志着函数的结束。

1.2.4 拓展与练习

【练习 1】要将“China”译成密码，密码规则是用原来的字符后面第 4 个字母代替原来的字母。例如，“A”后面的第 4 个字母是“E”，依次类推。请编写一段程序，用赋初值的方法来实现此功能。要求编写出程序，并给出运行结果。

【练习 2】根据表 1-10 产品库存清单编写程序，计算和输出项目利润。

输入（键盘）：

提示并输入每个项目的数据：

表 1-10 产 品 库 存 清 单

Item （项目编号）	Number （说明）	Description （现存量）	Quantity （单位成本）	On Hand Unit Cost Selling Price （销售价）
1000	Hammer	24	4.26	9.49
2000	Saws	14	7.50	14.99
3000	Drill	10	7.83	15.95
4000	Screw driver	36	2.27	4.98
5000	Pliers	12	2.65	5.49

输出（屏幕）：

为每个项目输出如下库存清单信息：

项目编号：9999

现存量：X---------X

单位成本：99

项目利润：￥999.99

处理要求：

（1）计算总成本：数量×单位成本。

（2）计算总收入：数量×销售价。

（3）计算项目利润：总收入－总成本。

要求参考【实验 1-6】的形式，写出伪代码，然后实现编程，最后运行程序。

1.2.5 编程规范与常见错误

下面列举出初学者易犯的错误，以提醒读者注意。

1. 误把“=”作为比较大小的关系运算符“==”

C 语言中，“=”是赋值运算符，“= =”才是关系运算符“等于”。如果写成

```
if  (intA=intB)  printf("intA equal to intB");
```

C 编译程序会将（intA=intB）作为赋值表达式处理，将 intB 的值赋给 intA，然后判断 intA 的值是否为 0，若为非 0，则为“真”；若为 0，则为“假”。如果 intA 的值为 3，intB 的值为 4，intA≠intB，按原意不应输出“intAequaltointB”。而现在先将 intB 的值赋给 intA，intA 也为 4，赋值表达式的值为 4。if 语句中的表达式值为“真”（非 0），因此输出“intA equal to intB”。

这种错误在编译时是检查不出来的，但运行结果往往是错的，而且，由于习惯的影响，程序设计者自己往往也不易发觉。

2. 混淆字符和字符串的表示形式

例如：

```
char charSex;
charSex ="M";
```

charSex 是字符变量，只能存放一个字符。而字符常量的形式是用单引号括起来的，应改为

```
charSex ='M';
```

"M"是用双引号括起来的字符串，它包括两个字符 M 和\0，无法存放到字符变量charSex中。

3. 输入输出的数据的类型与所用格式说明符不一致

例如，若intA已定义为整型，intB已定义为实型。

```
intA=3;intB=4.5;
printf("%f%d\n",intA,intB);
```

编译时不给出出错信息，但运行结果将与原意不符，输出为

```
0.00000016402
```

它们并不是按照赋值的规则进行转换的（如把4.5转换成4），而是将数据在存储单元中的形式按格式符的要求组织输出（如intB占4字节，只把最后两个字节中的数据按%d作为整数输出）。

4. 忘记定义变量

例如：

```
void main( )
{
    intX=3;
    intY=6;
    printf("%d\n",intX+intY);
}
```

C语言要求对程序中用到的每一个变量都要定义其类型，上面程序中没有对intX、intY进行定义。应在函数体的开头加上下面的语句。

```
int intX,intY;
```

5. 未注意int型数据的数值范围

一般微型计算机上使用的C语言编译版本，为一个整型数据分配2字节。因此，一个整数的范围为-215～+215-1，即-32 768～+32 767。常见这样的程序段：

```
int intNum;
intNum=89101;
printf("%d",intNum);
```

得到的却是23 565，原因是89 101已超过整数所要求的范围32 767。2字节容纳不下89101，则将高位截去。

6. 输入时数据的格式与要求不符

用scanf函数输入数据时，应注意如何正确输入数据。例如，有以下scanf函数。

```
scanf("%d%d",&intA,&intB);
```

如果按下面的方法输入数据：

```
3,4
```

这是错的。数据间应该用空格来分隔。读者可以用

```
printf("%d%d",intA,intB);
```

来验证一下。应该用以下方法输入。

```
3  4
```

如果 scanf 函数为

```
scanf("%d,%d",&intA,&intB);
```

对 scanf 函数中格式字符串中除了格式说明符外，对其他字符必须按原样输入。因此，应按以下方法输入。

```
3,4
```

此时，如果用“3　4”反而错了。为了给用户提示输入格式信息，可以将程序设计中加一行输出函数：

```
printf("input intA,intB:");
scanf("%d,%d",&intA,&intB);
```

一、选择题

1. 表示关系 intX<=intY<=intZ 的 C 语言表达式为（　　）。

   A. (intX<=intY)&&(intY<=intZ)　　B. (intX<=intY)AND(intY<=intZ)

   C. (intX<=intY<=intZ)　　D. (intX<=intY)&(intY<=intZ)

2. 以下选项中属于 C 语言的数据类型是（　　）。

   A. 复数型　　B. 逻辑型　　C. 双精度型　　D. 集合型

3. 以下程序的输出结果是（　　）。

```
#include<stdio.h>
main( )
{
  int intA=12,intB=12;
  printf("%d%d\n",--intA,++intB);
}
```

   A. 10 10　　B. 12 12　　C. 11 10　　D. 11 13

4. 能正确表示 intA 和 intB 同时为正或同时为负的逻辑表达式是（　　）。

   A. (intA>=0||intB>=0)&&(intA<0||intB<0)

   B. (intA>=0&&intB>=0)&&(intA<0&&intB<0)

   C. (intA+intB>0)&&(intA+intB<=0)

   D. intA*intB>0

5. 设有 intx=11; 则表达式 (intx++ * 1/3) 的值是（　　）。

   A. 3　　B. 4　　C. 11　　D. 12

6. 在下列选项中，不正确的赋值表达式是（　　）。

   A. intA=intB+c=1　　B. intN1=(intN2=(intN3=0))

   C. intK=intI==intJ　　D. ++intT

7. 设 intX、intY、intZ 和 intK 都是 int 型变量，则执行表达式 intX =(intY =4，intZ =16，

intK=32)后，intX 的值为（　　）。

A. 4　　B. 16　　C. 32　　D. 52

8. 若有以下定义和语句，则其输出结果是（　　）。

```
char charC1='b',charC2='e';
printf("%d,%c\n",charC2-charC1,charC2-'a'+'A');
```

A. 2，M　　B. 3，E　　C. 2，E

D. 输出项与对应的格式控制不一致，输出结果不确定

9. 若已定义 doubleX 和 doubleY 为 double 类型，则表达式：doubleX=1，doubleY=doubleX+3/2 的值是（　　）。

A. 1　　B. 2　　C. 2.0　　D. 2.5

10. 定义以下选项中合法的实型常数是（　　）。

A. 5E2.0　　B. E-3　　C. .2E0　　D. 1.3E

11. 以下选项中合法的用户标志符是（　　）。

A. long　　B. _2Test　　C. 3Dmax　　D. A.dat

12. 已知 intI、intJ、intK 为 int 型变量，若从键盘输入：1,2,3<Enter>，使 intI 的值为 1、intJ 的值为 2、intK 的值为 3，以下选项中正确的输入语句是（　　）。

A. `scanf("%2d%2d%2d",&intI,&intJ,&intK);`

B. `scanf("%d %d %d",&intI,&intJ,&intK);`

C. `scanf("%d,%d,%d",&intI,&intJ,&intK);`

D. `scanf("intI=%d,intJ=%d,intK=%d",& intI,& intJ,&intK);`

13. 已有定义：`int intX=3,intY=4,intZ=5;`，则表达式`!(intX+intY)+intZ-1&&intY+intZ/2`的值是（　　）。

A. 6　　B. 0　　C. 2　　D. 1

14. 若有以下定义：

```
char charA; int intB;
float floatC; double doubleD;
```

则表达式 charA* intB + doubleD – floatC 值的类型为（　　）。

A. float　　B. int　　C. char　　D. double

15. 设有如下定义：int intA=1，intB=2，intC=3，intD=4，intM=2，intN=2；则执行表达式：(intM= intA >intB）&&(intN=intC>intD)后，intN 的值为（　　）。

A. 1　　B. 2　　C. 3　　D. 0

16. 下列程序的输出结果是（　　）。

```
#include<stdio.h>
main()
 {double doubleD=3.2;int intX,intY;
  intX=1.2;intY=(intX+3.8)/5.0;
  printf("%d\n", doubleD *intY);}
```

A. 3　　B. 3.2　　C. 0　　D. 3.07

17. 语句：`printf("%d", (intA=2)&&(intB= -2);` 的输出结果是（　　）。

A. 无输出　　B. 结果不确定　　C. -1　　D. 1

18. 当 intC 的值不为 0 时，在下列选项中能正确将 intC 的值赋给变量 intA、intB 的是（　　）。

A. `intC=intB=intA;`　　B. `(intA=intC) || (intB=intC);`

C. `(intA=intC) &&(intB=intC);`　　D. `intA=intC=intB;`

19. 下列程序执行后的输出结果是（小数点后只写一位）（　　）。

```
#include<stdio.h>
main()
{ double doubleD; float floatF; long longL; int intI;
  intI =floatF= longL =doubleD=20/3;
  printf ("%d%ld%f%f\n",intI,longL,floatF,doubleD);
}
```

A. 6 6 6.0 6.0　　B. 6 6 6.7 6.7　　C. 6 6 6.0 6.7　　D. 6 6 6.7 6.0

二、填空题

1. 若有定义语句：`int intA=5;`，则表达式 intA++的值是________。

2. 设有以下变量定义，并已赋确定的值：`char charW; int intX; float floatY; double doubleZ;`，则表达式：charW *intX＋doubleZ-floatY 所求得值的数据类型为________。

3. 定义 `int intN=8,intA=15; intA*=( intN %=3);` 则执行后，变量 intN =________，intA =________。

4. 若有定义语句 `int intA =0;`，则表达式 intA += （intA =8）的值为________。

5. 若有定义语句 `int intA =9, intB=2; float floatX=6.6 , floatY=1.1, floatZ; floatZ = intA /2+intB* floatX / floatY +1/2;`，则语句 `printf("%5.2f\n", floatZ );` 的输出结果为________。

6. 用 C 语言标准库函数，一般要用________预处理命令将其头文件包含进来。

7. 若有定义语句 `int intA =10; intA =(3*5, intA +4);`，则 intA 的值为________。

8. "%-ms"表示如果字符串长度小于 m，则在 m 列范围内，字符串向________靠齐。

9. C 语言的输入输出操作是由________和________函数来实现的。

10. 若有语句 `double doubleX=17;int intY;`，当执行 `intY =(int)( doubleX /5)%2;` 之后，intY 的值是________。

三、程序填空题

1. 以下程序的功能将输入的两个数按从小到大顺序输出，请填空。

```
#include<stdio.h>
main( )
{
    int intA,intB,intTemp;
    printf("请输入两个整数：");
    ____________;
    intTemp =intA>intB?intA:intB;
    ____________;
    intB= intTemp;
    ____________;
}
```

2．写出下列printf语句的输出结果。

```
(1) printf("%10.4f\n",123.456789);
(2) printf("%-10.4f\n",123.456789);
(3) printf("%8d\n",1234);
(4) printf("%-8d\n",1234);
(5) printf("%20.5s\n","abcdefg");
```

3．写出下列程序的输出结果。

（1）程序1：

```
#include<stdio.h>
main( )
{
     printf("%d %c %c\n",'A','A',65);
     printf("%d %d\n",'0','\0');
     printf("%c %c %c\n",'0','0'+1,'0'+9);
}
```

（2）程序2：

```
#include<stdio.h>
main( )
{
    char charX,charY;
    charX ='a'; charY ='b';
    printf("pq\brs\ttw\r");
    printf("%c\\%c\n", charX, charY);
    printf("%o\n",'\123');
}
```

四、编程题

1．设floatX为3.6，floatY为4.2，编写程序写出将floatX值转换为整数后赋给intA，将floatX+floatY值转换为整数后赋给intB，再将intA除以intB得的余数赋给intC，最后把求floatX+floatY的和重新赋给floatX的程序。

2．设intA为19，intB为22，intC为650，编写求intA*intB*intC的程序。

3．设doubleB为35.425，doubleC为52.924，编写求将doubleB*doubleC的值转换为整数后赋给intA1，再将doubleC除以doubleB得的余数赋给intA2的程序。

4．编写程序，输入一个长方形的两条边长，输出长方形的面积。

模块 2　结构化程序设计

任务 1　顺序结构程序设计和程序的基本结构

了解程序设计的三种基本结构，掌握流程图的绘制方法。

2.1.1　案例讲解

案例 1　计算课程总评成绩

1. 问题描述

已知某学生课程 A 的平时成绩、实验成绩和期末考试成绩，求该课程的总评成绩。其中，平时成绩、实验成绩和期末考试成绩分别占 20%、30%和 50%。

2. 编程分析

（1）定义整型变量 intScore1、intScore2 和 intScore3 分别存放课程 A 的平时成绩、实验成绩和期末考试成绩；定义实型变量 floatTotal 存放总评成绩。

（2）输入 intScore1、intScore2 和 intScore3 的值。

（3）根据比例计算总评成绩 floatTotal= intScore1*0.2+ intScore2*0.3+ intScore3 *0.5。

（4）输出总评成绩 floatTotal。

3. 编写源程序

```
/* EX2_1.CPP */
#include <stdio.h>
void main(  )
{
    int intScore1, intScore2 , intScore3;
    float floatTotal;
    printf("请输入成绩:");
    scanf("%d%d%d",&intScore1,& intScore2,& intScore3);
    floatTotal=intScore1 * 0.2 + intScore2 * 0.3 + intScore3 * 0.5;
    printf("总评成绩是%.1f\n",floatTotal);
}
```

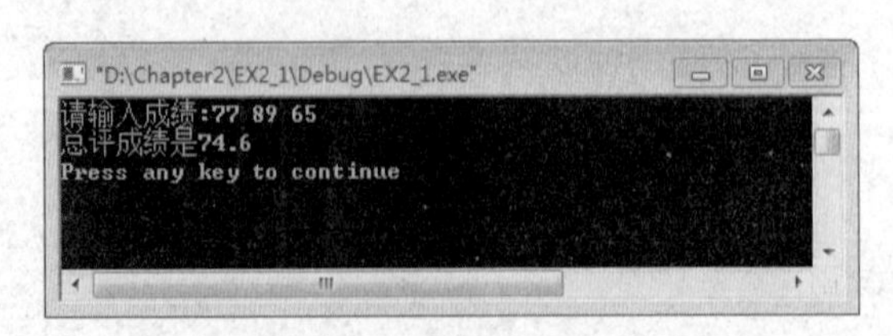

图 2-1　案例 1 运行结果

4. 运行结果

运行结果如图 2-1 所示。

5. 归纳分析

案例 1 程序的执行过程是按照源程序中语句的书写顺序逐条执行的，这样的程序结构称为顺序结构。模块 1 中的程序均属于顺序结构。

顺序结构在程序自上而下执行时，程序中的每一条语句都要执行一次，并且只执行一次，以这样固定的处理方式只能解决一些简单的任务。但实际应用中，往往会出现一些特别的要求，比如根据某个条件来决定下面该进行什么操作，或根据某个要求不断地重复执行若干动作，这就需要控制程序的执行顺序。

2.1.2　基础理论

1. 三种基本控制结构

程序中，语句的执行顺序是由程序设计语言中的控制结构规定的。控制结构有顺序结构、选择结构及循环结构三种基本结构。

顺序结构是最简单的结构。

选择结构又称为分支结构，当程序执行时，计算机按一定的条件选择下一步要执行的操作。例如，输入三角形的三条边计算面积时，要判断三条边是否能构成三角形，若能，则计算面积；否则，要告诉用户输入错误。

循环结构又称为重复结构，它是程序中需要按某一条件反复执行一定的操作而采用的控制结构。例如，从键盘上输入 20 个整数，求其累加和。

三种结构之间可以是平行关系，也可以相互嵌套，结构之间通过复合可以形成复杂的结构。已经证明，由以上三种基本结构顺序组成的程序结构，可以解决任何复杂的问题。由三种基本结构构成的程序称为结构化程序。

2. 程序流程图

在对一个复杂问题求解时，程序的结构比较复杂，所以在程序设计阶段为了表示程序的操作顺序，往往先画出程序流程图，这样有助于最终写出完整正确的程序。下面介绍流程图的有关概念。

流程图是用规定的图形、连线和文字说明表示问题求解步骤（算法）的一组图形，具有直观、形象、易于理解等优点。流程图使用的图形符号如表 2-1 所示。流程图中的每一个框表示一段程序（包括一个或多个语句）的功能，各框内必须写明要做的操作，说明要简单明确，不能含糊不清。如在框内只写“计算”，但却不写出计算什么，就不容易让人明白。一般来说，用得最多的是矩形框和菱形框。矩形框表示处理，不进行比较和判断，只有一个入口和一个出口；菱形框表示进行检查判别，有一个入口，两个出口，即比较后形成两个分支，在两个出口处必须注明哪一个分支是对应满足条件的，哪个分支是对应不满足条件的。

表 2-1　流程图图形符号

图形符号	名　称	代表的操作
（平行四边形）	输出/输入框	数据的输入与输出
（矩形）	处理框	各种形式的数据处理
（菱形）	判断框	判断选择，根据条件满足与否选择不同的路径
（圆角矩形）	起止框	流程的起点与终点

续表

图形符号	名　称	代 表 的 操 作
	特定过程	一个定义过的过程，如函数
	流程线	连接各个图框，表示执行顺序
	注释框	对操作的说明
	连接点	表示与流程图其他部分相连接

前面介绍的三种基本结构的流程图可分别用图 2-2～图 2-4 表示。其中，循环结构有两种形式：当型［图 2-4（a）］和直到型［图 2-4（b）］。

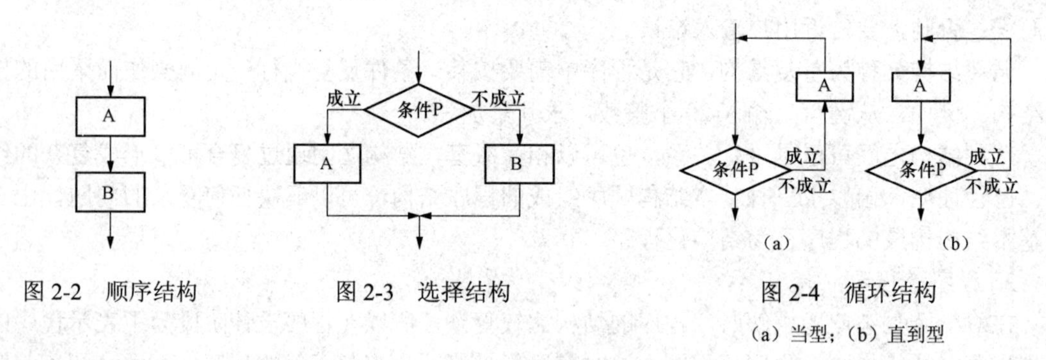

图 2-2　顺序结构　　图 2-3　选择结构　　图 2-4　循环结构

（a）当型；（b）直到型

3. C 语句

在模块 1 中，我们已经了解了 C 语言程序的基本构成。其中，C 语句是程序的主要部分。C 语句一般可分为表达式语句、控制语句、复合语句和空语句。

（1）表达式语句。表达式语句由一个表达式加上分号构成，一般格式为

```
表达式 ;
```

最常用的表达式语句是赋值表达式语句，例如：

```
floatTotal=intScore1*0.2+ intScore2*0.3+ intScore3 *0.5;
```

在 C 语言中，任何一个合法的 C 语言表达式后面加上一个分号就成了一个语句，例如：

```
intM=intA+intB        是表达式，不是语句
intI++;               是语句，作用是使 intI 加 1
intX+intY;            也是语句，作用是完成 intX+intY 的操作，它是合法的，但并不把结果赋给变
                      量，所以没有实际意义。
```

案例 1 中出现的以下语句：

```
printf("请输入成绩:");
scanf("%d%d%d",&intScore1,& intScore2,& intScore3);
```

称为函数调用语句，由一次函数调用加上一个分号构成。函数调用语句也属于表达式语句。

（2）控制语句。控制语句是用于控制程序执行流程的。C 语言中有以下九种控制语句，它们是

```
1) if( )~else~              条件语句
2) switch                   多分支选择语句
3) for( )~                  循环语句
4) while( )~                循环语句
5) do~while( )              循环语句
6) continue                 结束本次循环语句
7) break                    中止执行 switch 或循环语句
8) goto                     转向语句
9) return                   函数返回语句
```

其中，语句 1）和 2）用于实现程序的选择结构，语句 3）～5）用于实现程序的循环结构。

（3）复合语句。复合语句是用一对花括号括起来的一组语句，又称块语言。一般格式为

```
{
  语句 1
  语句 2
  …
  语句 n
}
```

在以后的案例程序中将会经常使用到复合语句。

（4）空语句。空语句是仅有一个分号的语句，格式为

```
;
```

空语句被执行时，实际上什么也不做。但在后面的案例程序中，我们将会看到它的特殊用途。

2.1.3　技能训练

【实验 2-1】编写程序，求一个三位正整数的各位数字之和。例如，756 的各位数字之和为 7+5+6=18。

指 导

1. 问题分析

首先要正确分离出三位正整数的个位数、十位数和百位数：百位数可用对 100 整除的方法求得，如 756/100=7；十位数用对 100 求余的结果再对 10 整除求得，如 756%100/10=5；个位数用对 10 求余求得，如 756%10=6。

2. 求解步骤

（1）定义变量 intNum 存放三位正整数；变量 intN1、intN2 和 intN3 分别存放个位数、十位数和百位数；变量 intSum 存放和。

（2）分离正整数 intNum。

（3）求和。

（4）输出结果。

3. 编写源程序

```
/*EX2_2.CPP*/
#include <stdio.h>
```

```
main( )
{
    int intNum, intN1, intN2, intN3,intSum;
    printf("请输入一个三位正整数:");
    scanf("%d",&intNum);
    intN1=intNum % 10;             /*分离个位数*/
    intN2=intNum % 100 / 10;       /*分离十位数*/
    intN3=intNum / 100;            /*分离百位数*/
    intSum=intN1 + intN2 + intN3;
    printf("%d+%d+%d=%d\n",intN1, intN2, intN3,intSum);
}
```

4. 运行结果

运行结果如图 2-5 所示。

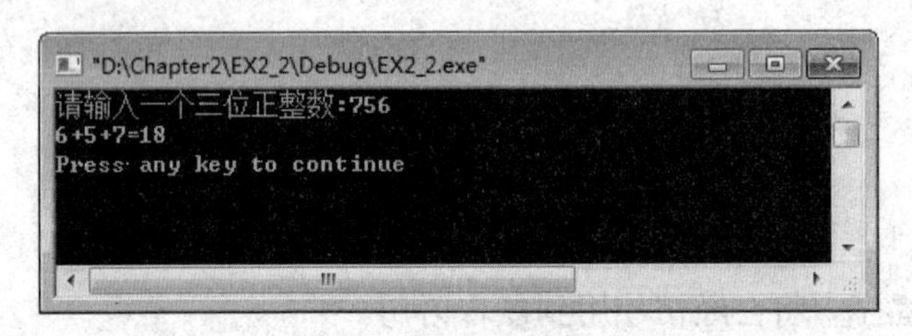

图 2-5 实验 2-1 运行结果

【实验 2-2】用流程图表示求解下述问题的程序流程。

1. 问题描述

根据人体的身高和体重因素，可以按以下体重指数对人的肥胖程度进行划分：

体重指数 intT=体重 intW /（身高 intH）^{2} （intW 单位为 kg，intH 单位为 m）

当 intT<18 时，为低体重；

当 intT 介于 18 和 25 之间时，为正常体重；

当 intT 介于 25 和 27 之间时，为超体重；

当 intT>27 时，为肥胖。

2. 问题分析

该问题需要采用选择结构来实现。其具体步骤如下：

（1）输入体重 intW 和身高 intH。

（2）计算体重指数 intT。

（3）根据体重指数 intT 判断体型。

3. 流程图

流程图如图 2-6 所示。

【实验 2-3】用流程图表示输入 10 个整数，输出其中最大数的求解步骤。

1. 问题分析

该问题采用循环结构实现反复输入数据和比较数据，数据的比较则用选择结构完成。其具体步骤如下：

（1）设变量 intA 存放输入的数据，变量 intMax 存放最大数。

（2）输入第一个数 intA，并将它设为最大值（默认为最大），即 intMax=intA。

（3）依次读入数据，与 intMax 比较，若比 intMax 大，则用当前数代替 intMax 中的值，如此循环 9 次。

（4）输出最大数。

2．流程图

流程图如图 2-7 所示。

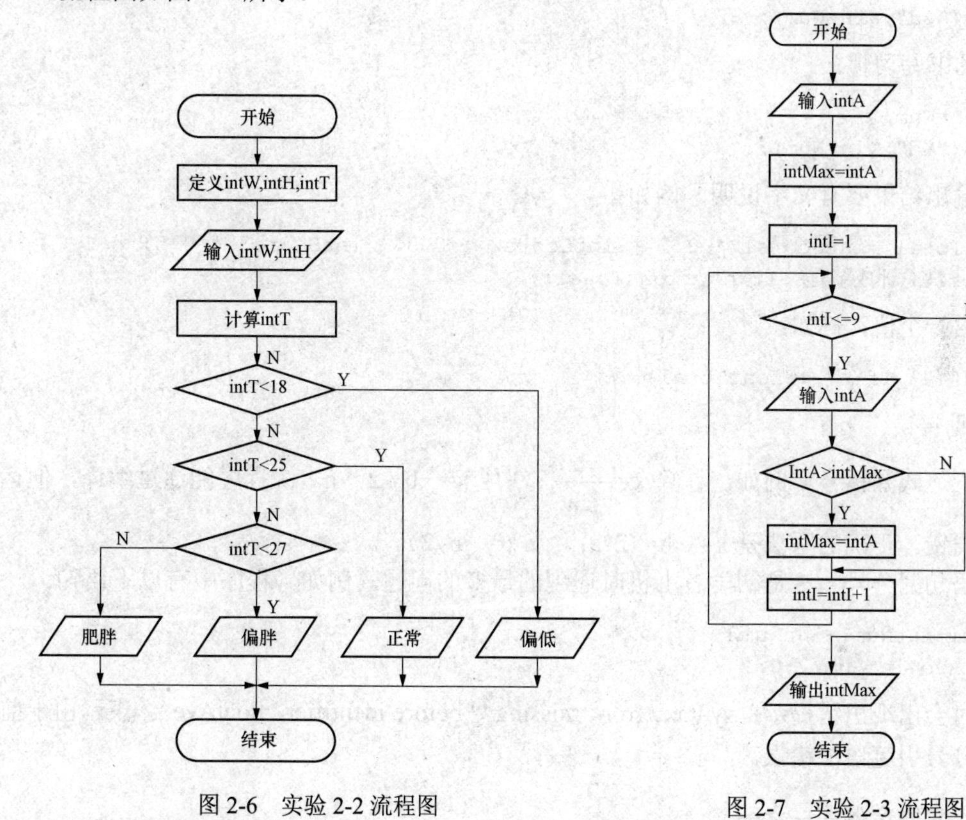

图 2-6　实验 2-2 流程图　　　图 2-7　实验 2-3 流程图

2.1.4　拓展与练习

【练习 1】编写程序求解一元二次方程 $ax^2+bx+c=0$ 的根（假定方程有实根）。

编程要求：

（1）画出流程图。

（2）从键盘输入系数 a、b、c，输入前要有如下提示：“请输入系数”。

（3）以“x1=...”和“x2=...”的格式输出方程的根。

【练习 2】用流程图表示判断一个数能否同时被 3 和 5 整除。

【练习 3】从键盘输入 20 个学生的成绩，统计合格和不合格学生的人数。成绩大于等于 60 为合格，否则为不合格。用流程图表示求解步骤。

2.1.5　编程规范与常见错误

1. 编程规范

（1）表达式比较复杂时，可以在运算符的两边各加一个空格，使源程序更加清晰。例如：

```
floatTotal =intScore1 * 0.2 + intScore2 * 0.3 + intScore3 * 0.5;
intAge>=20 && charSex== 'M';。
```

（2）输入数据前要加提示信息。例如：

```
int intNum;
printf("请输入一个三位正整数:");
scanf("%d",&intNum);
```

避免这样的书写习惯：

```
int intNum;
scanf("%d",&intNum);。
```

（3）输出结果要有文字说明。例如：

```
floatTotal =intScore1 * 0.2 + intScore2 * 0.3 + intScore3 * 0.5;
printf("总评成绩是%.1f\n",floatTotal);
```

不要只输出一个值，例如：

```
printf("%.1f\n", floatTotal);
```

2. 常见错误

（1）表达式漏括号。例如，计算 $x=-\frac{b}{2a}$，写成 x= -b / 2 * a。源程序能通过编译，但运行结果会出错。正确的写法是 x= -b / (2*a)，或 x= -b /2 /a 。

（2）语句漏分号。这是初学者上机时遇到的最多的问题。例如，程序中有以下语句：

```
intSum=intNum1+intNum2
floatAve=intSum/2.0;
```

编译时会出现出错提示：syntax error : missing ';' before identifier ' floatAve '。表示由于前一语句漏分号引起语法错误。

2.1.6 贯通案例——之一

1. 问题描述

学生成绩管理系统可以分为8个主要的模块，包括加载文件模块、增加学生成绩模块、显示学生成绩模块、删除学生成绩模块、修改学生成绩模块、查询学生成绩模块、学生成绩排序模块和保存文件模块。

2. 编程分析

系统模块结构如图2-8所示。

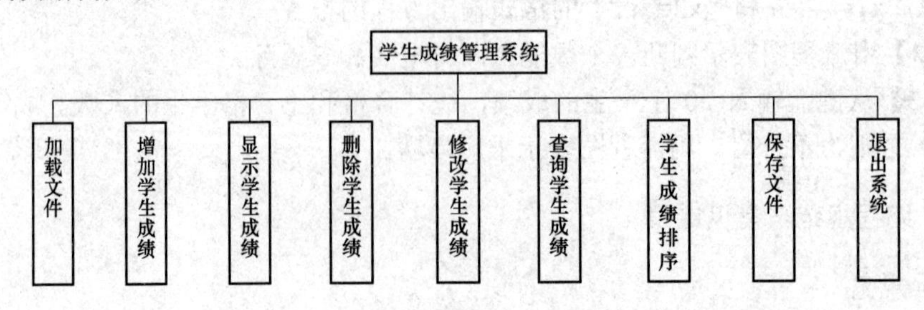

图2-8　系统模块结构图

3. 编写源程序

编写程序实现系统主菜单的显示。

```
/*EX2_3.CPP */
#include <stdio.h>
main( )
{
   printf("#===============================================#\n");
   printf("#              学生成绩管理系统                   #\n");
   printf("#-----------------------------------------------#\n");
   printf("#            copyright @ 2009-10-1              #\n");
   printf("#===============================================#\n");
   printf("#               1.加载文件                        #\n");
   printf("#               2.增加学生成绩                    #\n");
   printf("#               3.显示学生成绩                    #\n");
   printf("#               4.删除学生成绩                    #\n");
   printf("#               5.修改学生成绩                    #\n");
   printf("#               6.查询学生成绩                    #\n");
   printf("#               7.学生成绩排序                    #\n");
   printf("#               8.保存文件                        #\n");
   printf("#               0.退出系统                        #\n");
   printf("#===============================================#\n");
}
```

4. 运行结果

系统主菜单界面的运行结果如图 2-9 所示。

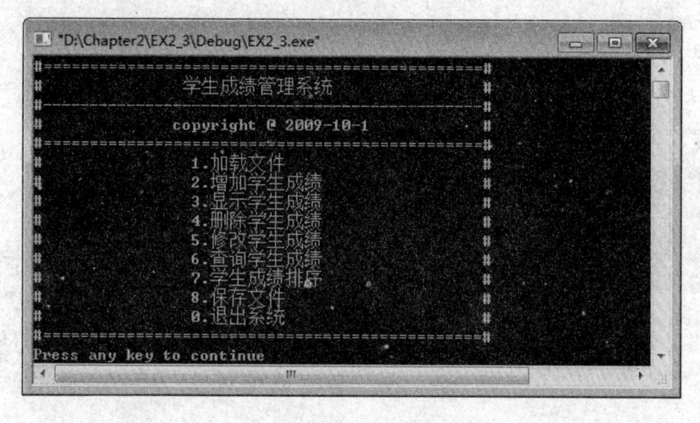

图 2-9　系统主菜单界面

任务 2　选择结构程序设计

掌握关系运算符、逻辑运算符，熟练掌握 if ... else 的三种用法，领会 switch 与 break 语句的作用。

2.2.1 案例讲解

案例 1 出租车计费

1. 问题描述

某市出租车 3 公里（千米）的起步价为 10 元，3 公里以外，按 1.8 元/公里计费。现编程输入行车里程数，输出应付车费。

2. 编程分析

（1）用实型变量 floatKm 存放行车里程数，实型变量 floatFee 存放车费。

（2）输入行车里程数。

（3）根据行车里程数作出判断，进行不同的处理。

（4）输出车费。

3. 编写源程序

```
/* EX2_4.CPP */
#include <stdio.h>
main( )
{
    float floatKm, floatFee;
    printf("输入行车里程数: ");
    scanf("%f",& floatKm);
    if (floatKm <=3.0)
        floatFee=10.0;
    else
       floatFee=10.0 + (floatKm -3.0) * 1.8;
    printf("%.2f 公里,请付￥%.2f\n",floatKm, floatFee);
}
```

4. 运行结果

运行结果如图 2-10。

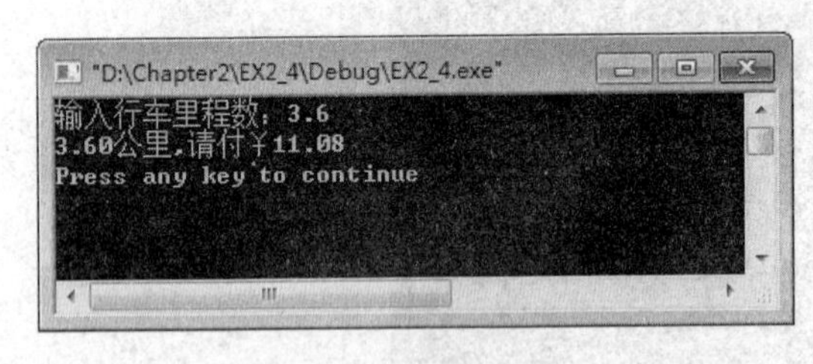

图 2-10 案例 1 运行结果

5. 归纳分析

案例 1 需要根据行车里程数作出选择，进行不同的两种计算。处理此类（两个分支）问题时常使用 if 语句。if 语句是用来判断给定的条件是否满足，根据判断的结果（真或假）决定执行某个分支的操作。

（1）if 语句的一般形式：

```
if (<表达式>)
     <语句 1>
 else
     <语句 2>
```

（2）执行过程：计算<表达式>的值，若结果为“真”（非 0），则执行<语句 1>；否则，执行<语句 2>。if-else 构成了一个两路分支结构。流程图如图 2-11 所示。

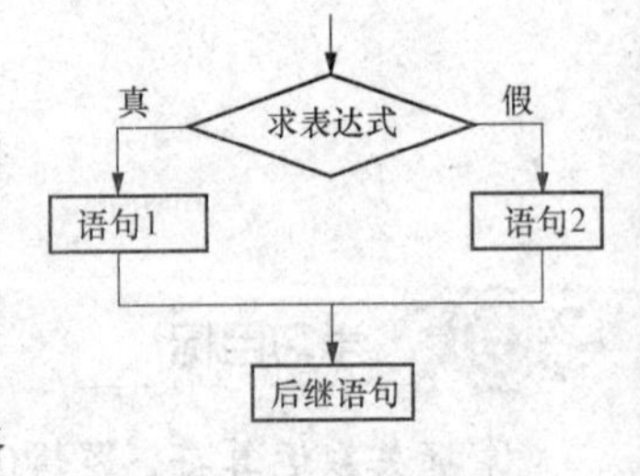

图 2-11 流程图

（3）注意 if 后面的<表达式>必须用圆括号括起来；if 和 else 同属于一个 if 语句，else 不能作为语句单独使用，必须与 if 配对使用。

案例 2　计算三角形的面积

1. 问题描述

输入三角形的三个边长，判断能否构成三角形，若能则计算并输出三角形的面积；否则输出出错信息。

2. 编程分析

（1）用变量 a、b 和 c 表示三角形的三条边，变量 area 表示三角形的面积。

（2）构成三角形的条件是任意两边之和大于第三边。

（3）如满足构成三角形的条件，计算并输出三角形的面积；否则输出出错信息。

计算三角形的面积使用海伦公式：

$$\text{area}=\sqrt{s(s-a)(s-b)(s-c)}$$

其中，$s=\dfrac{a+b+c}{2}$。

3. 编写源程序

```
/* EX2_5.CPP */
#include <stdio.h>
#include <math.h>
main( )
{
    float floatA,floatB,floatC;
    float floatArea,floatS;  /*floatS 为中间变量,存放三角形的半周长*/
    printf("Please input floatA floatB floatC: ");
    scanf("%f%f%f",&floatA,&floatB,&floatC);
    if (floatA+floatB>floatC && floatA+floatC>floatB && floatB+floatC>floatA)
                              /*判断输入的 floatA,floatB,floatC 能否构成三角形*/
    {
        floatS=(floatB+floatA+floatC)/2.0;
        floatArea=sqrt(floatS*(floatS-floatA)*(floatS-floatB)*(floatS-floatC));
        printf("area is %f\n",floatArea);
    }
    else
        printf("input errer\n");
}
```

4. 运行结果

如图 2-12 和图 2-13 所示，分别是构成三角形和不构成三角形的两种情况。

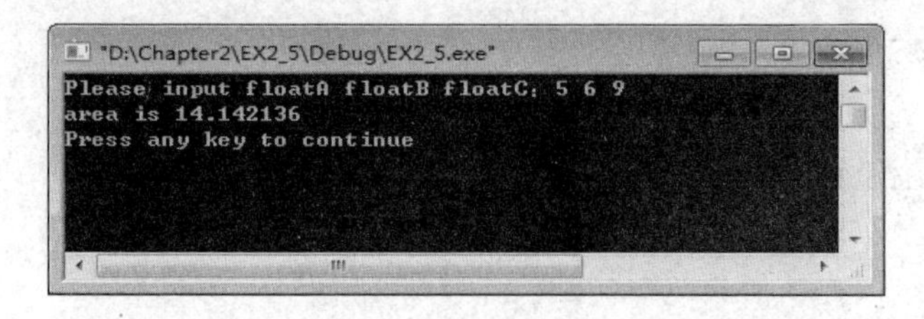

图 2-12　案例 2 三边符合构成三角形的运行结果

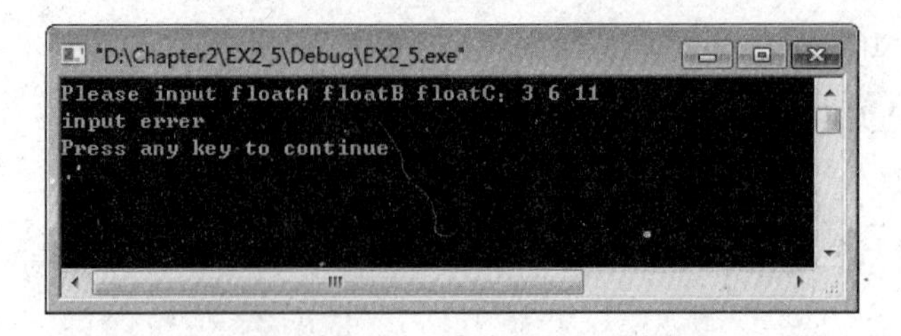

图 2-13　案例 2 三边不符合构成三角形的运行结果

5. 归纳分析

当输入的三条边符合构成三角形条件时，进行计算并输出三角形的面积时需要三条语句完成，此时必须用一对花括号把它们括起来，即使用复合语句的形式。

案例 3　数制转换

1. 问题描述

输入一个无符号整数，然后按用户输入的进制代号，分别以十进制（代号 d）、八进制（代号 o）和十六进制（代号 x）数的形式输出。

2. 编程分析

（1）设变量 intUa 存储无符号整数、变量 charCode 表示进制代号。

（2）根据输入的进制代号输出相应的数据。流程图如图 2-14 所示。

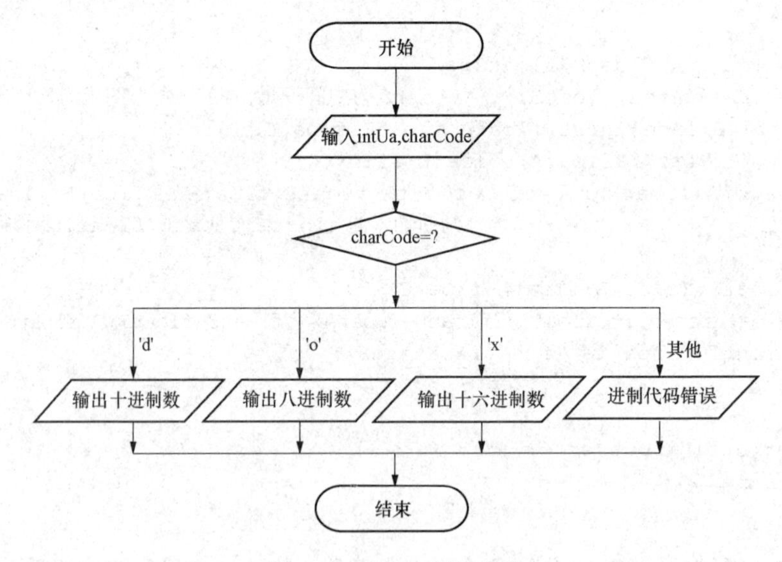

图 2-14　案例 3 的流程图

3. 编写源程序

```
/* EX2_6.CPP */
#include <stdio.h>
main( )
{
    int intUa;
    char charCode;
    printf("请输入无符号整数和进制代号：");
```

```
    scanf("%d%c",&intUa,&charCode);
    switch (charCode)
    {
       case 'd': printf("十进制数:%d \n",intUa);
          break;
       case 'o': printf("八进制数:%o \n",intUa);
          break;
       case 'x': printf("十六进制数:%x \n",intUa);
          break;
       default:  printf("进制代号错误!");
    }
}
```

4. 运行结果

分别输入两种不同数制情况，运行结果如图 2-15 和图 2-16 所示。

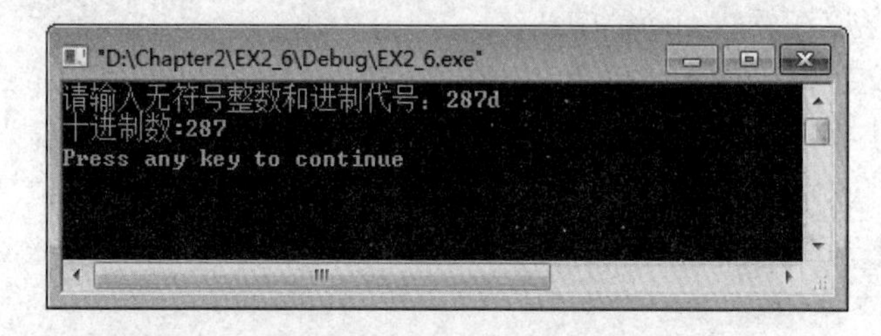

图 2-15　案例 3 运行结果 1

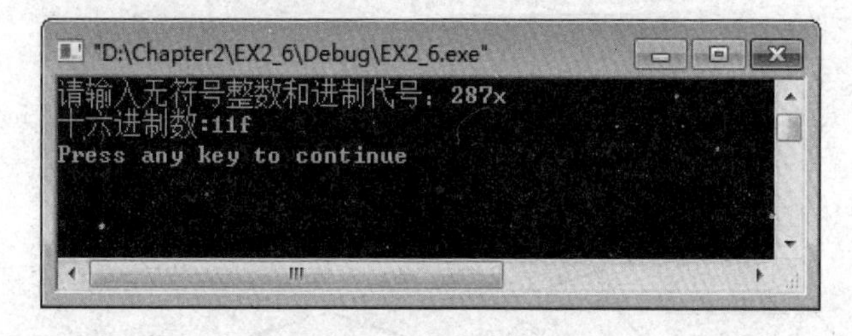

图 2-16　案例 3 运行结果 2

5. 归纳分析

案例 3 是一个多路分支问题，程序中使用了 C 语言提供的实现多路选择的语句——switch 语句。

（1）switch 语句根据一个供进行判断的表达式的结果来执行多个分支中的一个，其一般形式如下：

```
switch (<表达式>)
{
   case <常量表达式 1>：<语句序列 1>
   case <常量表达式 2>：<语句序列 2>
   ⋮
   case <常量表达式 n>：<语句序列 n>
   default：<语句序列 n+1>
}
```

其中，每个“case <常量表达式>：”称为 case 子句，代表一个 case 分支的入口。因此，每个

case 后面<常量表达式>的值必须互不相等。

（2）switch 语句的执行过程。先计算<表达式>的值，然后依次与每个 case 子句后面的<常量表达式>的值进行比较，如果匹配成功，则执行该 case 子句后面的<语句序列>，在执行过程中，若遇到 break 语句，就跳出 switch 语句，否则就继续执行后面的<语句序列>，直到遇到 break 语句或执行到 switch 语句的结束‘}’；若表达式的值不能与任何一个<常量表达式>匹配，则执行 default 子句所对应的语句。default 子句是可选项，如果没有该子句，则表示在所有匹配都失败时，switch 语句什么也不执行。

案例4 字符类型判断

1. 问题描述

从键盘输入一个字符，判断是英文字母、数字字符还是其他字符。

2. 编程分析

（1）输入字符存放在变量 charC 中。

（2）如果是英文字母，输出“是英文字母”，转（4）；否则转（3）。

（3）如果是数字字符，输出“是数字字符”，否则输出“是其他字符”。

（4）结束运行。其中，英文字母可以用表达式“charC>='A' && charC<=' Z ' || charC>=' a ' && charC<=' z' ”来判断，而数字字符的判断则用表达式“charC>=' 0' && charC<=' 9' ”。

流程图如图 2-17 所示。

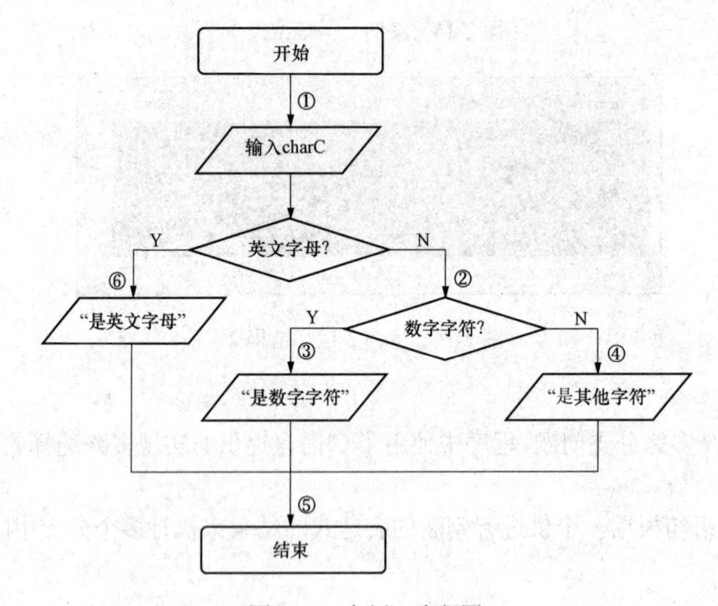

图 2-17 案例 4 流程图

3. 编写源程序

```
/*EX2_7.CPP*/
#include <stdio.h>
main(  )
{
    char charC;
    printf("请输入一个字符：");
```

```
    scanf("%c",&charC);
    if (charC>='A' && charC<='Z' || charC>='a' && charC<='z' )
      printf("%c 是英文字母.\n",charC);
    else
       if (charC>='0' && charC<='9')
          printf("%c 是数字字符.\n",charC);
       else
          printf("%c 是其他字符.\n",charC );
}
```

4. 运行结果

两种情况的运行结果如图 2-18 和图 2-19 所示。

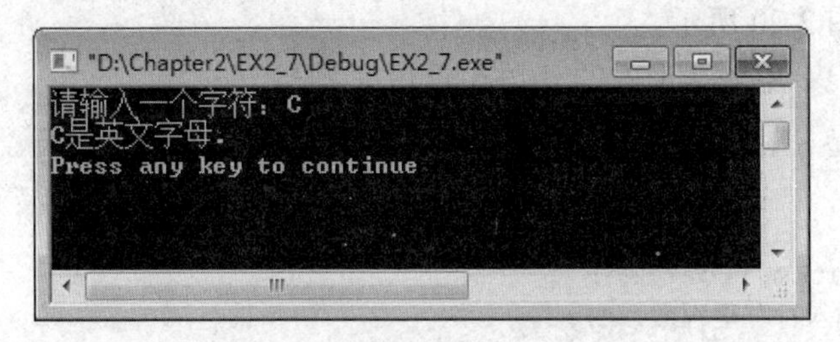

图 2-18　案例 4 运行结果 1

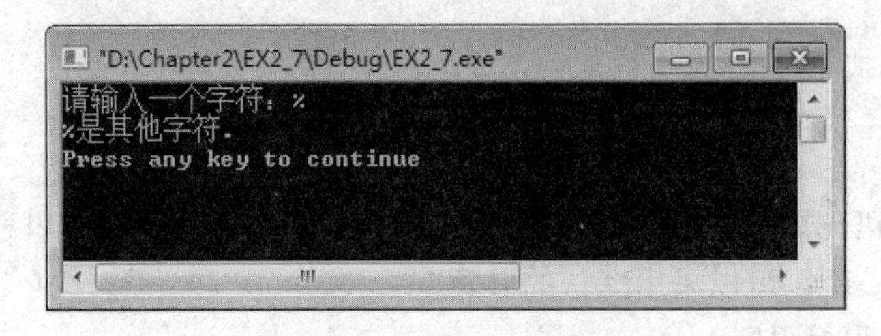

图 2-19　案例 4 运行结果 2

5. 归纳分析

本案例中，对给定问题要分三种情况进行判断。这就需要使用嵌套形式的 if 语句来实现。if 语句的嵌套就是在一个 if 语句中又包含另一个 if 语句。

（1）if 语句的一般嵌套形式。

```
if (<表达式 1> )
   if (<表达式 2> )  ┐
      <语句 1>        ├ 内嵌 if-else 语句  ┐
   else <语句 2>     ┘                     │
else                                       ├ 外层 if-else 语句
   if (<表达式 3>)   ┐                     │
      <语句 3>        ├ 内嵌 if-else 语句  ┘
   else <语句 4>     ┘
```

上面的一般形式中，是在 if 和 else 中各自内嵌一个 if-else 语句。

（2）嵌套形式不具有固定的语句格式。本案例中使用的在外层 if 语句中的 else 的后面内嵌一个 if-else 语句的形式。自上而下看流程图 2-17 可知，当 charC 是英文字母时，执行路径为①⑥⑤；当 charC 是数字字符时，执行路径为①②③⑤，当 charC 是其他字符时，执行路径为①②④⑤。

2.2.2 基础理论

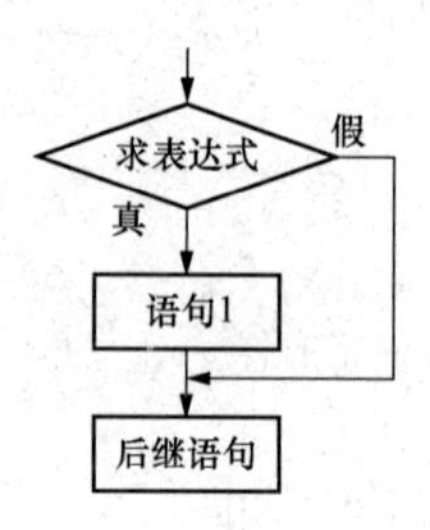

图 2-20 流程图

1. if 语句的默认形式

如果 if-else 语句中 else 后面的<语句 2>是空语句，则 if 语句可简化为

```
if (<表达式>)
   <语句 1>
```

其执行过程是计算<表达式>的值，如果<表达式>的值“真”（非 0），执行<语句 1>，否则什么也不做，转去执行 if 语句的后继语句。流程图如图 2-20 所示。

用默认形式的 if 语句重写案例 1。

```
#include <stdio.h>
main( )
{
   float floatKm,floatFee;
   printf("输入行车里程数: ");
   scanf("%f",& floatKm);
   floatFee =10.0;
   if (floatKm >=3.0)
      floatFee =10.0 + (floatKm -3.0) * 1.8;
   printf("%.2f 公里,请付￥%.2f\n", floatKm, floatFee);
}
```

程序中，在 if 语句前加了一条语句 floatFee =10.0;，当输入的行车里程数小于 3 公里时，不再需要计算车费，所以可以采用默认的 if 语句。

2. if 和 else 的配对规则

使用 if 语句的嵌套形式时，如果 if 的数目和 else 的数目相同，它们的配对关系比较清楚。但由于存在 if 语句的默认形式，会出现 if 与 else 的数目不一样的情况，初学者往往会用错它们的配对关系。因此，必须正确理解 C 语言中 if 与 else 的配对规则。C 语言规定：else 与前面最接近它而又没有和其他 else 配对的 if 配对。

下面的程序是试图判断 intX 是大于 0 的偶数还是小于等于零。现分析一下程序在 intX 分别取值为 8、-5 和 5 时的输出结果。

```
#include <stdio.h>
main( )
{
   int intX;
   printf("Enter intX:");
   scanf("%d",& intX);
   if (intX >0)
      if (intX %2==0)
         printf("intX >0 and intX is even.\n");
   else
         printf("intX <=0.\n");
}
```

程序运行情况 1：

```
Enter intX:8
intX >0 and intX is even.
```

程序运行情况 2：

```
Enter intX:-5
```

程序运行情况 3：

```
Enter intX:5
intX ≤0.
```

从程序运行的三种情况来看：情况 2、3 的结果显然是错误的。为什么呢？

从书写格式上看，编程者是试图使 else 与第一个 if 组成 if-else 结构，即当 intX <=0 时，执行 else 后面的 printf("intX<=0.\n")；语句。但是，根据 if-else 的配对原则，编译系统实际上是把 else 与第二个 if 作为配对关系处理，程序运行情况 3 的结果就说明了这种配对关系。所以，书写格式并不能代替程序逻辑。为实现编者的意图，必须加“{ }”，来强制确定配对关系，即将第二个 if 语句用“{ }”括起来，即

```
if(intX>0)
{
     if(intX%2==0)
          printf("intX>0 and  intX is even.\n");
}
else
     printf("intX<=0.\n");。
```

3. 正确使用 switch 语句

在案例 3 中，我们已经使用了 switch 语句，但还应注意以下问题：

（1）switch 后面表达式的类型，一般为整型、字符型和枚举类型（枚举类型将在后面模块中介绍）。

（2）当 switch 后面的表达式的值与某一个 case 后面的常量表达式的值相等时，就执行此 case 后面的语句，若所有的 case 中的常量表达式的值都有与表达式的值匹配的，就执行 default 后面的语句。

（3）每个 case 子句中<常量表达式>的值必须互不相等，case 和<常量表达式>之间要有空格，case 后面的<常量表达式>之后有“：”，且所有 case 包含在“{ }”里。

（4）一种情况处理完后，一般应使程序的执行流程跳出 switch 语句，则由 break 语句完成。如果没有 break 语句，将会继续执行后面的语句，直到 switch 语句结尾。重写案例 3，观察 case 子句中没有 break 语句时程序的运行结果。

```
#include <stdio.h>
main( )
{
   int intUa;
   char charCode;
   printf("请输入无符号整数和进制代号：");
   scanf("%d%c",&intUa,&charCode);
   switch (charCode)
   {
      case  'd': printf("十进制数:%d \n",intUa);
      case  'o': printf("八进制数:%o \n",intUa);
      case  'x': printf("十六进制数:%x \n",intUa);
      default: printf("进制代号错误!");
   }
}
```

运行情况如图 2-21 所示。由此可见，case 子句只是起一个标号的作用，确定匹配的入口，

然后从此处开始一直执行下去，对后面的 case 子句的值不再进行比较。所以，当仅需执行一个分支情况时，则在 case 子句后面的语句序列中必须包含一个 break 语句。

图 2-21　没有 break 语句的运行结果

（5）当多种常量表达式代表同一种情况时，出现在前面的 case 子句可以无处理语句，即多个 case 子句共用一组处理语句。

例如案例 3 中，如果用户希望输入进制代号时对字母无大小写要求，则可对案例 3 的源程序作如下修改。运行结果如图 2-22 所示。

```
#include <stdio.h>
main( )
{
    int intUa;
    char charCode;
    printf("请输入无符号整数和进制代号：");
    scanf("%d%c",&intUa,&charCode);
    switch (charCode)
    {
        case ' D':
        case ' d': printf("十进制数:%d \n",intUa);
            break;
        case 'O':
        case 'o': printf("八进制数:%o \n",intUa);
            break;
        case 'X':
        case 'x': printf("十六进制数:%x \n",intUa);
            break;
        default: printf("进制代号错误!");
    }
}
```

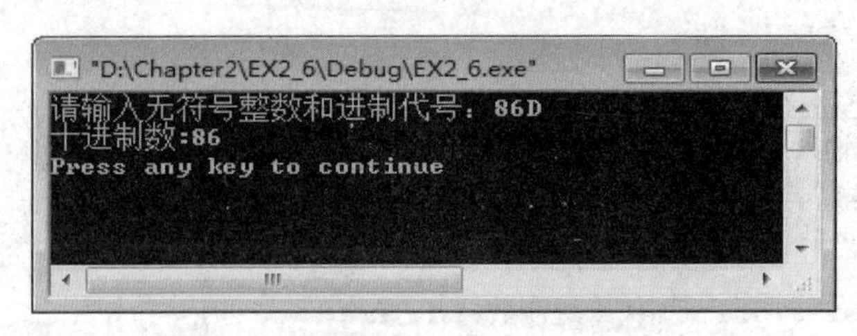

图 2-22　对字母无大小写要求的运行结果

2.2.3　技能训练

【实验 2-4】输入一个整数 intN，判断 intN 是否是一个能被 23 整除的三位奇数。

指 导

1. 问题分析

要对 intN 作出正确的判断，关键在于利用 C 语言的关系运算符和逻辑运算符，设计出正确、合理的表达式。根据题意，intN 应满足：

（1）取值范围：–999～–100 或者 100～999。

（2）intN 能被 23 整除：用 intN%23==0 判断。

（3）intN 是奇数：用 intN%2!=0 判断。

把这些条件组合起来，可用一个复杂的逻辑表达式来表示：

```
(-999<=intN&&intN<=-100||100<=intN&&intN<=999) && intN%23==0 && intN%2!=0
```

2. 编写源程序

```
/*EX2_8.CPP*/
#include <stdio.h>
main( )
{
    int intN;
    printf("Enter intN:");
    scanf("%d",&intN);
    if ((-999<=intN&&intN<=-100||100<=intN && intN<=999) && intN%23==0 &&
    intN%2!=0)
        printf("%d is right.\n",intN);
    else
        printf("%d is wrong.\n",intN);
}
```

3. 运行及分析

上机运行程序并分析结果。

4. 问题思考

在上例中，如果将条件表达式设计为

```
(-999<=intN&&intN<=-100||100<=intN && intN<=999 && intN%23==0 && intN%2==1)
```

能不能对三位负数作出正确的判断？为什么？

【实验 2-5】下列程序 EX2_9.CPP 的功能是计算并输出下面分段函数值。但程序上机发现运行结果错误，如图 2-23 所示。

$$y=\begin{cases} 1/(x+2) & (-5\leqslant x<0 \text{ 且 } x\neq -2) \\ 1/(x+5) & (0\leqslant x<5) \\ 1/(x+12) & (5\leqslant x<10) \\ 0, & \text{其他} \end{cases}$$

```
/*EX2_9.CPP*/
#include <stdio.h>
main( )
{
    double doubleX,doubleY;
    printf("input x=");
    scanf("%f",& doubleX);
    if ((-5.0<= doubleX <0.0)&&(doubleX!=-2))
```

```
        doubleY=1.0/(doubleX+2);
    else  if (5.0<doubleX)
        doubleY=1.0/(doubleX+5);
    else  if(doubleX<10.0)
        doubleY=1.0/(doubleX+12);
    else  doubleY=0.0;
    printf("x=%e\ny=%e\n", doubleX,doubleY);
}
```

请理解程序执行流程，通过调试修改程序中的错误。具体要求如下：

（1）不允许改变计算精度。

（2）不允许改变原程序的结构，只能在语句和表达式内部进行修改。

（3）设计 x 的值，测试程序的正确性。

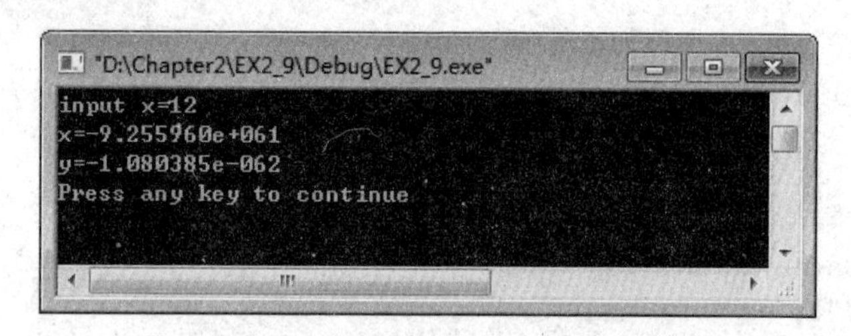

图 2-23　程序 EX2_9.CPP 运行结果出错

指 导

程序 EX2_9.CPP 使用的是一种阶梯形的嵌套结构，通过不断在 else 子句中嵌套 if 语句来实现。这种结构可以进行多个条件（互相排斥的条件）的判断，用来实现多路分支问题的处理：依次对各个条件进行判断，一旦某个条件满足，就执行该条件下的有关语句，其他部分将被跳过；若各个条件均不满足，就执行最后一个 if-else 语句中 else 后面的语句。如果没有最后的 else 子句，就表示什么也不执行。

【实验 2-6】某商场在节日期间举办促销活动，顾客可按购买商品的款数多少分别给予以下不同的优惠折扣：

购物不足 250 元的，没有折扣，赠送小礼品；

购物满 250 元，不足 500 元的，折扣 5%；

购物满 500 元，不足 1000 元的，折扣 8%；

购物满 1000 元，不足 2000 元的，折扣 10%；

购物满 2000 元及 2000 元以上，折扣 15%。

试用 switch 语句编写程序，计算顾客的实际付款数。

指 导

1. 问题分析

由于 switch 后面的表达式不具有对某个区间内的值进行判断的作用，它的取值必须对应于每个 case 子句的一个单值，所以如何设计表达式是关键。对于本题，假设购物款为 floatPayment，由于折扣点是以 250 的倍数变化的，所以可以把表达式设计为 floatPayment/250，即

floatPayment<250 元时，对应折扣点 floatPayment /250 为 0；

250≤floatPayment<500 元时，对应折扣点 floatPayment /250 取值 1；

500≤floatPayment<1000 元时，对应折扣点 floatPayment /250 分别取值 2、3；

1000≤floatPayment<2000 元时，对应折扣点 floatPayment /250 分别取值 4、5、6、7；这样就实现了把 floatPayment 在一个区间内的取值定位在若干个点上。

2. 编写源程序

```
/*EX2_10.CPP*/
#include <stdio.h>
main( )
{
   float floatPayment,floatDiscount,floatAmount;
                                   /* floatDiscount: 折扣点,floatAmount: 付款数*/
   int intTemp;                    /*中间变量*/
   printf("请输入你的购物款:");
   scanf("%f",&floatPayment);
   intTemp= (int) floatPayment / 250;          /*计算折扣点*/
   switch (intTemp)
   {
      case 0: floatDiscount=0; printf("你可获得一件小礼品。\n");
              break;
      case 1: floatDiscount=5.0; break;
      case 2:
      case 3: floatDiscount=7.0;break;
      case 4:
      case 5:
      case 6:
      case 7: floatDiscount=10.0;break;
      default: floatDiscount=15.0;break;
   }
   floatAmount=floatPayment*(1-floatDiscount/100);
   printf("请付款￥%.2f\n",floatAmount);
}
```

3. 运行程序

上机运行程序并验证程序的正确性。

4. 完善程序

（1）如果输入的购物款不合法（如负数），程序应输出出错信息。

（2）输出结果包含以下信息：购物款、获得的折扣和应付款。

2.2.4　拓展与练习

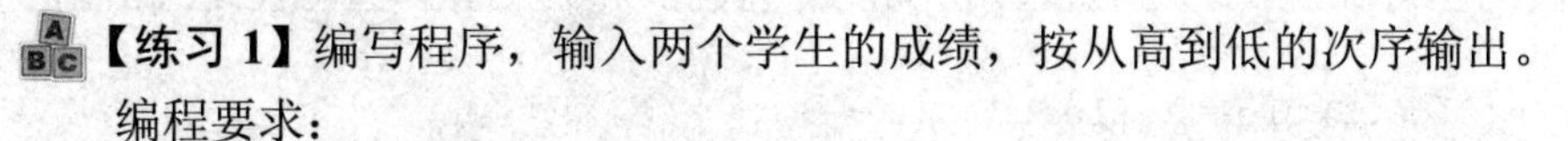

【练习 1】编写程序，输入两个学生的成绩，按从高到低的次序输出。

编程要求：

（1）输入两个成绩放入变量 floatScore1 和变量 floatScore2 中。

（2）将高分存入变量 floatScore1 中，低分存入变量 floatScore2 中。

（3）依次输出变量 floatScore1 和 floatScore2 的值。

【练习 2】根据任务 1 中【实验 2-2】的题目要求、解题步骤和流程图，编写程序。要求设计四组不同的体重和身高的测试数据，程序运行后能输出正确的结果。

【练习 3】输入一个学生的百分制成绩，然后按此输出等级：90～100 为“优秀”，70～89 为“良好”，60～69 为“及格”，小于 60 为“不及格”。

编程要求：

（1）用 switch 语句编写程序。

（2）要判断百分制成绩的合理性，对于不合理的成绩应输出出错信息。

（3）输出结果中应包括百分制成绩和对应的等级。

【练习 4】编写程序求解一元二次方程 $ax^2+bx+c=0$ 的根。

编程要求：

（1）画出流程图。

（2）从键盘输入系数 a、b、c，输入前要有如下提示：“请输入系数”。

（3）如果方程没有实根，输出信息“此方程无实数根”；如果有重根，以“x1=x2=...”的格式输出方程的根；如果有两个不同的根，以“x1=...”和“x2=...”的格式输出方程的根。

【练习 5】根据表 2-2 的工资、薪金所得适用税率表计算月交税金和月实际收入。

表 2-2 工资、薪金所得适用税率表

级数	含税级距	适用税率	速算扣除数/元
1	小于 500 元部分	5%	0
2	500～2000 元部分	10%	25
3	2000～5000 元部分	15%	125
4	大于 5000 元部分	20%	375

计算方法：月应纳税额=月应纳税所得额×适用税率-速算扣除数。

其中，月应纳税所得额=月工资收入-个税起征数；个税起征数为 1600 元。

编程要求：输入月工资收入，计算并输出月应纳税额和月实际收入。

2.2.5 编程规范与常见错误

1. 编程规范

（1）if 和 switch 关键词与之后的表达式之间应加 1 个空格。

（2）在 if-else 语句中，if 与 else 不应在同一行，并上下对齐；后面的语句应采用缩进形式，如是复合语句，则一对大括号应上下对齐。缩进格式能增加程序的可读性。例如：

```
if (floatA+floatB>floatC && floatA+floatC>floatB && floatB+floatC>floatA)
    {
        floatS=(floatB+floatA+floatC)/2.0;
        floatArea=sqrt(floatS*(floatS-floatA)*(floatS-floatB)*(floatS-floatC));
        printf("area is %f\n",floatArea);
    }
else
    printf ("input errer\n");
```

2. 常见错误

（1）在关键词 if 后面的表达式中把赋值运算符“=”误作比较运算符“==”使用。

例如，下面的程序段中，输入的 intB 无论为何值，均输出 OK。因为这里的表达式是一个赋值表达式 intB=intA，并不是判断 intB 是否等于 intA。由于 intB 的值为-1（非 0），代表逻辑真，所以语句 printf(“NO”);是不可能被执行到的。

```
int intA=-1,intB;
scanf ("%d",&intB);
if (intB=intA)
      printf (“OK”);
else
      printf(“NO”);
```

总之，关键词 if 后面的表达式只要是合法的 C 语言表达式，当它的值为“非 0”时，即代表“真”，否则为假。

（2）复合语句忘了用大括号括起来。

例如，在案例 2 的源程序中，如漏了大括号如下所示：

```
if (floatA+floatB>floatC && floatA+floatC>floatB && floatB+floatC>floatA)
      floatS=(floatB+floatA+floatC)/2.0;
      floatArea=sqrt(floatS*(floatS-floatA)*(floatS-floatB)*(floatS-floatC));
      printf("area is %f\n",floatArea);
   else
      printf("input error\n");
```

程序在编译时显示出错信息：“illegal else without matching if”。因为编译系统将 if 语句理解为默认形式，这时 else 就没有与之配对的 if 了。

2.2.6 贯通案例——之二

1. 问题描述

根据 2.1.6 贯通案例之一中的菜单，对菜单进行编号，用 switch 语句实现菜单的选择：

（1）当用户输入 2 时，模拟实现增加学生成绩的功能。

（2）当用户输入 1～8 中除 2 以外的其他数字时，显示“本模块正在建设中……”

（3）当用户输入 1～8 以外的数字时，显示适当的错误提示。

2. 编写源程序

```
/*EX2_11.CPP*/
#include <stdio.h>
main( )
{
   char charCh;
   long longNum;
   int intScore;

   printf("#==================================================#\n");
   printf("#                 学生成绩管理系统                  #\n");
   printf("#--------------------------------------------------#\n");
   printf("#            copyright @ 2009-10-1                 #\n");
   printf("#==================================================#\n");
```

```
    printf("#                1.加载文件                          #\n");
    printf("#                2.增加学生成绩                      #\n");
    printf("#                3.显示学生成绩                      #\n");
    printf("#                4.删除学生成绩                      #\n");
    printf("#                5.修改学生成绩                      #\n");
    printf("#                6.查询学生成绩                      #\n");
    printf("#                7.学生成绩排序                      #\n");
    printf("#                8.保存文件                          #\n");
    printf("#                0.退出系统                          #\n");
    printf("#================================================#\n");
    printf("请按 0-8 选择菜单项：");
    scanf("%c",&charCh);
    switch (charCh)
{
    case '1': printf("进入加载文件模块.本模块正在建设中…….\n");
        break;
      case '2': printf("进入增加学生成绩模块.\n");
            printf("请输入学号和成绩:");
            scanf("%ld%d",&longNum,&intScore);
            break;
      case '3': printf("进入显示学生成绩模块.本模块正在建设中…….\n");
            break;
      case '4': printf("进入删除学生成绩模块.本模块正在建设中…….\n");
            break;
      case '5': printf("进入修改学生成绩模块.本模块正在建设中…….\n");
            break;
      case '6': printf("进入查询学生成绩模块.本模块正在建设中…….\n");
            break;
      case '7': printf("进入学生成绩排序模块.本模块正在建设中…….\n");
            break;
      case '8': printf("进入保存文件模块.本模块正在建设中…….\n");
            break;
      case '0': printf("退出系统.\n"); exit(0);
      default: printf("输入错误!"); break;
    }
}
```

3. 运行结果

运行上面的菜单程序，运行结果如图 2-24 和图 2-25 所示。

图 2-24 贯通案例之二运行结果 1

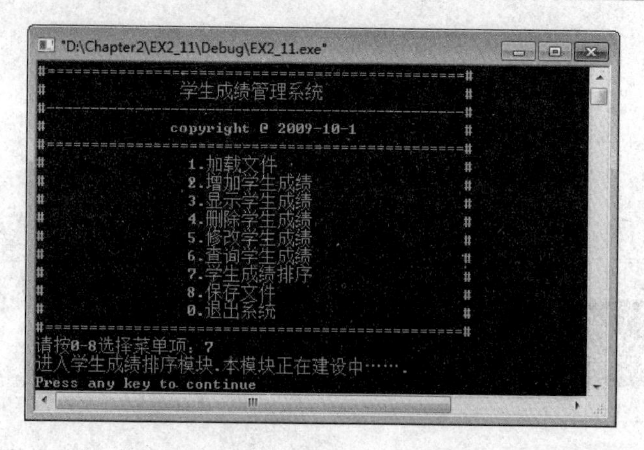

图 2-25　贯通案例之二运行结果 2

任务 3　循环结构程序设计

学习目标

领会程序设计中构成循环的方法，掌握 for、while 和 do-while 语句的用法，了解 break 和 continue 语句在循环语句中的作用。

2.3.1　案例讲解

案例 1 累加问题

1. 问题描述

编程计算 100 以内的奇数之和，即求 1+3 +5 +⋯ + 97 + 99。

2. 编程分析

（1）设变量 intSum 初值置 0，存放累加和；变量 intI 存放需累加的当前项，初值置 1。

（2）当 intI<100 时，反复执行下述步骤：

●当前项 intI 加到 intSum 中。

●更新当前项 intI 的值，每次更新递增 2；intI=intI+2 （或者 intI+=2）。

（3）输出最后的 intSum。

（4）结束。

流程图如图 2-26 所示。

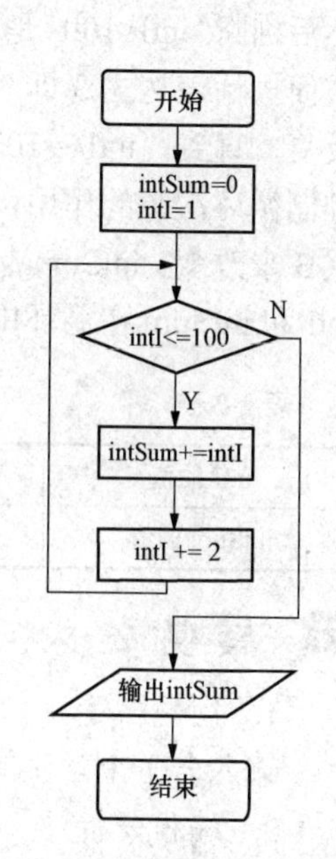

图 2-26　案例 1 流程图

3. 编写源程序

```
/*EX2_12.CPP*/
#include <stdio.h>
main( )
{
   int intI, intSum;
```

```
    intSum=0;            /*累加器清 0 */
    for(intI=1; intI<100; intI+=2 )
        intSum+=intI;
    printf("1+3+5+…+97+99=%d\n",intSum);
    getchar ( );
}
```

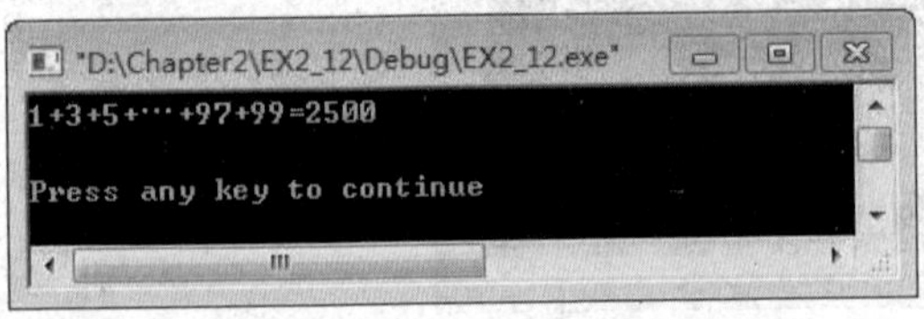

"D:\Chapter2\EX2_12\Debug\EX2_12.exe"

```
1+3+5+…+97+99=2500
Press any key to continue
```

图 2-27 案例 1 运行结果

4. 运行结果

运行结果如图 2-27 所示。

5. 归纳分析

案例 1 使用 C 语言提供的循环语句——for 语句。

（1）for 语句的语法形式。

```
for (<表达式 1>;<表达式 2>;<表达式 3>)
{
        <语句>;
        <语句>;
}
```

其中，for 是关键字。注意，三个表达式之间必须用英文的分号“;”隔开。

（2）for 语句的执行流程。

1）首先计算<表达式 1>。

2）求<表达式 2>的值，若其值为非零，执行<语句>，然后转 3）执行，若<表达式 2>的值为零，则结束 for 循环。

3）求解<表达式 3>，转 2）执行。流程图如图 2-28 所示。

（3）在程序 EX2_12.CPP 中，for 循环的执行过程是先赋值 intI=1，然后判断“intI<100”是否成立，如果为真，执行循环体“intSum+=intI;”，转而执行表达式 3 即“intI+=2”，再判断“intI<100”是否成立，如此反复，直到“intI>=100”为止。在此，变量 i 既是当前项，也起到了控制循环次数的作用，所以 intI 也称为循环控制变量，它的值由表达式 3 来改变；intSum 起累加器的作用，共累加了 50 次。表 2-3 给出了 intI 和 intSum 在循环中的值的变化。

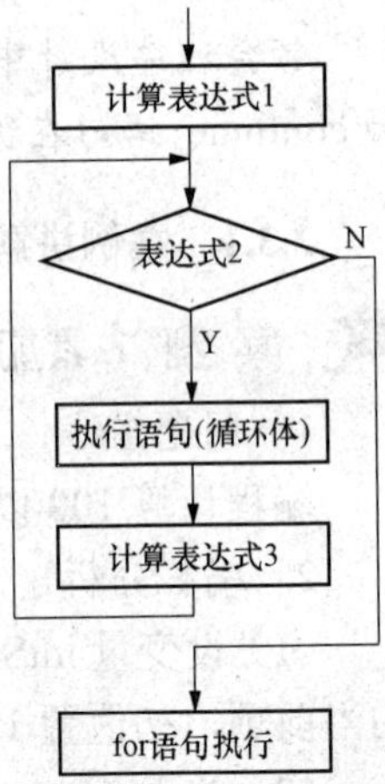

计算表达式1
表达式2
N
Y
执行语句(循环体)
计算表达式3
for语句执行

图 2-28 for 语句流程图

表 2-3 **循环中 intI 和 intSum 的值的变化**

intI 的值	1	3	5	7	9	11	…	97	99
intSum 的值	1	4	9	16	25	36	…	2403	2500

案例 2 求平均分问题

1. 问题描述

输入若干个学生的 C 语言课程考试成绩，计算这门课程的平均分，输入负数时结束。

2. 编程分析

在程序中，需要设置以下变量：intScore 存放当前输入成绩；intSum 存放已输入成绩之和；intCount 统计人数；floatAve 存放平均分，其值为总成绩除以人数。

（1）输入当前成绩 intScore。

（2）当满足 intScore 大于等于零的条件时，反复执行下列三步：

1）人数加 1 (intCount++，或者 intCount+= 1，++ intCount)。

2）成绩 intScore 累加到 intSum 中(intSum += intScore)。

3）输入下一个成绩 intScore (scanf ("%d",&intScore))。

（3）计算平均分 [floatAve = (float)intSum/intCount]。

（4）输出平均分。

（5）结束。

流程图如图 2-29 所示。

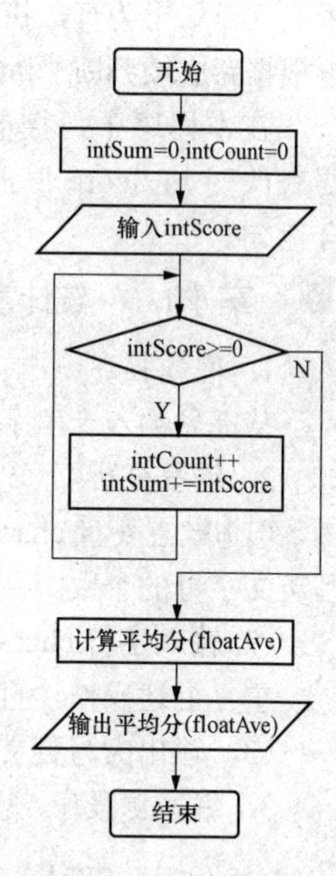

图 2-29　案例 2 流程图

3. 编写源程序

```
/*EX2_13.CPP*/
#include <stdio.h >
int main( )
{
   int intScore, intSum=0, intCount=0;
   float floatAve;                  /*存放平均分*/
   printf("请输入学生的 C 语言考试成绩,直到输入负数为止:\n");
   scanf("%d",&intScore);
   while(intScore>=0)
   {
      intCount++;
      intSum+=intScore;
      scanf("%d",&intScore);
   }
   floatAve =(float)intSum/intCount;
   printf("\n 平均分:%.2f\n", floatAve);
}
```

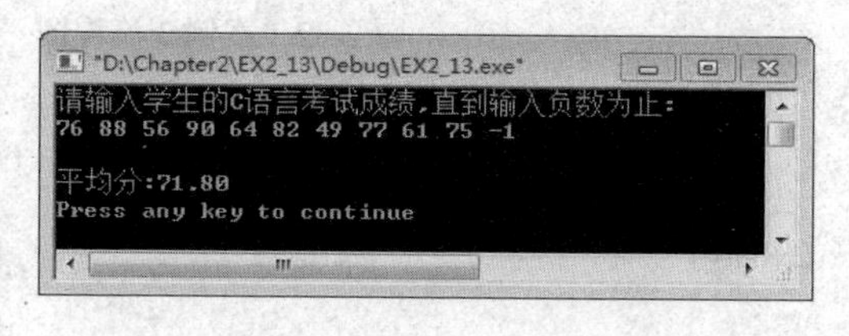

图 2-30　案例 2 运行结果

4. 运行结果

运行结果如图 2-30 所示。

5. 归纳分析

本案例使用了 C 语言的另一个循环控制语句——while 语句。

（1）while 语句的语法形式。

```
while (<表达式>)
{
    <语句>;
}
```

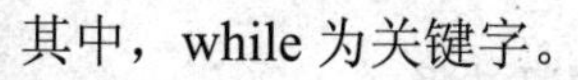

其中，while 为关键字。

（2）while 语句的执行过程。首先计算<表达式>的值，当<表达式>的值为真（非零）时，执行<循环体>；不断重复上述过程，直到<表达式>的值为假（零）为止。其中，<表达式>称为循环条件。流程图如图 2-31 所示。

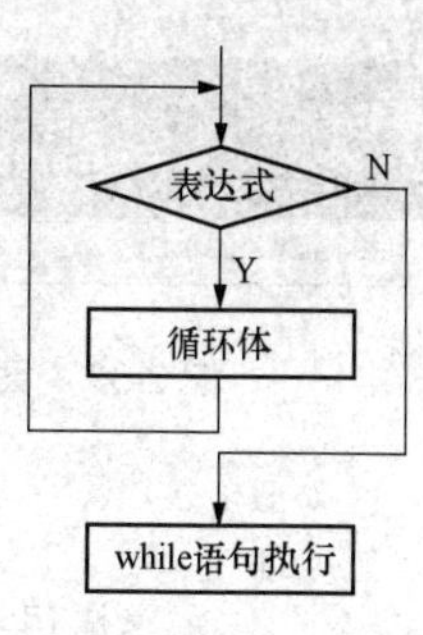

图 2-31　流程图

（3）程序EX2_13.CPP是这样运行的：先输入成绩intScore，然后判断"intScore≥0"是否成立，如果为真，执行循环体："intCount++; intSum+=intScore; scanf("%d",&intScore);"，再根据新成绩判断"intScore≥0"是否成立，如此反复，直到"intScore<0"为止。

在本程序中，控制循环变量是intScore，在进入循环前要有确定的值，在循环体中要有改变intScore值的语句；循环体由三条语句组成，一定要用大括号括起来，组成复合语句。

案例3 统计字符串中的大写字母数目

1. 问题描述

从键盘输入一串字符(输入换行符时结束)，统计其中大写英文字母的个数。

2. 编程分析

（1）设置变量charA存放输入的字符；计数器变量intNum存放大写英文字母的个数。

（2）输入字符charA。若charA是大写英文字母，计数器intNum+1。重复上述操作，直到输入换行符为止。

（3）输出大写英文字母个数。流程图如图2-32所示。

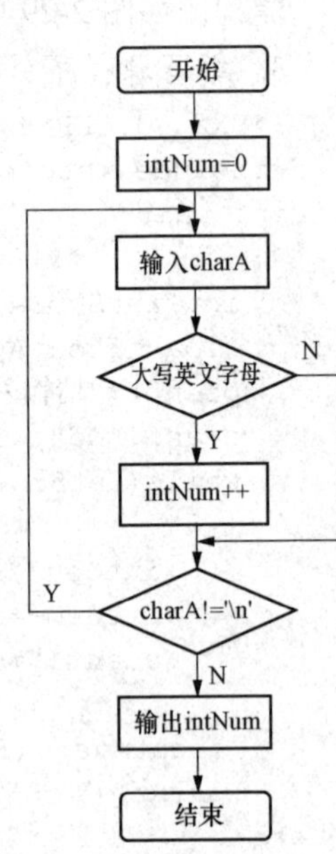

图2-32 案例3流程图

3. 编写源程序

```
/*EX2_14.CPP*/
#include <stdio.h>
int main( )
{
    char charA;
    int intNum=0;
    printf("输入字符串:");
    do
    {
        charA=getchar( );
        if(charA>='A' && charA<='Z')
            intNum++;
    }while(charA!='\n');
    printf("字符串中有%d个大写字母。\n",intNum);
}
```

4. 运行结果

运行结果如图2-33所示。

图2-33 案例3运行结果

5. 归纳分析

本案例使用的是do-while 语句，用于构成直到型循环结构。

（1）do-while 语句的语法形式。

```
do
{
    <语句>;
}while (<表达式>) ;
```

其中，do 和 while 是关键字。需要特别注意的是，while 后面的分号(;)不能少。

（2）do-while 语句执行过程。先执行<循环体>，再判别<表达式>，若<表达式>的值为非零，则重复执行<循环体>，直到<表达式>的值为零为止。

（3）do-while 语句是“先执行，后判断”。因此，无论<表达式>是否成立，循环体至少被执行一次。流程图如图 2-34 所示。本案例由于至少要执行一次，因此我们选择程序用 do-while 循环实现。

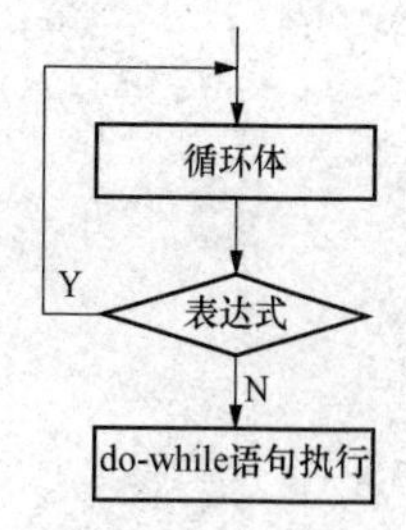

图 2-34 流程图

案例 4 输出乘法“九九表”

1. 问题描述

编写程序，输出以下形式的乘法“九九表”。

```
1*1=1   1*2=2   1*3=3   1*4=4   1*5=5   1*6=6   1*7=7   1*8=8   1*9=9
2*1=2   2*2=4   2*3=6   2*4=8   2*5=10  2*6=12  2*7=14  2*8=16  2*9=18
……
9*1=9   9*2=18  9*3=27  9*4=36  9*5=45  9*6=54  9*7=63  9*8=72  9*9=81
```

2. 编程分析

（1）乘法表第 1 行的变化规律：被乘数为 1 不变，乘数从 1 递增到 9，每次增量为 1，因此，第一行的输出可用如下的循环语句实现：

```
for(intJ=1; intJ <=9; intJ ++)
    printf("%d*%d=%4d",1, intJ,1* intJ);
```

（2）乘法表第 2 行的变化规律：与第 1 行唯一不同的是被乘数为 2，而处理过程完全一样，因此只需将被乘数改为 2，再执行一次上面的循环语句即可；第 3～9 行与第 2 行同理。

（3）在上述循环语句外面再加上一个循环（即构成双重循环），就可输出所要求的“九九表”。流程图如图 2-35 所示。

3. 编写源程序

```
/*EX2_15.CPP*/
#include <stdio.h>
int main( )
{
   int intI, intJ;
   for(intI=1; intI<=9; intI++)
                                /*外循环控制变量 intI,控制被乘数变化
*/
     {
       for(intJ=1; intJ<=9; intJ++)
                                /*内循环控制变量 intJ 控制乘数变化*/
          printf("%d*%d=%-4d", intI, intJ, intI * intJ);
       printf("\n");                /*换行*/
     }
}
```

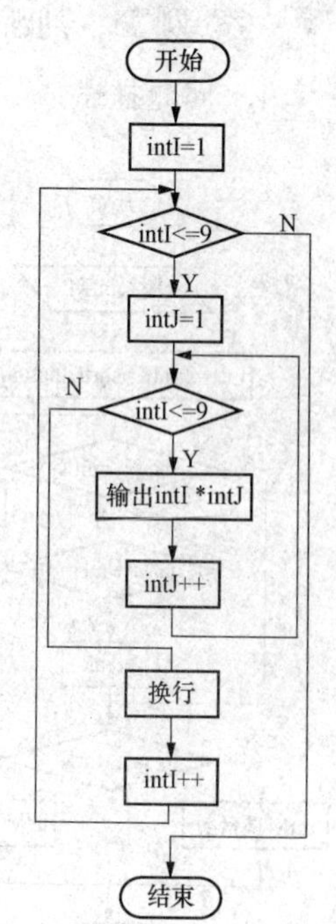

图 2-35 案例 4 流程图

4. 运行结果

运行结果如图 2-36 所示。

```
"D:\Chapter2\EX2_15\Debug\EX2_15.exe"
1*1=1   1*2=2   1*3=3   1*4=4   1*5=5   1*6=6   1*7=7   1*8=8   1*9=9
2*1=2   2*2=4   2*3=6   2*4=8   2*5=10  2*6=12  2*7=14  2*8=16  2*9=18
3*1=3   3*2=6   3*3=9   3*4=12  3*5=15  3*6=18  3*7=21  3*8=24  3*9=27
4*1=4   4*2=8   4*3=12  4*4=16  4*5=20  4*6=24  4*7=28  4*8=32  4*9=36
5*1=5   5*2=10  5*3=15  5*4=20  5*5=25  5*6=30  5*7=35  5*8=40  5*9=45
6*1=6   6*2=12  6*3=18  6*4=24  6*5=30  6*6=36  6*7=42  6*8=48  6*9=54
7*1=7   7*2=14  7*3=21  7*4=28  7*5=35  7*6=42  7*7=49  7*8=56  7*9=63
8*1=8   8*2=16  8*3=24  8*4=32  8*5=40  8*6=48  8*7=56  8*8=64  8*9=72
9*1=9   9*2=18  9*3=27  9*4=36  9*5=45  9*6=54  9*7=63  9*8=72  9*9=81
Press any key to continue
```

图 2-36　案例 4 运行结果

5. 归纳分析

案例 4 在一个循环内又包含另一个完整的循环结构，这称为循环的嵌套。内嵌的循环又可以嵌套循环，这就形成多重循环。三种循环语句之间都可以相互嵌套，如在 for 循环中包含另一个 for 循环，在 for 循环中包含一个 while 循环或者 do-while 循环等。

程序 EX2_15.CPP 中双重循环的执行过程是先执行外循环，当外循环控制变量 intI 取初值 1 后，执行内循环（intJ 从 1 变化到 9），在内循环执行期间，intI 的值始终不变；内循环结束后，回到了外循环，intI 的值增为 2，然后再执行内循环，此过程不断重复，直到外循环控制变量 intI 的值超过终值，整个双重循环就执行完毕。

请读者考虑一下，如果把内循环语句改为

```
for(intJ=1; intJ<=intI; intJ++)
    printf("%d*%d=%-4d", intI, intJ, intI* intJ);
```

将会输出什么形式的乘法“九九表”？

案例 5　判断整数（intM≥3）是否为素数

1. 问题描述

所谓素数是一个大于等于 2 并且只能被 1 和它本身整除的整数。也即素数 intM 只有 1 和 intM 本身是它的因子，没有别的正因子。数学方法已经证明只要为 2～$\sqrt{\text{intM}}$ 的各数都不是 intM 的因子，则可确定 intM 是素数。

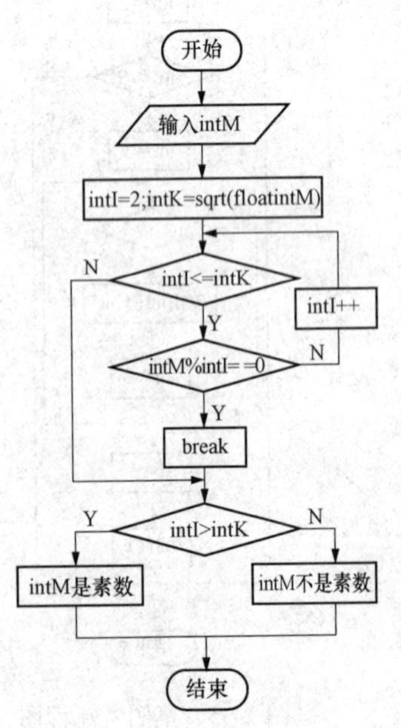

图 2-37　案例 5 流程图

2. 编程分析

（1）设变量 intI 初值为 2；变量 intK 初值为 $\sqrt{\text{intM}}$ 。

（2）当 intI≤intK 时：

1）若 intM 被 intI 整除，则立即终止循环，判断 intM 不是素数。

2）intI 加 1。

（3）若正常退出循环，则 intM 是素数，否则 intM 不是素数。

（4）结束。

程序流程图如图 2-37 所示。

3. 编写源程序

```
/*EX2_16.CPP*/
#include <stdio.h>
#include <math.h>
```

```
main( )
{
    int intI,intM,intK;
    printf("请输入一个正整数:");
    scanf("%d",&intM);
    intK=sqrt((float)intM);
    for(intI=2; intI<=intK; intI++)
    {
        if (intM%intI==0)
            break;
    }
    if(intI>intK)          /*intM不能被2～ intK整除,所以intM是素数*/
        printf("%d 是一个素数.\n",intM);
    else printf("%d 不是一个素数.\n",intM);
}
```

4. 运行结果

运行结果如图 2-38 所示。

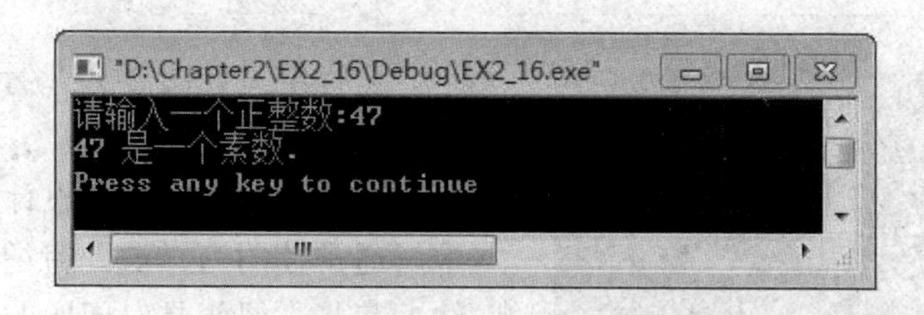

图 2-38　案例 5 运行结果

5. 归纳分析

在程序中，当 intM 被某一个整数 intI 整除时，就不需要继续循环，调用 break 语句立即终止循环，使程序执行流程跳出循环体。所以，break 语句对于减少循环次数，加快程序执行速度起着重要的作用。

break 语句的一般形式为

```
break;
```

其作用是终止当前循环或终止 switch 语句。需要注意的是，在多重嵌套循环中，break 语句只能终止正在执行的当前循环，并不对嵌套当前循环的其他循环起作用。

整数 intM 的平方根可以通过调用库函数 sqrt( )（英文 square root 的缩写）得到，需要使用包含文件：#include <math.h>。

案例 6　组合问题

1. 问题描述

找出 n 个自然数(1，2，…，n)中 r（$r<n$）个数的组合。

2. 编程分析

下面以 n=5，r=3 为例，求出所有符合上述要求的 5 个数中 3 个数的组合。

设：intI, intJ, intK 为组合中的三个数，它们可能的取值均为 1～5，intI, intJ, intK 应要求满足：

（1）一个组合中的三个数字不能相同，即 intI≠intJ≠intK。

（2）任何两组数所包含的数不能相同，如（1，2，3）和（3，2，1）只能取其中一组，为此约定：前一个数应小于后一个，则有：intI<intJ<intK。

3. 编写源程序

```
/*EX2_17.CPP*/
#include <stdio.h>
main( )
{
    int intI, intJ, intK,intN;
    intN=5;
    for(intI=1; intI<=intN; intI++)
        for(intJ =1;intJ <=intN; intJ ++)
          for(intK=1;intK<=intN;intK++)
            if(intI!= intJ &&intI!=intK&&intJ!=intK&& intI<intJ&& intJ<intK)
              printf("%3d%3d%3d\n",intI, intJ, intK);
}
```

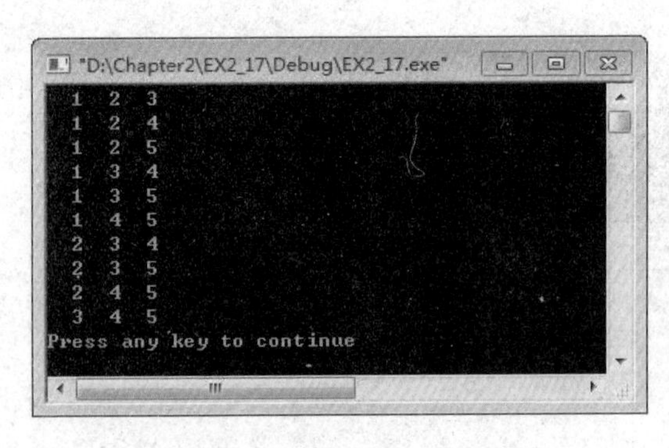

图 2-39 案例 6 运行结果

4. 运行结果

运行结果如图 2-39 所示。

5. 归纳分析

在循环结构的程序设计中，对此类问题的求解通常使用穷举法。穷举法是一种重复性算法，其基本思想是对问题的所有可能状态一一测试，直到找到解或完成访问全部可能状态。

尽管穷举法可以充分利用计算机高速处理的优点，对所有可能情况作出快速选择，但我们仍应选择一个合理的穷举范围。穷举范围过大，会降低程序运行的效率，穷举范围过小，可能会遗漏解。在案例 6 中，我们穷举了 intI、intJ、intK 所有可能的值，实际上，根据约定：intI<intJ<intK，可将 intI、intJ 和 intK 的搜索范围分别缩小为 1～3、2～4 和 3～5。所以可以改写程序 EX2_17.CPP。

```
#include <stdio.h>
main( )
{
    int intI,intJ,intK,intN;
        intN=5;
        for(intI=1; intI<= intN-2; intI++)
           for(intJ=intI +1; intJ<=intN-1; intJ++)
              for(intK= intJ+1; intK<=intN; intK++)
                 printf("%3d%3d%3d\n", intI, intJ,intK);
}
```

上述程序中，没有对 intI、intJ 和 intK 进行(intI!= intJ &&intI!=intK&&intJ!=intK&& intI<intJ&& intJ<intK)的判断，因为在对 intI、intJ 和 intK 穷举范围的设置中已经满足题目的要求了。此外，穷举的次数也由原程序的 125 次降至本程序的 10 次。

案例 7　求 fibonacci 数列的前 n 项

1. 问题描述

fibonacci 数列具有下面的性质：

$$f(n)=\begin{cases} f(1)=1 & (n=1) \\ f(2)=1 & (n=2) \\ f(n)=f(n-2)+f(n-1) & (n\geqslant 3) \end{cases}$$

2. 编程分析

从上式中可以看出，除数列的前两项以外，所求数列的当前项是它前两项之和，也就是说，新项的值可以由前两项的值不断递推出。

（1）设变量 intF1、intF2 存放数列的前两项（intF1、intF2 的初值为 1）；变量 intF 存放当前项。

（2）循环变量 intI 初值取 3（从第 3 项开始)。

（3）输出数列第一、第二项。

（4）当 intI≤intN 时，反复执行。

1）求当前项 intF= intF1+ intF2。

2）更新前两项 intF1= intF2；intF1= intF。

3）输出当前项。

4）项数加 1。

（5）结束。

流程图如图 2-40 所示。

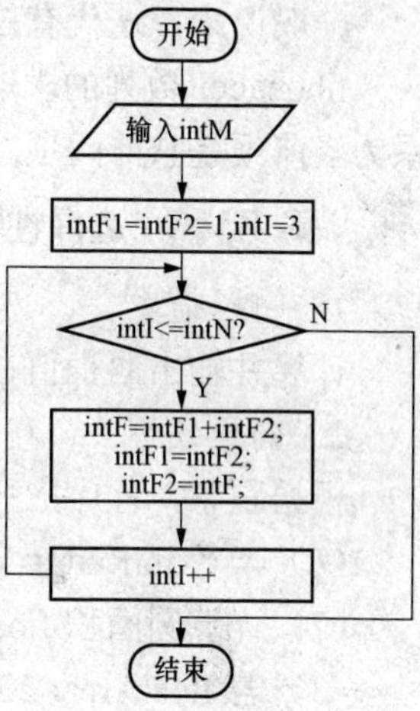

开始
输入intM
intF1=intF2=1,intI=3
intI<=intN?
Y
N
intF=intF1+intF2;
intF1=intF2;
intF2=intF;
intI++
结束

图 2-40　案例 7 流程图

3. 编写源程序

```
/*EX2_18.CPP*/
#include <stdio.h>
int main( )
{
    int intF, intF1=1, intF2=1;
    int intI,intN;
    intF1= intF2=1;                          /*迭代初始值 */
    printf("请输入 fibonacci 数列的项数: ");
    scanf("%d",&intN);
    printf("%-8ld%-8ld", intF1, intF2);
    for(intI=3;intI<=intN;intI++)
    {
        if(intI%5==1)                        /*为打印整齐,一行满 5 个数换行*/
        printf("\n");
        intF= intF1+ intF2;                  /*迭代关系式*/
        intF1= intF2;  intF2= intF;          /*更新*/
        printf("%-8ld", intF);
    }
    printf("\n");
}
```

4. 运行结果

运行结果如图 2-41 所示。

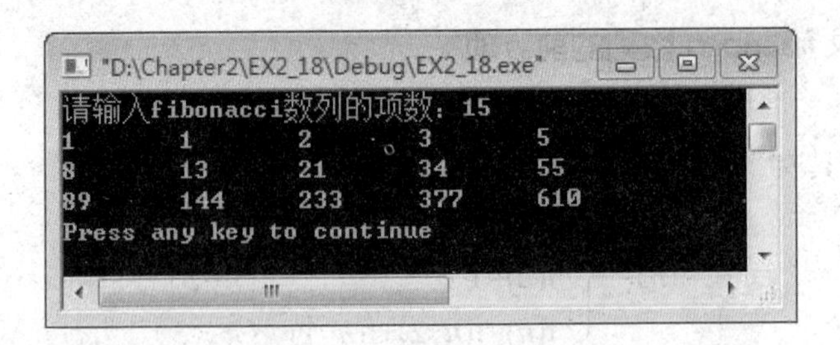

图 2-41 案例 7 运行结果

5. 归纳分析

在循环结构的程序设计中，另一个常用的循环算法是迭代法。迭代是一个不断用变量的新值取代旧值，或由旧值递推出变量的新值的过程。

一般说来，迭代有三个要素：迭代初始值、迭代关系式和迭代终止条件。

fibonacci 数列的求解过程就是一个迭代过程。其中，数列前两项为迭代初始值，迭代关系为当前项是它前两项之和。

案例 8 选择性输出圆的面积

1. 问题描述

计算并输出面积值在 50～250 之间的圆的面积（半径 intRadius=1，2，3…）。

2. 编程分析

根据题意，程序应按下面的流程执行：

（1）半径 intRadius 置初值为 1。

（2）计算圆面积 floatArea。

（3）若 floatArea<50，转（6）。

（4）若 floatArea>250，转（7）。

（5）输出圆面积 floatArea。

（6）半径 intRadius 加 1，转（2）。

（7）结束。

3. 编写源程序

```
/*EX2_19.CPP*/
#include <stdio.h>
main( )
{
    const float PI=3.14159;
    int intRadius;
    float floatArea;
    for(intRadius=1;; intRadius++)
    {
      floatArea=PI*intRadius*intRadius;
      if(floatArea<50.0)  continue;
      if(floatArea>250.0)   break;
      printf("半径=%d ,面积 is %f\n",intRadius,floatArea);
    }
}
```

4. 运行结果

运行结果如图 2-42 所示。

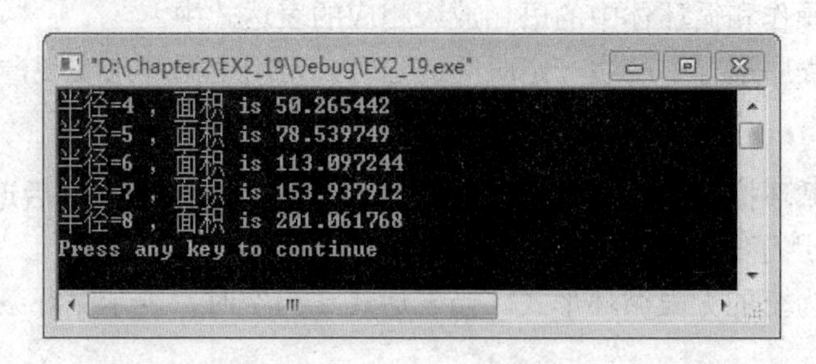

图 2-42　案例 8 运行结果

5. 归纳分析

由于事先无法确定半径 intRadius 为多少时圆的面积大于 250，因此在程序中，采用 for 语句的无限循环形式，利用 if 语句和 break 的配合，即当 floatArea>250 时，执行 break 语句，从而终止循环。当 floatArea<50 时，使用了 continue 语句，跳过了循环体中的两条后继语句，圆的面积就不再输出。

continue 语句的一般形式为

```
continue;
```

其作用是结束本次循环，即跳过循环语句中尚未执行的语句，接着进行循环条件的判定。continue 语句只用在 for、while、do-while 等循环体中，常与 if 语句一起使用，用来加速循环。

2.3.2　基础理论

1. 关于 for 语句中的三个表达式

一般情况下，for 循环中的表达式 1 和表达式 3 通常是赋值表达式，用来实现对循环控制变量初始化和循环控制变量增（减）值，表达式 2 通常是关系或逻辑表达式，用来表示循环继续的条件，只要其值为非零，就执行循环体。

由于 for 循环的三个表达式可以是 C 语言中任何有效的表达式，而 C 语言中表达式的形式十分丰富，所以三个表达式的使用是灵活多样的。下面以案例 1 为例说明。

（1）表达式 1、2、3 均可为空。

表达式 1 空：

```
intI=1;
for(;intI<=100;intI+=2)
  intSum+=intI;
```

表达式 3 空：

```
for(intI=1;intI<=100;)
{intSum+=intI; intI+=2;
  }
```

表达式 1、2、3 均空：

```
intI=1;
for(;;){intSum+=intI;intI+
=2; if(intI>100) break;}
```

实际上是将由<表达式 1>完成的初始化提到循环之外完成，或将<表达式 3>放入循环体中执行。

（2） <表达式 1>和<表达式 3>可以是逗号表达式。

```
for(intI=1,intSum=0;intI<=100; intSum+=intI,intI+=2)  /*注意表达式 3 中两个表
```

```
达式的次序*/
        ;                                    /*循环体为空语句*/
```

在这里是将初始化操作和循环体中的语句放入相应的表达式中。

有时，为了在程序运行中产生一定时间的延时，常用空循环来实现，例如：

```
for(intT=1;intT<=intTime;intT++);
```

上面的循环就是将循环控制变量 intT 从 1 增加到设定的数 intTime，然后退出循环，空执行了 intTime 次循环，占用了一定时间，起到了延时的作用。

（3）表达式 2 为空的无限循环形式。当表达式 2 为空时，表示循环条件总是为真，所以下面的写法：

```
for(<表达式 1>; ; <表达式 3> )
{ …  }
或
for( ; ; )
{ …  }
```

是一个无限循环。注意，圆括号内的分号(；)不可省略。

有时，当循环的条件预先不能确定时，可以采用无限循环方式，但循环体内必须设置 break 语句等保证跳出循环，如案例 8。对于 while 语句，则有 while(1){…}这样的无限循环形式，通过 break 语句退出循环。

虽然三个表达式的使用形式可以是多种多样的，但设计时还应根据可读性作合理的安排。

2. 正确使用循环语句

（1）for 和 while 循环结构的特点是“先判断，后执行”，如果表达式值一开始就为“假”，则循环体一次也不执行。例如，在案例 1 中，如将循环条件误写成“intI>=100”。

（2）设置好循环控制变量的初值，以保证循环体能够正确地开始执行，如案例 1 中的语句“intI=1;”和案例 2 的第一条 scanf("%d",&intScore);语句。

（3）循环体中如果包含多条语句，就一定要加“{}”，以复合语句的形式出现，如案例 2 和案例 3 中的循环体就由复合语句组成。

（4）循环体中一定要有改变循环体条件的语句，如案例 1 中的语句“intI+=2;”和案例 2 中循环体中的“scanf("%d",&intScore);”，否则循环体将无休止进行下去，即形成“死循环”。

3. 循环语句的选择

对于同一个问题的处理，三种循环语句均可使用。到底选择哪个语句，通常依据循环的条件要求。一般说来，如果循环的次数是确定的，则使用 for 语句；如果循环条件主要是循环结束判断，则使用 while 语句或 do-while 语句。for 语句和 while 语句是先判断循环条件，后执行循环体，如果循环条件一开始就不成立，循环体就一次也不执行；而 do-while 语句是先执行循环体，后判断循环条件，所以循环体至少执行一次。

当然，选择可以是任意的。因为三种循环语句几乎总是可以替换的，如图 2-43 所示为循环语句的相互转换的示意图，但还是应以程序的可读性为前提。

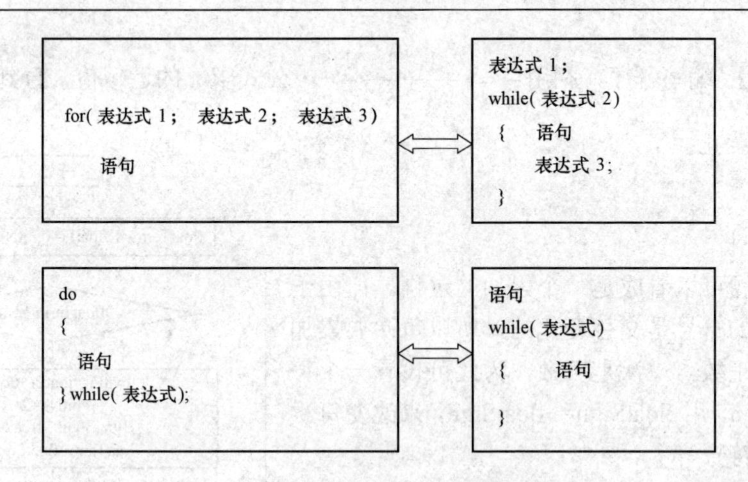

图 2-43　循环语句的相互转换的示意图

2.3.3　技能训练

【实验 2-7】　求正整数 *n* 的阶乘 *n*! ，其中 *n* 由键盘输入。

指 导

1. 问题分析

已知 n!=1*2*3*... *n，设置变量 longFact 为累乘器（被乘数），intI 为乘数，intN 作循环控制变量。程序按以下流程进行：

（1）置 longFact 初值为 1，intI 初值为 1。

（2）当 intI≤intN 时，反复执行。

1）longFact=longFact*intI。

2）intI= intI+1。

（3）输出结果。

2. 编写源程序

```
/*EX2_20.CPP*/
#include <stdio.h>
main( )
{
    int intI,intN;
    long longFact=1;
    printf("请输入一个正整数 intN: ");
    scanf("%d",&intN);
    for (intI=1;intI<=intN;intI++)
         longFact=longFact*intI;
    printf("%d!=%ld\n",intN, longFact);
    }
```

3. 运行及分析

上机运行程序并分析结果。

4. 思考

为什么变量 longFact 要定义为 long 型？

【实验 2-8】 编写程序，利用 $\frac{\pi}{4}=1-\frac{1}{3}+\frac{1}{5}-\frac{1}{7}+\cdots$ 公式求 π 的近似值，直到最后一项的绝对值小于 10^{-6} 为止。

指 导

1. 问题分析

（1）该问题可以看成是一个累加的过程。但由于级数的每一项的符号是交替变化的，所以每次要累加的数据一次是正数，一次是负数，为此可设置一个符号变量 floatSign，用 floatSign=−floatSign，来改变每次要累加数据的符号。

（2）由于重复累加的次数事先无法确定，而是根据“某一项的绝对值是否小于 10^{-6}”来决定是否继续循环，所以采用 while 循环比较合适。

（3）流程图如图 2-44 所示。其中，变量 floatPi 为累加；floatTerm 为当前项；floatSign 为符号变量；求绝对值可以使用库函数 fabs（）。

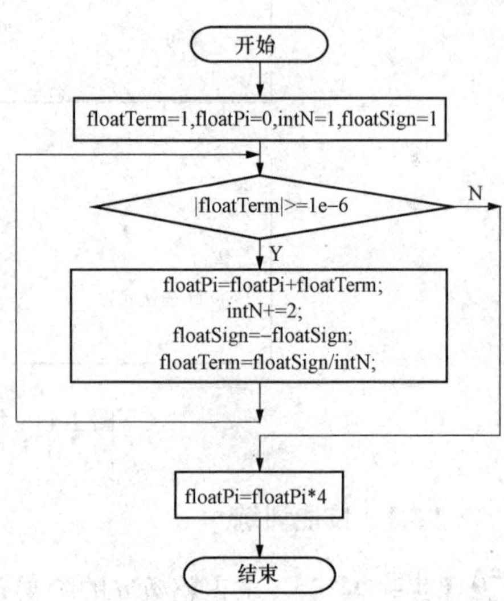

图 2-44　实验 2-8 流程图

2. 编写源程序

根据流程图编写源程序。

3. 运行结果

上机运行程序，并能输出正确结果。

【实验 2-9】 列出一道一位数乘法题（数值通过随机函数产生），由用户回答，程序告诉回答得正确与否，如果回答错误，则有三次机会。

指 导

1. 问题分析

（1）因为用户至少要回答一次，所以使用 do-while 语句比较合适。

（2）程序中要自动产生一位数，通过调用随机函数 srand( )和 rand( )，需要使用包含命令：#include <stdlib.h>。

（3）循环的条件是回答错误，并且次数不超过三次。

2. 编写源程序

```
/*EX2_21.CPP*/
#include <stdio.h>
#include <stdlib.h>
#include <time.h>

main( )
{
    int intN1,intN2,intResult,intAnswer, intTimes=1;
    srand( (unsigned)time( NULL ) );    /*初始化随机函数*/
    intN1=rand( )%10;                   /*产生一个 0～9 的随机数 */
    intN2=rand( )%10;                   /*同上 */
```

```
    intResult=intN1*intN2;
    do
    {
       printf("%d*%d=?",intN1,intN2);
       scanf("%d",&intAnswer);
       if(intAnswer==intResult)
          printf("Answer is Right!\n");
       else
          printf("Answer is Wrong!\n");
    }while(intAnswer!=intResult && intTimes++!=3);
  }
```

3. 运行及分析

上机运行程序并分析结果。

4. 思考

如何使用 while 语句，程序该如何编写？

【实验 2-10】 编写程序打印下列图案：

```
     *
    ***
   *****
  *******
 *********
***********
```

指 导

1. 问题分析

这是一个需要用循环嵌套来完成的问题。

（1）该图案共有 6 行，打印时需要一行一行进行，设正在处理的行为第 intI 行，则 intI 从 1～6。

（2）每行的字符与所在的行有关，设 intJ 表示第 intI 行第 intJ 个字符，则 intJ 从 1～2*intI–1。

（3）设定每行字符的起始位置：设第 1 行起始位置为第 20 列，则第 1 行“*”之前有 19 个空格，第 intI 行“*”之前有 20–intI 个空格。

2. 编写源程序

```
/*EX2_22.CPP*/
#include <stdio.h>
main( )
{
   int intI,intJ;
   for(intI=1; intI<=6; intI++)
   {
     for(intJ=1; intJ<=20-intI; intJ++)         /*控制输出空格个数*/
       printf(" ");
     for(intJ=1; intJ<=2*intI-1; intJ++)        /*控制输出*号*/
       printf("*");
     printf("\n");                        /*换行*/
```

```
}
getchar ( );
}
```

3. 运行及分析

上机运行程序并分析结果。

4. 思考

如果打印如下图案，程序该如何修改？

```
***********
 *********
  *******
   *****
    ***
     *
```

【实验 2-11】输出所有的“水仙花数”。所谓的“水仙花数”是指一个三位数，其各位数字立方和等于该数本身，如 $153=1^3+3^3+5^3$。

指 导

1. 问题分析

(1)三位数的生成：设变量 intN 为三位数，使用 for 语句，即 `for (intN=100;intN<1000;intN++){…}` 即可。

(2) 在循环体中，对于每一个 intN，分离出其百位数 intI、十位数 intJ 和个位数 intK，那么当条件“intN==intI*intI*intI+intJ*intJ*intJ+intK*intK*intK”满足时，N 即为所求的三位数。

2. 编写源程序

根据上述分析，编写源程序。

3. 运行及分析

上机运行程序并分析结果。

2.3.4 拓展与练习

【练习 1】根据任务 1 中实验 2-3 的题目要求、解题步骤和流程图，使用 for 语句编写程序。要求上机运行程序，能输出正确的结果。

进一步思考：如果不将输入的第一个数设为默认最大值，该如何修改程序？

扩充上面的程序：能够同时求出最大值和最小值。

【练习 2】编写程序，实现输入一个正整数，计算并输出各位数字之和，如 67351，则各位之和为 6+7+3+5+1=22。要求上机运行程序，输出正确的结果。

【练习 3】编写程序，输出个位数为 6，并且能被 23 整除的四位数，并统计共有多少个？要求上机运行程序，输出正确的结果。

进一步思考：如果只输出满足上述条件的前 10 个数，如何修改程序？

【练习 4】编写程序，随机列出 10 道一位数乘法题，由用户回答，程序统计出用户的得分（答对一题得 10 分）。

扩充功能：根据用户的得分，打出等级。100～80，优；70～60，中；50～0，差。

【练习 5】编写程序，求二次方程 $ax^2+bx+c=0$ 的根，用循环方法实现能重复输入系数 a，b，c 求方程的根，直到输入的系数均为 0 为止。

【练习 6】有一个分数序列：$\frac{2}{1},\frac{3}{2},\frac{5}{3},\frac{8}{5},\frac{13}{8},\frac{21}{13}$，…，编写程序求出该数列的前 20 项之和。

2.3.5　编程规范与常见错误

1. 编程规范

（1）利用缩进格式显示程序的逻辑结构，缩进量一致并以 Tab 键为单位，一般可定义 Tab 为 4 字节。

（2）循环嵌套层次不要超过五层。

（3）循环语句的判断条件与执行代码不要写在同一行上。例如：

```
for(intI=1;intI<100;intI+=2 )  intSum+=intI;
```

（4）程序中，每个语句块(复合语句)的开头“{” 及“ }”必须对齐，嵌套的语句块每进一层，缩进一个 Tab。例如：

```
{
        intCount++;
        intSum+=intScore;
        scanf("%d",&intScore);
}
```

（5）do-while 语句的循环体即使只有一条语句，也用"{"、"}"括起来。例如：

```
do
{
    intSum+=intA++;
}while(intA<10);
```

2. 常见错误

（1）循环语句中加了不该加的分号。例如，在案例 1 中，如写成下面形式：

```
for(intI=1;intI<100;intI+=2 ) ;
    intSum+=intI;
```

此时循环体为空语句，不能实现累加。

（2）循环体为复合语句时，忘记加花括号。例如，在案例 2 中，写成下面形式：

```
while(intScore>0)
      intCount++;
      intSum+=intScore;
      scanf("%d",&intScore);
```

如果 intScore 的初值大于零的话，则重复执行语句 intCount++;，进入无限循环。

（3）循环体中缺少改变循环控制条件的语句。例如，在案例 2 中的循环体如下所示，也将进入无限循环。

```
while(intScore>0)
{
```

```
    intCount++;
    intSum+=intScore;
}
```

（4）do-while语句的表达式后面漏了分号。例如，在案例3中，while (charA!='\n')后漏了分号，如下所示，则会出现编译错误“syntax error : missing ';' before identifier 'printf'”。

```
do
{
      charA=getchar( );
      if(charA>='A'&& charA<='Z')
          intA++;
}while(charA!='\n')
printf("字符串中有%d个大写字母。\n",intA);
```

2.3.6 贯通案例——之三

1. 问题描述

（1）在2.2.6贯通案例之二的基础上，实现菜单的循环操作。

（2）当用户输入3时，模拟实现显示学生成绩的功能。

2. 编写源程序

```
/*EX2_24.CPP*/
#include <stdio.h>
#include <stdlib.h>
main( )
{
   char charCh;
   long longNum;
   int intScore;
   while(1)
   {
   printf("#=============================================#\n");
   printf("#               学生成绩管理系统               #\n");
   printf("#---------------------------------------------#\n");
   printf("#            copyright @ 2009-10-1            #\n");
   printf("#=============================================#\n");
   printf("#               1.加载文件                      #\n");
   printf("#               2.增加学生成绩                  #\n");
   printf("#               3.显示学生成绩                  #\n");
   printf("#               4.删除学生成绩                  #\n");
   printf("#               5.修改学生成绩                  #\n");
   printf("#               6.查询学生成绩                  #\n");
   printf("#               7.学生成绩排序                  #\n");
   printf("#               8.保存文件                      #\n");
   printf("#               0.退出系统                      #\n");
   printf("#=============================================#\n");
   printf("请按0-8选择菜单项:");
   scanf(" %c",& charCh);  /*在%c前面加一个空格,将存于缓冲区中的回车符读入*/
   switch (charCh)
     {
        case '1': printf("进入加载文件模块.本模块正在建设中…….\n");
              break;
```

```
            case '2': printf("进入增加学生成绩模块.\n");
                  printf("请输入学号和成绩:");
                  scanf("%ld%d",&longNum,&intScore);
                  break;
            case '3': printf("进入显示学生成绩模块.\n");
                  printf("  学号          成绩\n");
                  printf("%10ld %6d\n", longNum, intScore);
                  break;
            case '4': printf("进入删除学生成绩模块.本模块正在建设中…….\n");
                  break;
            case '5': printf("进入修改学生成绩模块.本模块正在建设中…….\n");
                  break;
            case '6': printf("进入查询学生成绩模块.本模块正在建设中…….\n");
                  break;
            case '7': printf("进入学生成绩排序模块.本模块正在建设中…….\n");
                  break;
            case '8': printf("进入保存文件模块.本模块正在建设中…….\n");
                  break;
            case '0': printf("退出系统.\n"); exit(0);
            default: printf("输入错误!");
        }
    }
}
```

3. 运行结果

运行结果如图 2-45 所示。

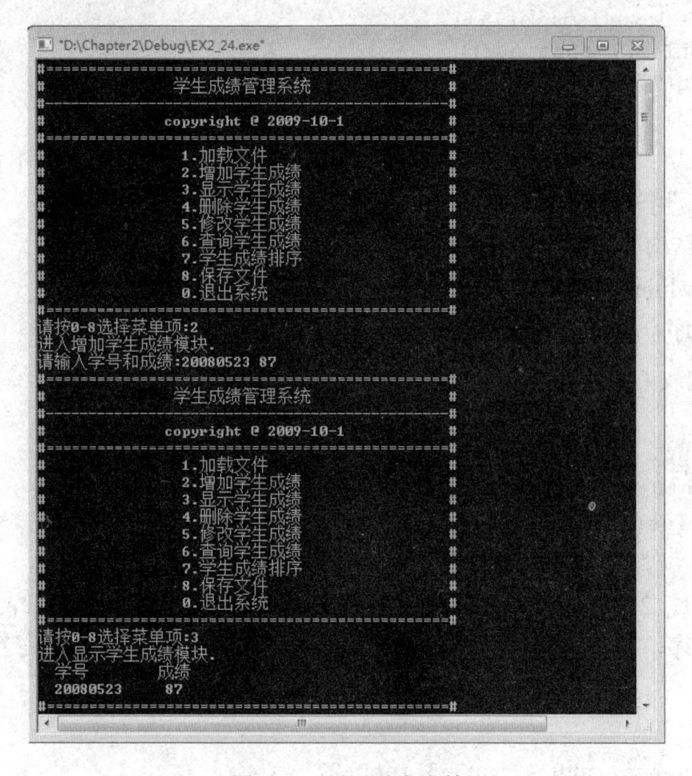

图 2-45　显示学生成绩

自测题

一、选择题

1. 下列叙述中错误的是（　　）。

　A．C语句必须以分号结束

　B．复合语句在语法上被看作一条语句

　C．空语句出现在任何位置都不会影响程序运行

　D．赋值表达式末尾加分号就构成赋值语句

2. 设 int intX=10，intY=0，intZ;下面可执行 intZ=++intX;的语句的是（　　）。

　A．if(intX<=intY) intZ=++intX;　　B．if(intY=intX) intZ=++intX;

　C．if(intY) intZ=++intX;　　D．if(!intX) intZ=+intX;

3. 设 int intK=2;，则下面的 while 循环共执行（　　）。

```
while(intK!=0)
{  printf("%d",intK);
   intK--;
}
```

　A．无限多次　　B．0次　　C．1次　　D．2次

4. 执行下列语句的结果为（　　）。

```
for(intI=0;intI<5;intI++)
{  if(intI==2) continue;
   printf("%d",intI);
}
```

　A．01　　B．0134　　C．01234　　D．不打印

5. C语言中，用于结构化程序设计的三种基本结构是（　　）。

　A．顺序结构、选择结构、循环结构　　B．if、switch、break

　C．for、while、do-while　　D．if、for、continue

6. 有以下程序，执行后输出的结果是（　　）。

```
#include <stdio.h>
main( )
{  int intI=1,intJ=1,intK=2;
   if((intJ++||intK++)&&intI++)
      printf("%d,%d,%d\n",intI,intJ,intK);
}
```

　A．1，1，2　　B．2，2，1　　C．2，2，2　　D．2，2，3

7. 有以下程序，执行后输出的结果是（　　）。

```
#include <stdio.h>
main( )
{  int intA=5,intB=4,intC=3,intD=2;
   if(intA> intB> intC)  printf("%d\n", intD);
   else if((intC-1>=intD)==1)  printf("%d\n", intD+1);
```

```
  else printf("%d\n", intD+2);
}
```

A. 2　　B. 3

C. 4　　D. 编译时有错，无结果

8. 以下程序的输出结果是（　　）。

```
#include <stdio.h>
main(   )
{  int intM=5;
   if (intM++>5) printf("%d\n",intM);
   else printf("%d\n",intM--);
}
```

A. 7　　B. 6　　C. 5　　D. 4

9. 有如下程序，该程序的输出结果是（　　）。

```
#include <stdio.h>
main(  )
{  float intX=2.0,intY;
   if(intX<0.0) intY=0.0;
   else if(intX<10.0) intY=1.0/intX;
   else intY=1.0;
   printf("%f\n",intY);
}
```

A. 0.000000　　B. 0.250000　　C. 0.500000　　D. 1.000000

10. 阅读以下程序，程序运行后，如果从键盘上输入 5，则输出结果是（　　）。

```
#include <stdio.h>
main(  )
{  int intX;
   scanf("%d",&intX);
   if(intX--<5)  printf("%d",intX);
   else  printf("%d",intX++);
}
```

A. 3　　B. 4　　C. 5　　D. 6

11. 若 intI、intJ 已定义为 int 类型，则以下程序段中，内循环体的总的执行次数是（　　）。

```
for (intI=5;intI;intI--)
for(intJ=0;intJ<=4;intJ++){...}
```

A. 20　　B. 25　　C. 24　　D. 30

12. 有如下程序，该程序的输出结果是（　　）。

```
#include <stdio.h>
main(  )
{  int intX=1,intA=0,intB=0;
   switch(intX)
   {  case 0: intB++;
      case 1: intA++;
      case 2: intA++;intB++;
```

```
    }
    printf("intA=%d,intB=%d\n",intA,intB);
}
```

A. intA=2，intB=1　　B. intA=1，intB=1

C. intA=1，intB=0　　D. intA=2，intB=2

13. 假定 intA 和 intB 为 int 型变量，则执行以下语句后，intB 的值为（　　）。

```
intA=1; intB=10;
do
{  intB-=intA;
   intA++;
} while(intB--<0) ;
```

A. 9　　B. -2　　C. -1　　D. 8

14. 执行语句：`for(intI=1; intI++<4;);`后，变量 intI 的值是（　　）。

A. 3　　B. 4　　C. 5　　D. 不定

15. 以下程序的输出结果是（　　）。

```
#include <stdio.h>
main( )
{  int intN=4;
   while(intN--)
   printf("%d ",--intN);
}
```

A. 2 0　　B. 3 1　　C. 3 2 1　　D. 2 1 0

16. 有以下程序段，while 循环执行的次数是（　　）。

```
int intK=0;
while(intK=1)
  intK++;
```

A. 无限次　　B. 有语法错，不能执行

C. 一次也不执行　　D. 执行 1 次

17. 有如下程序，该程序段的输出结果是（　　）。

```
main( )
{  int intN=9;
   while(intN>6)
   {  intN--;printf("%d",intN);
   }
}
```

A. 987　　B. 876　　C. 8765　　D. 9876

18. 假定 intW、intX、intY、intZ、intM 均为 int 型变量，有如下程序段：

```
intW=1; intX=2; intY=3; intZ=4;
intM=(intW<intX)?intW:intX; intM=(intM<intY)?intM:intY;
intM=(intM<intZ)?intM:intZ;
```

则该程序运行后，intM 的值是（　　）。

A. 4　　B. 3　　C. 2　　D. 1

19. 有下列程序：

```
#include <stdio.h>
main( )
{  char charC1,charC2,charC3,charC4,charC5,charC6;
   scanf("%c%c%c%c",&charC1,&charC2,&charC3,&charC4);
   charC5=getchar( ); charC6=getchar( );
   putchar(charC1);putchar(charC2);
   printf("%c%c\n",charC5,charC6);
}
```

程序运行后，若从键盘输入(从第 1 列开始)

```
123<CR>
45678<CR>
```

则输出结果是（　　）。

A．1267　　B．1256　　C．1278　　D．1245

20. 下列程序运行后的输出结果是（　　）。

```
#include <stdio.h>
main( )
{ int intK=5,intN=0;
  while(intK>0)
  {    switch(intK)
       { default:break;
         case 1: intN+=intK;
         case 2:
         case 3: intN+=intK;
       }
       intK--;
  }
  printf("%d\n",intN);
}
```

A．0　　B．4　　C．6　　D．7

21. 执行下面的程序段时，若使 intW 的值为 4，则 intX，intY 输入的值应满足的条件是（　　）。

```
int intX,intY,intZ=1,intW=1;
scanf("%d,%d",&intX,&intY);
if(intX>0) intZ++;
if(intX>intY) intW+=intZ;
else  if(intX==intY) intW=5;
    else intW=2*intZ;
```

A．intX>intY　　B．0<intX<intY

C．intX<intY<0　　D．0>intX>intY

二、填空题

1. 设 intI，intJ，intK 均为 int 型变量，则执行完下面的 for 循环后，intK 的值为________。

```
for(intI=0,intJ=10;intI<=intJ;intI++,intJ--)
    intK=intI+intJ;
```

2. 若有定义语句 char charC1，charC2;，以下程序段的输出结果是________。

```
for(charC1='0',charC2='9';charC1<charC2;charC1+ +,charC2--)
    printf("%c%c",charC1,charC2);
```

3. 若有定义语句 int intA=10，intB=9，intC=8;，按顺序执行语句后，变量 intB 中的值是________。

```
intC=(intA-=(intB-5));intC=(intA%11)+(intB=3);
```

4. 若有定义语句 int intA=1，intB=3，intC=5;，执行以下语句的结果是________。

```
if (intC=intA+intB)  printf("yes\n");
else printf("no\n");
```

5. C 语言中，用于结构程序设计的三种基本结构是顺序结构、________和________。

6. 已知 intA=7.5，intB=2，floatC=3.6，表达式 intA>intB && floatC>intA||intA<intB && !floatC>intB 的值是________。

7. 设 intX 为 int 型变量，请写出一个关系表达式________，用以判断 intX 同时为 3 和 7 的倍数时，关系表达式的值为真。

8. 当在程序中执行到________语句时，将结束本层循环类语句或 switch 语句的执行。

9. 语句 if (intA>0) if (intB>0) intA=intA+intB;与语句 if (intA>0&&intB>0) intA=intA+intB;是否等效________。

10. 在 C 语言中，当表达式值为 0 时，表示逻辑值为假，当表达式值为________时，表示逻辑值为真。

三、程序填空题

1．以下程序的功能从键盘输入一个字符，判断是英文字母、数字字符还是其他字符。请填空。

```
#include <stdio.h>
main( )
{
    char charCh;
    printf("请输入一个字符：");
    scanf("%c",&charCh);
    if (charCh>='A' && charCh<='Z'_______charCh>='a'_______ )
        printf("%c 是英文字母.\n",charCh);
    else
        _____________
        printf("%c 是数字字符.\n",charCh);
    else
        printf("%c 是其他字符.\n",charCh );
}
```

2．以下程序的功能是输入的百分制成绩（intScore），要求输出成绩等级（charGrade）A、B、C、D、E。90 分以上为 A，80～89 分为 B，70～79 分为 C，60～69 分为 D，60 分以下为 E。请填空。

```
#include <stdio.h>
main( )
```

```
{
    int intScore,intTemp;
    char charGrade;
    printf ("\n Please input a score (0~100) : ") ;
    scanf ("%d",&intScore) ;
    intTemp=intScore/_______;
    switch(_______)
    {
        case 10:
        case 9:   charGrade ='A';break;
        case 8:   charGrade ='B'; break;
        case 7:   charGrade ='C'; break;
        case 6:   charGrade ='D';break;
        _______:   charGrade ='E' ; break;
    }
    printf("The charGrade is %c.\n",charGrade);
}
```

3．以下程序的功能是计算 1～100 是 7 的倍数的数值之和。请填空。

```
#include <stdio.h>
main( )
{
    int intI,intSum;
    _______;
    intI=1;
    while (intI<=100)
    {
        if(intI%7_______0)
        intSum+=intI;
        _______;
    }
    printf("intSum=%d\n",intSum);
}
```

4．以下程序的功能是从键盘输入 10 个无序的整数，去掉一个最大数和一个最小数，然后求其平均值，请填空。

```
#include <stdio.h>
main( )
{
    int intJ,intX,intMax,intMin,intSum;
    float floatAve;
    printf("Enter 10  number:\n");
    scanf("%d",&intX);
    intSum=intMax=intMin=intX;
    for(_______;intJ<=10;intJ++)
    {
        _______;
        intSum+=intX;
        if(intX>intMax )  intMax=intX;
        else if(intX<intMin) intMin=intX;
    }
```

```
    ______;
    floatAve=intSum/8.0;
    printf("The average is %.2f\n",floatAve);
}
```

四、阅读程序题

1. 下列程序的输出结果是________。

```
#include<stdio.h>
main( )
{
    int intA=1, intB=2;
    intA=intA+intB; intB=intA-intB; intA=intA-intB;
    printf("%d,%d\n", intA, intB );
}
```

2. 以下程序的输出结果是________。

```
#include <stdio.h>
main( )
{   int intS, intI;
    for(intS=0,intI=1;intI<3;intI++,intS+=intI)
        printf("%d\n",intS);
}
```

3. 下列程序的输出结果是________。

```
#include<stdio.h>
main( )
{  int intA,intB,intC=246;
    intA=intC/100%9;
    intB=(-1)&&(-1);
    printf("%d,%d\n",intA,intB);
}
```

4. 有以下程序，程序运行后的输出结果是________。

```
#include <stdio.h>
main( )
{
    int intA=16,intB=20,intM=0;
    switch(intA%3)
    {  case 0:intM++;break;
        case 1:intM++;
        switch(intB%2)
        { default:intM++;
           case 0:intM++;break;
        }
    }
    printf("%d\n",intM);
}
```

5. 有以下程序，程序运行后的输出结果是________。

```
#include <stdio.h>
```

```
main( )
{   int intP,intA=5;
    if(intP=intA!=0)
       printf("%d\n",intP);
    else
    printf("%d\n",intP+2);
}
```

6. 有以下程序，程序运行后的输出结果是________。

```
#include <stdio.h>
main( )
{
    int intA=4,intB=3,intC=5,intT=0;
    if(intA <intB) intT= intA; intA =intB; intB =intT;
    if(intA< intC) intT= intA; intA =intC; intC=intT;
    printf("%d %d %d\n", intA, intB, intC);
}
```

7. 若执行以下程序时，从键盘上输入 9，则输出结果是________。

```
#include <stdio.h>
main( )
{   int intN;
    scanf("%d",&intN);
    if(intN++<10) printf("%d\n",intN);
    else printf("%d\n",intN--);
}
```

8. 以下程序运行后的输出结果是________。

```
#include <stdio.h>
main( )
{
    int intI,intM=0,intN=0,intK=0;
    for(intI=9; intI<=11; intI++)
    switch(intI/10)
    {
       case 0: intM++;intN++;break;
       case 10: intN++; break;
       default: intK++;intN++;
    }
    printf("%d %d %d\n",intM,intN,intK);
}
```

9. 以下程序运行后的输出结果是________。

```
#include <stdio.h>
main( )
{
    int intA=5,intB=4,intC=3,intD;
    intD=(intA>intB>intC);
    printf("%d\n",intD);
```

```
}
```

10. 以下程序运行后的输出结果是________。

```
#include <stdio.h>
main( )
{   int intI,intJ,intB=0;
    for(intI=0;intI<3;intI++)
        for(intJ=0;intJ<2;intJ++)
            if(intJ>=intI)  intB++;
      printf("%d\n",intB);
  }
```

五、编程题

编写程序，从键盘输入一段字符串，统计字符串中字母的个数。

模块3　数组与字符串

任务1　一　维　数　组

学习目标

了解一维数组的基本概念，掌握数组类型变量的定义与引用，掌握数组元素的引用，领会一维数组元素的查找、排序、删除、修改和统计等算法。

3.1.1　案例讲解

案例1　竞赛成绩的录入和输出

1. 问题描述

录入10名学生的C语言的竞赛成绩并输出。

2. 编程分析

一维数组中的数组元素是排成一行的一组下标变量，用一个统一的数组名来标识，用下标来指示其在数组中的具体位置。下标从0开始排列。

一维数组通常是和一重循环相配合，对数组元素依次进行处理。

3. 编写源程序

```
/* EX3_1. CPP */
#include <stdio.h>
main( )
{
    int intArray[10],intI;
    printf("请输入十个数:\n");
    for(intI=0;intI<10;intI++)
    scanf("%d",&intArray[intI]);
    for(intI=0;intI<10;intI++)
          printf("%4d",intArray[intI]);
}
```

4. 运行结果

运行结果如图3-1所示。

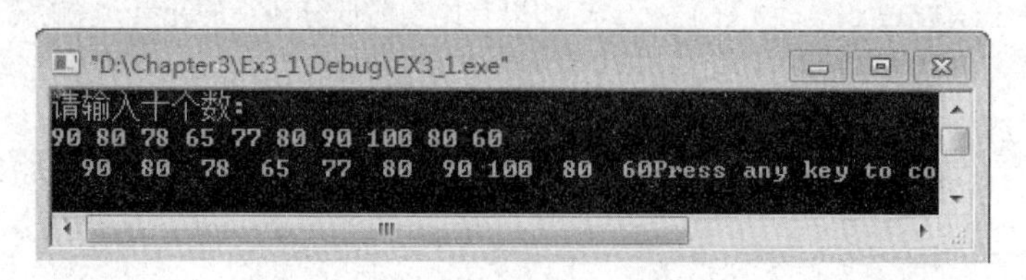

图3-1　案例1运行结果

5. 归纳分析

数组是一些具有相同数据类型的数组元素的有序集合。数组中的每一个元素（即每个成员，也可称为下标变量）具有同一个名称，不同的下标，每个数组元素可以作为单个变量来使用。在数组元素引用时，应注意以下几点：

（1）引用时，只能对数组中元素引用，而不能对整个数组引用。例如，EX3_1 中的 intArray。

（2）在引用数组元素时，下标可以是整型常数、已赋值的变量或含变量的表达式。例如，EX3_1 中 intArray[intI]的下标 intI 就是已赋值的变量。

（3）由于数组元素本身可看作同一类型的单个变量，因此，对变量的各种操作也都适用于数组元素。例如，EX3_1 中对数组元素 intArray[intI]的赋值操作和输出操作。

（4）引用数组元素时，下标上限（即最大值）不能超界。也就是说，若数组含有 *n* 个元素，下标的最大值为 *n*–1（因下标从 0 开始）；若超出界限，C 编译程序并不给出错误信息（即其不检查数组是否超界），程序仍可以运行，但可能会改变该数组以外其他变量或其他数组元素的值，由此会造成不正确的结果。例如，EX3_1，若误将第一个 for 语句中的 intI<10 写成 intI<=10，就会出现下标超界现象。

案例 2 竞赛成绩的计算

1. 问题描述

已录入 10 名学生的 C 语言的竞赛成绩，计算竞赛成绩的最高分、最低分和平均分。

2. 编程分析

先假设最高分和最低分初值为第 1 个学生的成绩，然后比较 10 次，如果有比当前最高分还大的元素，它就替代当前最高分，如果有比当前最低分还小的元素，它就替代当前最低分。并累加各元素的值，最后输出结果。

3. 编写源程序

```
/* EX3_2.CPP */
#include <stdio.h>
main( )
{
  int intArray[10]={ 90,88,86,84,82,80,78,76,74,72}; /*为了简单起见用初始化*/
  int intI,intSum,intMax,intMin;
  intSum=0;
  intMax=intMin=intArray[0];   /*最高分最低分初值为第 0 个元素*/
   for(intI=0;intI<10;intI++)
  {
    if (intArray[intI]>intMax)
        intMax=intArray[intI]; /*如果有比当前最高分还大的元素,它就替代当前最高分*/
    if (intArray[intI]<intMin)
        intMin=intArray[intI]; /* 如果有比当前低分还小的元素,它就替代当前低分*/
   intSum+=intArray[intI];     /*累加各元素的值 */
  }
  printf("最高分=%d 最低分=%d 平均分 =%d\n",intMax,intMin,intSum/10);
}
```

4. 运行结果

运行结果如图 3-2 所示。

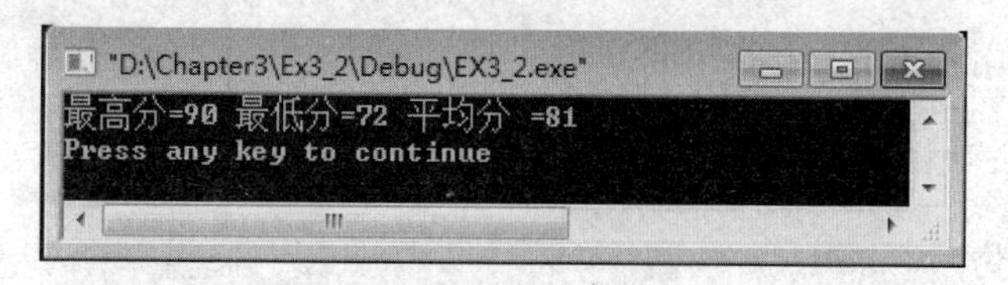

图 3-2　案例 2 运行结果

5. 归纳分析

数组元素是从 intArray[0]到 intArray[9]，千万不要试图使用 for(intI=1;intI<=10;intI++)，因为这样会引用 intArray[10]，而这个元素是不存在的。

案例 3　竞赛成绩的排序

1. 问题描述

对已知的 10 个学生的 C 语言的竞赛成绩从小到大进行排序，并把排好序的成绩输出。

2. 编程分析

本程序采用选择法排序，它是对定位比较交换法（也就是冒泡排序法）的一种改进。该方法从待排序数列中，每次选出一个最小的数，和相应位置上的元素交换。第一次选最小的元素放到第一个位置，第二次选次小的元素放到第二个位置，如此类推就能产生一个有序序列。

3. 编写源程序

```
/* EX3_3.CPP */
#include <stdio.h>
#define NUMBER 10                                      /*定义数列元素个数*/
#include <conio.h>
main( )
{
  int intArray[NUMBER]={90,88,86,84,82,80,78,76,74,72};    /*初始化数组*/
  int intI,intJ,intK,intTemp;
  printf("排序前数组\n");
  for(intI=0;intI<NUMBER;intI++)
     printf("%3d",intArray[intI]);              /*打印排序前数组*/
  for(intI=0;intI<NUMBER;intI++)
  {                                             /*第 i 次排序*/
    intK=intI;   /*记录当前位置的下标。第一次选择排序时,intK=0,当前位置是 intArray[0]*/
    for(intJ=intI+1;intJ<NUMBER;intJ++)
      if( intArray[intJ] <intArray[intK])
          /*某次排序时,如果有任何一个值 intArray[intJ]小于当前位置值 intArray[intK],
          /*则 intK 下标指定这个 intJ,intArray[intK]仍是这次排序中的最小值*/
        intK=intJ;
      if(intI!=intK)
      {
      intTemp=intArray[intI];
      intArray[intI]=intArray[intK];
      /*若最小值不在位置 intI,则交换 intArray[intI]和 intArray[intK],交换前
     /*intArray[intK]是本次排序中的最小元素,intArray[intI]是当前比较位置*/
       intArray[intK]=intTemp;
       }
  }
```

```
    printf("\n输出排序后结果\n");
    for(intI=0;intI<NUMBER;intI++)
        printf("%3d",intArray[intI]);/*输出排序后结果*/
    getchar( );
}
```

4. 运行结果

运行结果如图 3-3 所示。

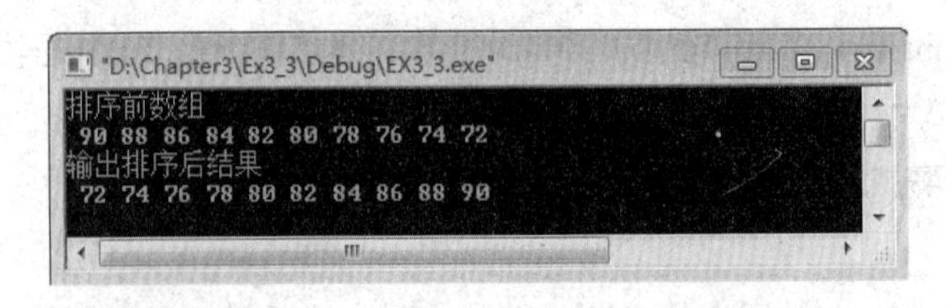

图 3-3 案例 3 运行结果

5. 归纳分析

如果待排序数列存放在数组 intArray 中，那么第一次排序时，先假定最小的数是 intArray[0]。然后将它依次和第 1 个元素到第 NUMBER−1 个元素比较，找出它们中的最小值。将最小值和 intArray[0]交换。如果 intArray[0]本身最小就不用交换。第二次排序时，intArray[0]已经是最小值了，所以这次找出次小值。取出第 2 个到第 NUMBER−1 个元素中最小值和 intArray[1]交换，这时 intArray[1]是次小值。第三次排序就是取出第 3 个到第 NUMBER−1 个元素中的最小值和 intArray[2]交换，intArray[2]是第三小值。排序过程如表 3-1 所示，粗斜体字表示本次排序中参与交换的两个数。

表 3-1 排 序 过 程

次数	intArray[0]	intArray[1]	intArray[2]	intArray[3]	intArray[4]	intArray[5]	intArray[6]	intArray[7]	intArray[8]	intArray[9]
初始	90	88	86	84	82	80	78	76	74	72
1	***72****	88	86	84	82	80	78	76	74	***90***
2	72	***74****	86	84	82	80	78	76	***88***	90
3	72	74	***76****	84	82	80	78	***86***	88	90
4	72	74	76	***78****	82	80	***84***	86	88	90
5	72	74	76	78	***80****	***82***	84	86	88	90

案例 4 新队员招录

1. 问题描述

有一支足球队只有 10 名队员，并按身高排好序，现又招录一名新的队员，组成一支完整的足球队，并把重新排好序的队员按身高由高到低输出。

2. 编程分析

为了把一个数按大小插入已排好序的数组中，则可把欲插入的数与数组中各数逐个比较，当找到第一个比插入数小的元素 intI 时，该元素之前即为插入位置。然后从数组最后一个元素开始到该元素为止，逐个后移一个单元。最后把插入数赋予元素 intI 即可。如果被插入数比所有的元素值都小，则插入最后位置。

3. 编写源程序

```
/* EX3_4.CPP */
#include <stdio.h>
main( )
{
    int intI,intJ,intP,intS;
    float floatArr[11]={2.07f,2.03f,1.96f,1.94f,1.85f,1.78f,1.76f,1.70f,1.69f,
    1.68f},intQ,intN;
    for(intI=0;intI<10;intI++)
    {
      intP=intI;
      intQ =floatArr[intI];
      for(intJ=intI+1;intJ<10;intJ++)
         if(intQ<floatArr[intJ])
           {
             intP=intJ;
             intQ=floatArr[intJ];
           }
     if(intP!=intI)
     {
        intS=floatArr[intI];
        floatArr[intI]=floatArr[intP];
        floatArr[intP]=intS;
     }
     printf("%8.2f ",floatArr[intI]);
  }
  printf("\n输入新招录队员的身高\n");
  scanf("%f",&intN);
  for(intI=0;intI<10;intI++)
    if(intN>floatArr[intI])
    {
      for(intS=9;intS>=intI;intS--)
         floatArr[intS+1]=floatArr[intS];
      break;
    }
  floatArr[intI]=intN;
  printf("\n重新排好序的队员按身高由高到低输出\n");
  for(intI=0;intI<=10;intI++)
    printf("%8.2f ",floatArr[intI]);
  printf("\n");
}
```

4. 运行结果

运行结果如图 3-4 所示。

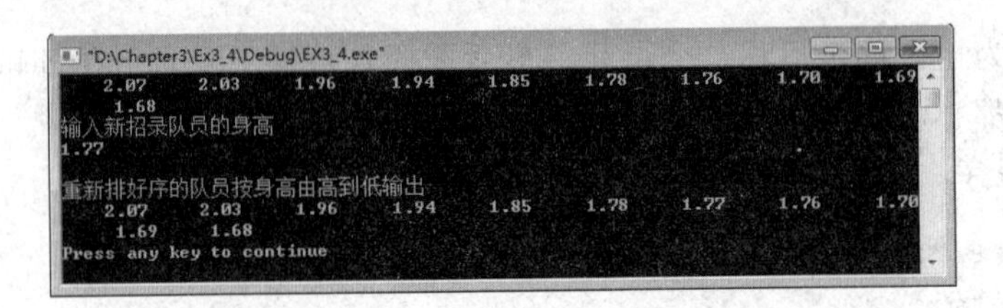

图 3-4　案例 4 运行结果

5. 归纳分析

本程序首先对数组 floatArr 中的 10 个数从大到小排序并输出排序结果，然后输入要插入的整数 intN，再用一个 for 语句把 intN 和数组元素逐个比较，如果发现有 intN>floatArr[intI]，则由一个内循环把 intI 以下各元素值顺次后移一个单元。后移应从后向前进行(从 floatArr[9] 开始到 floatArr[intI]为止)。后移结束跳出外循环。插入点为 intI，把 int N 赋予 floatArr[intI] 即可。如所有的元素均大于被插入数，则并未进行过后移工作。此时 intI=10，结果是把 intN 赋于 floatArr[10]。最后一个循环输出插入数后的数组各元素值。

程序运行时，输入数 1.77。从结果中可以看出，1.77 已插入到 1.78 和 1.76 之间。

3.1.2　基础理论

1. 一维数组的引入

我们先看一个例子，理解引入数组的必要性。此例需要编程读入一系列学生的成绩，然后求最高分、最低分。首先写一串语句读入学生成绩，放到一系列变量中：

```
printf("请输入成绩一\n");
scanf("%d",&intGrade1);
printf("请输入成绩二\n");
scanf("%d",&intGrade2);
```

在 C 语言中，我们可以定义一个名叫 IntArrGrades 的变量，它不代表一个单一的成绩值，而是代表整个成绩组。组中的每一个元素都可以由一个被称为索引或者下标的数字来标明。在数学概念里，下标变量 x_{intI} 是指集合 x 的第 intI 个元素，在 C 语言中，等价表示为 x[intI-1]。同样，IntArrGrades[5]表示在 IntArrGrades 的数组里的第六号元素。

单独数组元素的使用方法和任何正常变量一样。比如，我们可以将一个数组元素值赋给另一个变量：

```
IntMyg=IntArrGrades[50];
```

这一语句将 IntArrGrades 数组中下标为 50 的元素的值赋给变量 IntMyg。如果再一般化一点，intI 是一个整型变量，那么语句

```
IntMyg=IntArrGrades[intI];
```

将数组中的下标为 intI 的元素赋给 IntMyg。

数组元素当然也可以放在等号左边。例如：

```
IntArrGrades[intI]=IntMyg; /*把 IntMyg 的值存入到元素 IntArrGrades[intI]*/
```

用单一的数组代表有关数据项集合，使我们能开发简明而有效的程序。例如，通过改变下标变量的值，我们可以非常容易地访问数组中所有元素。一组学生成绩可以用下面的语句

来输入：

```
for(intI=0;intI<100;intI++)
{
  printf("请输入第%d个成绩:",intI+1);
  scanf("%d",&IntArrGrades[intI]);
}
```

如果要求输出所有学生的总成绩，可以这样写：

```
intSum=0;
for(intI=0;intI<100;intI++)
  intSum=intSum+IntArrGrades[intI];
```

这段代码顺序访问IntArrGrades数组的前100个元素(0～99)，并将每个元素值加到intSum中。如果intSum的初值为0，循环结束后intSum中存放的就是前100个数组元素之和。

由此可见，使用数组大大简化了处理同一个数据集合的程序。下面将介绍数组的具体使用方法。

数组是一些具有相同数据类型的数组元素的有序集合。数组中的每一个元素（即每个成员，也可称为下标变量）具有同一个名称，不同的下标，每个数组元素可以作为单个变量来使用。

数组可分为一维数组和多维数组（如二维数组、三维数组……）。数组的维数取决于数组元素的下标个数，即一维数组的每一个元素只有一个下标，二维数组的每一个元素均有两个下标，三维数组的每一个元素都有三个下标，依次类推。

2. 一维数组的说明和引用

（1）一维数组的定义。在C语言中，变量必须先定义，后使用。数组也是如此，使用数组时必须先定义，后引用。

定义一维数组的一般形式为

```
类型标识符 数组名[常量表达式]
```

其中，类型标识符是数组中数组元素的数据类型。

数组名是用户定义的数组标识符。方括号中的常量表达式表示数据元素的个数，也称为数组的长度。例如：

```
int intArr[10];                /*整型数组int Arr,有10个元素*/
float floatArrB[10], floatArrC [20];
/*实型数组floatArrB有10个元素,实型数组floatArrC有20个元素*/
char charArrCh[20];            /*字符数组charArrCh有20个元素*/
```

（2）一维数组元素的引用。数组不能整体使用，只能逐个引用数组元素。数组元素的一般引用形式为

```
数组名 [下标]
```

下标可以是整型常数、整型变量和整型表达式，其起始值为0。例如，intArr[2+1]表示数组intArr中的第四个元素，intArr[intI+intJ]表示数组intArr中的第intI+intJ+1个元素（intI和intJ为整型变量）。在引用时，应注意下标的值不要超过数组的范围。数组的下标的最大值为数组的长度-1。

3. 一维数组的初始化

所谓数组的初始化，就是指在定义数组的同时，对数组的各个元素赋初值。

（1）全部元素的初始化。

格式：数据类型 数组名[数组长度]={数组元素值表}

“数组元素值表”是用逗号分隔的各数组元素的初值。例如：

```
int intArr[6]={10,20,30,40,50,60}; /*intArr 数组共有 6 个数组元素*/
float floatArrR[]={12.5,-3.11,8.6};/*floatArrR 数组共有 3 个实型元素*/
```

（2）部分元素的初始化。

格式：数据类型 数组名[数组长度]={数组部分元素值表}例如：

```
int intArrB[6]={1,2,3};/*intArrB 数组共有 6 个整型元素,元素的值分别为 1、2、3、0、0、0*/
```

（3）一维数组的存储。任何一个一维数组在内存中都占用一段连续的空间，依次存储它的各元素的值。元素占用的字节数由数组的数据类型决定。例如，int 型数组 intArr 的每个元素占 2 字节，6 个元素占 12 字节。

上述数组 intArr 的存储情况如图 3-5 所示。

数组 intArr→	10	intArr[0]
	20	intArr[1]
	30	intArr[2]
	40	intArr[3]
	50	intArr[4]
	60	intArr[5]

图 3-5 数组 intArr 的存储情况

我们通过一个实例来说明数组的存放形式和使用方法。如果有语句序列：

```
int intArrValues[10];
 intArrValues[0]=197;
 intArrValues[2]=-100;
 intArrValues[5]=350;
 intArrValues[3]= intArrValues[0]+ intArrValues[5];
 intArrValues[9]= intArrValues[5]/10;
 --  intArrValues[2];
```

语句执行后，数组 intArrValues[]的存储情况如表 3-2 所示。

表 3-2 数组 intArrValues[]执行代码前后的内容

数组元素	执行前的值	执行后的值
intArrValues[0]	随机值	197
intArrValues[1]	随机值	随机值
intArrValues[2]	随机值	-101
intArrValues[3]	随机值	547
intArrValues[4]	随机值	随机值

续表

数组元素	执行前的值	执行后的值
intArrValues[5]	随机值	350
intArrValues[6]	随机值	随机值
intArrValues[7]	随机值	随机值
intArrValues[8]	随机值	随机值
intArrValues[9]	随机值	35

从这段程序可以看出：

1）数组元素和普通变量一样能使用单目运算符。

2）说明一个数组后，如果不初始化，数组元素的值是随机值，存取未经初始化的数组元素是没有意义的。比如，存取 intArrValues[1]就没有意义。

3.1.3　技能训练

【实验 3-1】对于已知的 10 个元素，求其最大元素，并把最大元素和位置输出。

指 导

1. 编程分析

（1）假设首元素为最大值元素，用 intMax 标识。

（2）将其余元素依次与 intMax 比较，并将最大值保存在 intMax 中，将最大值元素下标保存在 intM 中。

（3）输出 intMax 和 intM。

2. 编写源程序

```
/*EX3_5.CPP*/
#include <stdio.h>
#define N 10
main( )
{
  int intArr[N]={20,9,10,-16,-9,18,96,7,11,33};
  int intI,intMax=intArr[0], intM=0;
  for(intI=1;intI<N;intI++)
    if(intMax<intArr[intI])
    {
      intMax=intArr[intI];
      intM=intI;
    }
  printf("intMax=%d,为第%d 个元素\n",intMax, intM+1);
}
```

3. 运行结果

在 Visual C++集成环境中输入上述程序，文件存成 EX3_5.CPP。程序运行结果如图 3-6 所示。

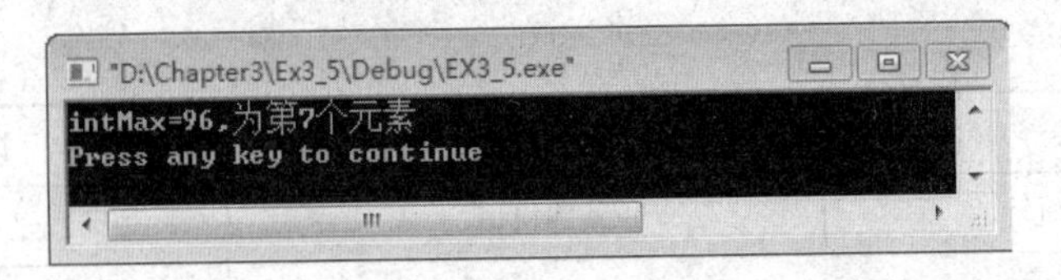

图3-6 运行结果

【实验3-2】数据分类问题。定义一个长度是20的一维数组intArrB，依次对intArr进行扫描，将负数在intArrB中由前到后存储，将其他数据在intArrB中由后向前存储。最终，intArrB存储的是分类后的数据。

指 导

1. 编程分析

（1）定义一个长度为20的一维数组intArrB。

（2）用键盘向一维数组输入20个整数，并依次输出这20个数据。

（3）对数据分类。

（4）输出分类后的数据。

2. 编写源程序

```
/*EX3_6.CPP*/
#include <stdio.h>
#define N 20
main( )
{
 int intArr[N],intArrB[N],intI,intJ=0,intK=N-1;
 printf("请输入数据：\n");
 for(intI=0;intI<N;intI++)
   scanf("%d",&intArr[intI]);
 for(intI=0;intI<N;intI++)
 {
   printf("%d ",intArr[intI]);
   if(intArr[intI]<0)
       intArrB[intJ++]=intArr[intI];    /* 将负数放在intArrB的前部 */
   else
       intArrB[intK--]=intArr[intI];    /* 将其他数放在intArrB的后部 */
 }
 printf("\n");
 for(intI=0;intI<N;intI++)
   printf("%d ",intArrB[intI]);
}
```

3. 运行结果

在Visual C++集成环境中输入上述程序，文件存成EX3_6.CPP。程序运行结果如图3-7所示。注意：

（1）调试程序时，通常先将N定义为一个小数值，当程序调试成功后再将N定义为常数20，这样可以提高程序的调试效率。

（2）在设计调试用数据时，应考虑各种数据情况，以便提高程序的可靠性。

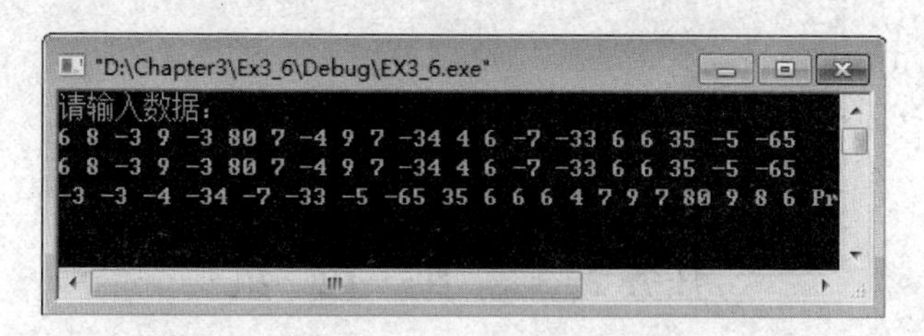

图 3-7　运行结果

3.1.4　编程规范与常见错误

1. 编程规范

数组名的书写规则应符合标识符的书写规定。数组名不能与其他变量名相同。例如：

```
main( )
{
  int intArr;
  int intArr [10];
}
```

变量名与数组名重名是错误的。

2. 常见错误

（1）数组下标从0开始计算。例如，intArr[5]表示数组intArr有 5个元素，分别为intArr[0]，intArr[1]，intArr[2]，intArr[3]，intArr[4]。

（2）定义数组时，数组长度值不能为变量。例如：

```
#define FD 5
main( )
{
  int intArr[3+2], intArrB[7+FD];
  …
}
```

是合法的。但是下述说明方式是错误的。

```
main( )
{
  int intN=5;
  int intArr[intN];
  …
}
```

（3）允许在同一个类型说明中，说明多个数组和多个变量。例如：

```
int intA, intB,intK1[10],intK2[20];
```

数组的类型实际上是指数组元素的取值类型。对于同一个数组，其所有元素的数据类型都是相同的。

（4）C语言规定，在对数组进行定义或对数组元素进行引用时，必须要用方括号(对二维数组或多维数组的每一维数据都必须分别用方括号括起来)。例如，以下写法都将造成编译时出错：

```
int intArrA(10);
int intArrB[5,4];
printf("%d\n", intArr B[1+2,2]);
```

任务2 二 维 数 组

学习目标

了解二维数组的基本概念，掌握数组类型变量的定义与引用，掌握数组元素的引用。

3.2.1 案例讲解

案例1 矩阵

1. 问题描述

以矩阵格式输出一个二维数组，数组主对角线上的元素赋值为1，其他元素赋初值为0。

2. 编程分析

如果有一个一维数组，它的每一个元素是类型相同的一维数组时，就形成一个二维数组。我们可以把二维数组看作是一种特殊的一维数组：它的元素又是一个一维数组。例如，int intArr[3][4]; 可以把intArr看作是一个一维数组，它有三个元素：intArr[0]、intArr[1]、intArr[2]，每个元素又是一个包含4个元素的一维数组。可以把intArr[0]、intArr[1]、intArr[2]看作是一维数组的名字。

3. 编写源程序

```
/* EX3_7.CPP */
#include <stdio.h>
main( )
{ int intArr[6][6],intI,intJ;
   for(intI=1;intI<6;intI++)
    for(intJ=1;intJ<6;intJ++)
      intArr[intI][intJ]=(intI/intJ)*(intJ/intI);
  for(intI=1;intI<6;intI++)
   { for(intJ=1;intJ<6;intJ++)
       printf("%2d",intArr[intI][intJ]);
     printf("\n");
    }
}
```

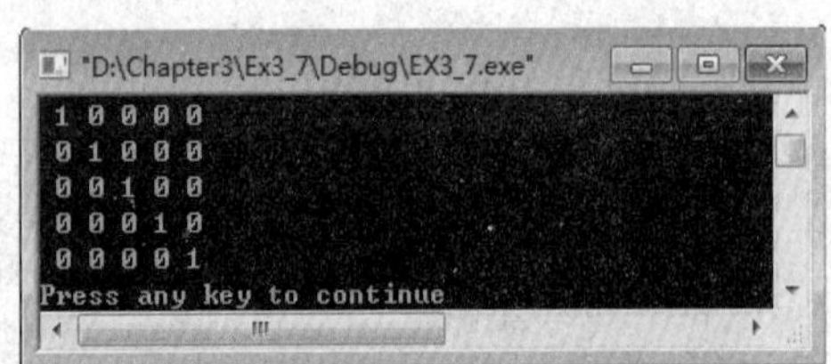

图3-8 案例1运行结果

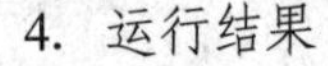

4. 运行结果

运行结果如图3-8所示。

5. 归纳分析

与一维数组元素引用相同，任何二维数组元素的引用都可以看成一个变量的使用，可以被赋值，可以参与组成表达式，也可输入输出。但要注意，其下标取值应限定在数组大小范围内，不能超界使用。

案例 2　两个矩阵求和

1. 问题描述

有矩阵 $\boldsymbol{a}$ 和 $\boldsymbol{b}$ 如下所示，求它们的和矩阵 $\boldsymbol{c}$。

$$\boldsymbol{a}=\begin{bmatrix}19 & -16\\ 6 & 21\\ 25 & 18\end{bmatrix}\qquad \boldsymbol{b}=\begin{bmatrix}16 & 89\\ 26 & -27\\ 36 & 81\end{bmatrix}$$

两个 $M\times N$ 阶的矩阵 $\boldsymbol{a}$、$\boldsymbol{b}$，其和矩阵也是一个 $M\times N$ 阶的矩阵 $\boldsymbol{c}$。

2. 编程分析

矩阵求和公式如下：

```
c[intI][intJ]= a[intI][intJ]+b[intI][intJ]
```

3. 编写源程序

```
/* EX3_8.CPP */
#include <stdio.h>
#define M 3
#define N 2
main( )
{
  int intArra[M][N]={19,-16,6,21,25,18};    /* 数组 intArra 初始化 */
  int intArrb[M][N]={16,89,26,-27,36,81};   /* 数组 intArrb 初始化 */
  int intI,intJ, intArrc[M][N];
  for(intI=0;intI<M;intI++)
    for(intJ=0;intJ<N;intJ++)
      intArrc[intI][intJ]=intArra[intI][intJ]+ intArrb[intI][intJ];
                                    /* 生成 intArrc 数组 */
  for(intI=0;intI<M;intI++)         /* 输出 intArra、intArrb、intArrc 三个数组 */
  {
    for(intJ=0;intJ<N;intJ++)       /* 输出 intArra 数组的第 intI 行 */
      printf("%5d",intArra[intI][intJ]);
    printf("    ");
    for(intJ=0;intJ<N;intJ++)       /* 输出 intArrb 数组的第 intI 行 */
      printf("%5d", intArrb[intI][intJ]);
    printf("    ");
    for(intJ=0;intJ<N;intJ++)       /* 输出 intArrc 数组的第 intI 行 */
      printf("%5d", intArrc[intI][intJ]);
    printf("\n");
   }
}
```

4. 运行结果

运行结果如图 3-9 所示。

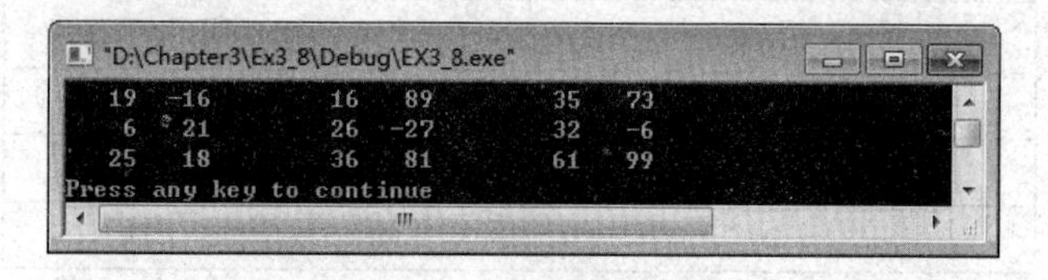

图 3-9　案例 2 运行结果

5. 归纳分析

二维数组中的数组元素被排成行列形式的一组双下标变量，用一个统一的数组名和双下标变量来标识，第一个下标表示行，第二个下标表示列。下标也从 0 开始排列。

二维数组通常是和双重循环相配合，对数组元素依次进行处理。

3.2.2 基础理论

1. 二维数组的说明、引用和存储

（1）二维数组的说明。

1）语法。

类型标识符　数组名[常量表达式][常量表达式];

2）说明。

常量表达式包含常量和符号常量，不能包含变量。

C 语言中，二维数组中元素的排列顺序是按行存放，即在内存中先按顺序存放第一行的元素，再存放第二行的元素。数组 intArr 在内存中的存放顺序为

```
intArr[0][0] intArr[0][1] intArr[0][2] intArr[0][3]
intArr[1][0] intArr[1][1] intArr[1][2] intArr[1][3]
intArr[2][0] intArr[2][1] intArr[2][2] intArr[2][3]
```

通常形象地把第一个下标称为行下标，第二个下标称为列下标。

例如，int var[intI][intJ]中，intI 代表行下标，intJ 代表列下标。

多维数组的定义方法与二维数组相仿：例如，int intArrVar[3][4][5]代表一个三维数组。

（2）二维数组的引用。

1）引用形式。

```
数组名[下标][下标]
```

2）说明。例如：

```
intArr[1][1]=3; intArr[2][1]=intArr[1][1]; printf("%d\n", intArr[1][1]);
```

数组不能整体使用，只能逐个引用数组元素。下标可以是整型常数、整型变量和整型表达式。

（3）二维数组的存储。对于 m×n 的二维数组 intArr，各元素的存储次序如下：

```
intArr[0][0]、intArr[0][1]…intArr[0][n-1]、intArr[1][0]、intArr[1][1]…
intArr[1][n-1]…intArr[m-1][0]、intArr[m-1][1]…intArr[m-1][n-1]。
```

系统为其分配的存储单元数为 m×n 每个元素占用的存储单元数。其中，每个元素占用的存储单元数取决于数组的数据类型。例如，2×2 数组 intArrexample 的存储情况如图 3-10 所示。

intArrexample →	intArrexample[0][0]
	intArrexample[0][1]
	intArrexample[1][0]
	intArrexample[1][1]

图 3-10　数组 intArrexample 的存储情况

2. 二维数组的初始化

二维数组的初始化有以下几种：

（1）分行初给化。

```
int intArr[2][5]={{1,3,5,7,9},{2,4,6,8,10}};
```

这种赋值方法比较直观，把第一个大括号内的数据赋给第一行的元素，第二个大括号内的数据赋给第二行的元素。

（2）不分行初始化。

```
int intArr[2][5]={1,3,5,7,9,2,4,6,8,10};
```

可以将所有数据写在一个大括号内，按数组排列的顺序对各元素赋初值。

（3）部分初始化。

```
int intArr[2][5]={{1,3,5},{2,4,6}};
```

赋初值后数组各元素值为 intArr[0][0]=1，intArr[0][1]=3，intArr[0][2]=5，intArr[0][3]=0，intArr[0][4]=0，intArr[1][0]=2，intArr[1][1]=4，intArr[1]2]=6，intArr[1][3]=0，intArr[1][4]=0。

（4）省略行数。

```
int intArr[2][3]={1,3,5,7,9,11};
```

等价于：int intArr[][3]={1，3，5，7，9，11}；

但不能写成：int intArr[2][]={1，3，5，7，9，11}；

对数组中的全体元素都赋初值时，二维数组的定义中，第一维的长度也可以省略，但二维的长度不能省略。

在分行初始化时，由于给出的初值已清楚地表明了行数和各行中元素的个数，因此，第一维的大小可以不定义。例如：int intArrB[][3]={{1}，{0，2}，{3，2，1}}；显然这是一个三行三列的数组，其各元素的值为

```
1   0   0
0   2   0
3   2   1
```

3.2.3 技能训练

【实验 3-3】 产生一个 *M*×*N* 的随机数矩阵（数值为 1～100），找出其中的最大值元素。

指 导

1. 编程分析

设矩阵数组为 intArr，首先把第一个元素 intArr[0][0]作为当前最大值 intMax，然后把当前最大值 intMax 与每一个元素 intArr[intI][intJ]进行比较，若 intArr[intI][intJ]>intMax，把 intArr[intI][intJ]作为新的当前最大值，并记录下其下标 intI 和 intJ。当全部元素比较完后，intMax 是整个矩阵全部元素的最大值。

2. 编写源程序

```
/* EX3_9.CPP */
#include <stdio.h>
#include <stdlib.h>
```

```
#define M 3
#define N 4
main( )
{
  int intI,intJ,intRow=0,intCol=0,intMax;
  int intArr[M][N];
  printf("建立随机数数组\n ");
  for(intI=0;intI<M;intI++)           /* 建立随机数数组 */
    for(intJ=0;intJ<N;intJ++)
        intArr[intI][intJ]=rand( )%100;
  intMax=intArr[0][0];                /* 初始化最大值变量*/
  for(intI=0;intI<M;intI++)           /* 遍历 intArr 数组的每一个元素,以确定最大值 */
    for(intJ=0;intJ<N;intJ++)
      if(intArr[intI][intJ]>intMax) /* 将一个更大的值保存在 intMax 变量中 */
      {
        intMax=intArr[intI][intJ];
        intRow=intI;
        intCol=intJ;
      }
  for(intI=0;intI<M;intI++)           /* 输出随机数数组 */
  {
    for(intJ=0;intJ<N;intJ++)
      printf("%5d",intArr[intI][intJ]);
  printf("\n");
  }
  /* 输出结果 */
  printf("随机数矩阵中最大值元素 intArr[%d][%d]=%d\n",intRow,intCol,intMax);
}
```

3. 运行结果

在 Visual C++集成环境中输入上述程序，文件存成 EX3_9.CPP。程序的运行结果如图 3-11 所示。

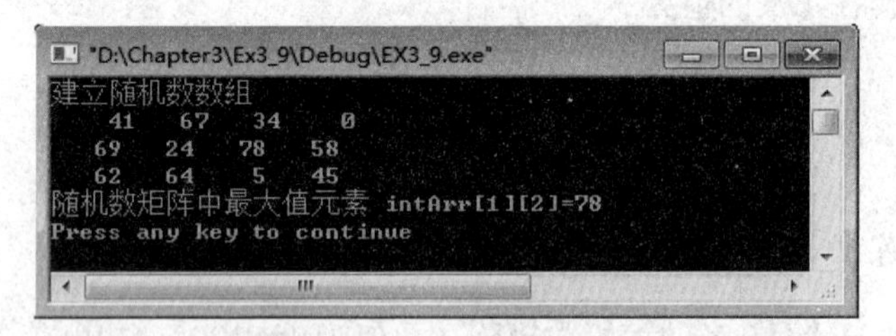

图 3-11　运行结果

【实验 3-4】一个学习小组有 5 个人，每个人有三门课的考试成绩，如表 3-3 所示。求全组分科的平均成绩和各科总平均成绩。

表 3-3　成 绩 表

课程＼学生	张	王	李	赵	周
数学	80	61	59	85	76
计算机语言 C	75	65	63	87	77
数据结构	92	71	70	90	85

指 导

1. 编程分析

可定义一个二维数组 intArr[5][3]存放 5 个人三门课的成绩。再定义一个一维数组 intArrV[3]存放所求得各分科平均成绩，设变量 intAverage 为全组各科总平均成绩。

2. 编写源程序

```
/* EX3_10.CPP */
#include <stdio.h>
main( )
{
  int intI,intJ,intS=0,intAverage, intArrV[3],intArr[5][3];
  printf("输入五个学生三门课的成绩\n");
  for(intI=0;intI<3;intI++)
  {
    for(intJ=0;intJ<5;intJ++)
    {
      scanf("%d",&intArr[intJ][intI]);
      intS=intS+intArr[intJ][intI];
    }
    intArrV[intI]=intS/5;
    intS=0;
  }
  intAverage =(intArrV[0]+intArrV[1]+intArrV[2])/3;
  printf("数学%d\n计算机语言C %d\n数据结构%d\n",intArrV[0],intArrV[1],intArrV[2]);
  printf("各科总平均成绩%d\n", intAverage );
}
```

3. 运行结果

在 Visual C++集成环境中输入上述程序，文件存成 EX3_10.CPP。程序的运行结果如图 3-12 所示。

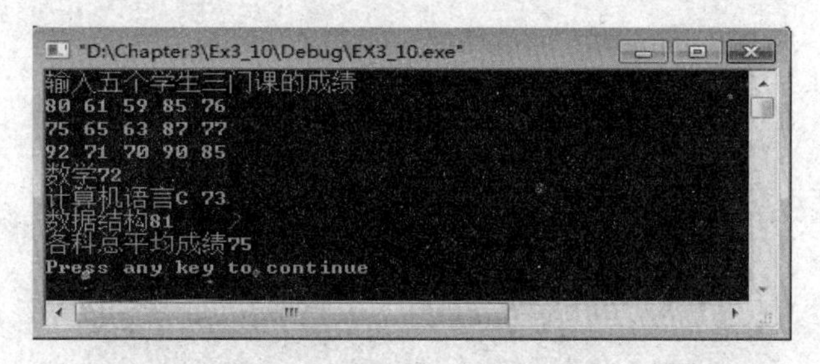

图 3-12　运行结果

3.2.4　拓展与练习

【练习 1】某年级共有 3 个班级，每班有 N 名学生，开设两门课程，要求分别对每个班级的学习成绩进行分等统计，并将统计结果保存在一个二维数组中。

```
/* EX3_12.CPP */
#include <stdio.h>
```

```
#define M 3                              /* 定义班级数为 3 */
#define N 5                              /* 班级人数为 5 */
main( )
{
  float intA,intB;
  int intAve,intI,intJ;
  static int intArrResult[M][5];         /* 定义保存统计结果的二维数组 */
  for(intJ=0;intJ<M;intJ++)
  {
    for(intI=1;intI<=N;intI++)
  {
      printf("Class %d achievement%d(intA,intB): ",intJ+1,intI);
      scanf("%f,%f",&intA,&intB);        /* 输入一个学生的两门课成绩 */
      intAve=(intA+intB)/2;
      switch(intAve/10)                  /* 对第 intJ 的班级的学习成绩分等统计 */
    {
      case 10:
      case 9: intArrResult[intJ][0]++; break;  /* intJ 班优秀人数统计 */
      case 8: intArrResult[intJ][1]++; break;  /* intJ 班良好人数统计 */
      case 7: intArrResult[intJ][2]++; break;  /* intJ 班中等人数统计 */
      case 6: intArrResult[intJ][3]++; break;  /* intJ 班及格人数统计 */
      default: intArrResult[intJ][4]++;
     }
   }
  }                                      /* intJ 班不及格人数统计 */
  for(intJ=0;intJ<M;intJ++)
  {
     for(intI=0;intI<5;intI++)
          printf("%5d",intArrResult[intJ][intI]);
     printf("\n");
  }
}
```

上机运行程序，结果如图 3-13，并分析结果。

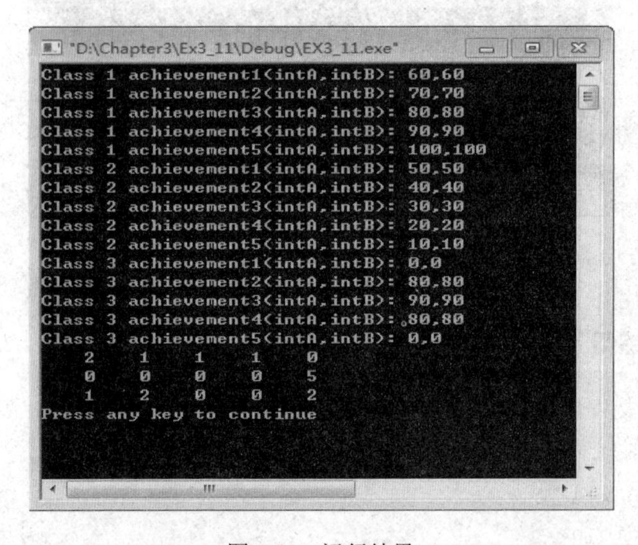

图 3-13　运行结果

【练习 2】奇偶数问题。对输入 intArr 数组的 20 个元素进行奇偶性分类，并把偶数存储在二维数组 intArrB 的第 0 行，奇数存储在二维数组 intArrB 的第 1 行。

1. 编程分析

（1）分别定义一维数组 intArr 和二维数组 intArrB。

（2）设偶数存储在二维数组 intArrB 的第 0 行，奇数存储在二维数组 intArrB 的第 1 行。

（3）对一维数组 intArr 进行一次遍历后，即可实现在二维数组 intArrB 中按偶数和奇数的分行存储。

2. 编写源程序

```
# include <stdio.h>
main( )
{
  int intArr[20],intArrB[2][10];
  int intI,intJ,intCol1=0,intCol2=0;
  printf("请输入数据：\n");
  for(intI=0;intI<20;intI++)
    scanf("%d",&intArr[intI]);
  for(intI=0;intI<20;intI++)
  {
    if(intArr[intI]%2==0)
      intArrB[0][intCol1++]=intArr[intI];    /* 偶数存储在intArrB[0]数组 */
    else
      intArrB[1][intCol2++]=intArr[intI];
  }                                          /* 奇数存储在intArrB[1]数组 */
  for(intI=0;intI<2;intI++)
  {
    for(intJ=0;intJ<10;intJ++)
        printf("%6d",intArrB[intI][intJ]);
    printf("\n");
   }
}
```

3. 程序调试

（1）输入一组数据，其中偶数个数与奇数个数相等，察看并分析程序的运行结果。

（2）输入一组数据，其中偶数个数与奇数个数不相等，察看程序能否正常运行，并对运行结果进行分析。

（3）调试完善程序，使得对于任何输入数据，程序都能正常运行，或者给出一个正确的执行结果，或者给出一个恰当的提示信息。

【练习 3】鞍点问题。编写程序，找出矩阵 intArrM[3][4]的鞍点（元素 intArrM[intI][intJ]既是第 intI 行的最大元素，又是第 intJ 列的最小元素）。

1. 编程分析

（1）对二维数组按行处理。

（2）对每一行首先找出它的最大值元素，然后看它在该列上是否为最小值，若是，则找到一个鞍点。

（3）找到鞍点后输出元素值，及其所在的行列值。

2. 编写源程序

```
/* 鞍点问题程序 */
#include <stdio.h>
#define M 3
#define N 4
main( )
{
  int intArrM[M][N],intI,intJ,intK;
  printf("请输入二维数组的数据：\n");
  for(intI=0;intI<M;intI++)
    for(intJ=0;intJ<N;intJ++)
      scanf("%d",&intArrM[intI][intJ]);
  for(intI=0;intI<M;intI++)
  {
    intK=0;
    for(intJ=1;intJ<N;intJ++)
      if(intArrM[intI][intJ]>intArrM[intI][intK])
         intK=intJ;
      for(intJ=0;intJ<M;intJ++)
         if(intArrM[intJ][intK]<intArrM[intI][intK])
           break;
      if(intJ==M)                      /* 在第 intI 行上找到鞍点 */
  printf("%d  %d,%d\n",intArrM[intI][intK],intI,intK);
  }
}
```

3. 程序调试

（1）输入有鞍点的一组数据，察看并分析程序的运行结果。例如：

```
9    80   215   40
60   -60   89    1
210  -3   101   89
```

（2）输入没有鞍点的一组数据，察看并分析程序的运行结果。例如：

```
9    80   215   40
60   -60  189    1
210  -3   101   89
```

3.2.5 编程规范与常见错误

（1）常量表达式可以包含常量和符号常量，但不能包含变量。例如：

1）`int intArr[3][4];`

2）
```
#define M  3
#define N  4
int intArr[M][N];
```

3）`int intArr[3][1+3];`

都是定义了一个 3*4 的二维数组 intArr，但不允许有如下定义：

1）int intN=4, intM=3;
   int intArr[m][intN];
2）int intArrB[3,4];
3）int intArrC (2)(3);

（2）二维数组可以看作一个特殊的一维数组，它的每个元素又是一个一维数组。例如，上面定义二维数组 intArr 可以看作数组 intArr 包含 intArr[0]、intArr[1]、intArr[2]三个元素，而这三个元素均为一维数组。

intArr[0]包含 intArr[0][0]、intArr[0][1]、intArr[0][2]、intArr[0][3]元素；
intArr[1]包含 intArr[1][1]、intArr[1][1]、intArr[1][2]、intArr[1][3]元素；
intArr[2]包含 intArr[2][0]、intArr[2][2]、intArr[2][2]、intArr[2][3]元素。

任务3　字 符 与 字 符 串

学习目标

掌握字符与字符串的区别，掌握字符串的输入和输出，领会字符串操作函数。

3.3.1　案例讲解

案例1　字符统计

1. 问题描述

输入 20 个字符，分别统计其中的数字个数和其他字符的个数。

2. 编程分析

字符数组中的每个元素均占 1 字节，且以 ASCII 码的形式来存放字符数据。

3. 编写源程序

```
/* EX3_12.CPP */
#include <stdio.h>
main( )
{
  char charArrS[20];
     int intI,intNumber=0,intOther=0;
  printf("输入 20 个字符");
  for(intI=0;intI<20;intI++)     /* 建立有 20 个元素的字符数组 charArrS */
     scanf("%c",&charArrS[intI]);
  for(intI=0;intI<20;intI++)     /* 对 charArrS 中的数字和其他字符进行分类统计 */
     switch(charArrS[intI])
  {  case '0':                   /* 这 10 个连续的 case 用于判断数值型字符 */
     case '1':
     case '2':
     case '3':
     case '4':
     case '5':
     case '6':
     case '7':
```

```
    case '8':
    case '9':
        intNumber++;            /* 对数字字符计数 */
        break;
    default:
      intOther++;               /* 对数字以外的其他字符计数 */
  }
  printf("数字个数 %d, 其他字符的个数%d\n",intNumber,intOther);
}
```

4. 运行结果

运行结果如图3-14所示。

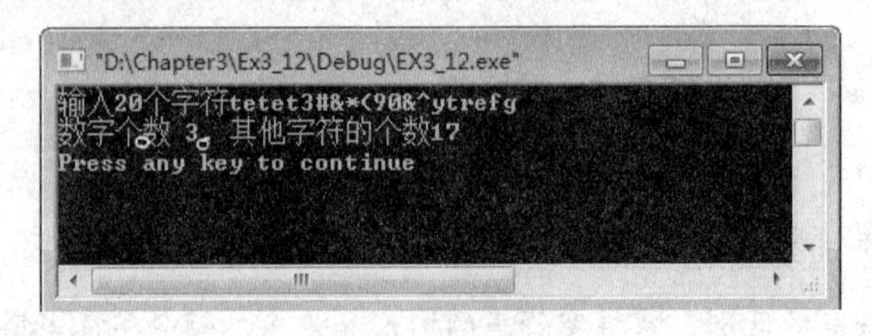

图3-14　案例1运行结果

5. 归纳分析

字符串是一种常用的数据，处理人名、地址、文章等内容。单个字符（常量）放在一个字符变量中，字符串放在字符数组中。

案例2　字符的删除

1. 问题描述

由键盘任意输入一个字符串和一个字符，要求从该串中删除所指定的字符。

2. 编程分析

在C语言中，没有专门的字符串变量，通常用一个字符数组来存放一个字符串。前面介绍字符串常量时，已说明字符串总是以'\0'作为串的结束符。因此，当把一个字符串存入一个数组时，也把结束符'\0'存入数组，并以此作为该字符串的结束。

3. 编写源程序

```
/* EX3_13.CPP */
#include <stdio.h>
main( )
{
  char charX,charArrS[20];
  int intI,intJ;
  printf("输入一个字符串");
  gets(charArrS);
  printf("要删除指定的字符\n");
  scanf("%c",&charX);
  for(intI=intJ=0;charArrS[intI]!='\0';intI++)
    if(charArrS[intI]!=charX)
      charArrS[intJ++]=charArrS[intI];
  charArrS[intJ]='\0';
```

```
    printf("从该串中删除所指定的字符后新产生的新字符串\n");
    puts(charArrS);
}
```

4. 运行结果

运行结果如图3-15所示。

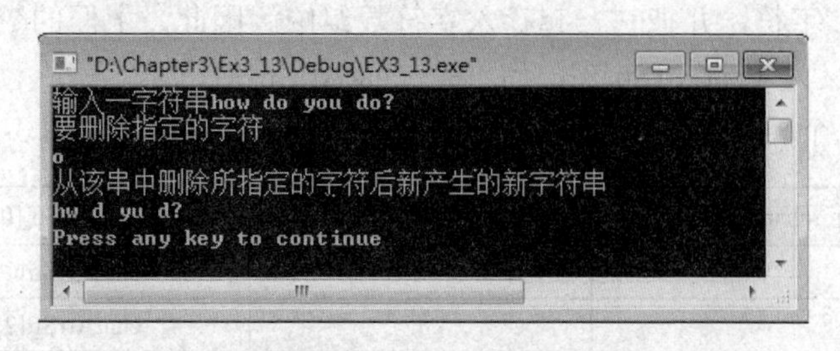

图3-15　案例2运行结果

5. 归纳分析

字符串结束符'\0'是由C编译系统自动加上的。由于采用了'\0'标志，所以在用字符串赋初值时，一般无须指定数组的长度，而由系统自行处理。

3.3.2　基础理论

字符数组是存放字符型数据的数组，其中每个数组元素存放的值均是单个字符。字符数组也有一维数组和多维数组之分。比较常用的是一维字符数组和二维字符数组。

字符数组的定义、初始化及引用同前面介绍的一维数组、二维数组类似，只是类型说明符为char，对字符数组初始化或赋值时，数据使用字符常量或相应的ASCII码。例如：

```
char charArrC[10], charArrStr[5][10];  /* 字符数组的定义 */
```

又如：

```
char charArrC[3]={ 'r', 'e', 'd'};  /* 字符数组的初始化 */
printf("%c%c%c\n", charArrC [0], charArrC [1], charArrC [2]);  /* 字符数组元素引用 */
```

一个字符串可以放在一个一维数组中。如果有多个字符串，可以用一个二维数组来存放。

（1）字符数组的定义。用来存放字符数据的数组是字符数组。字符数组中的一个元素存放一个字符。

例如：

```
char charArrCStr[12];
```

（2）字符数组的初始化。在定义一个字符数组的同时，可以给它指定初值。有两种初始化的方法：

1）逐个为数组中各元素赋初值。例如：

```
char charArrStr[8]={ 'C', 'o', 'm', 'p', 'u', 't', 'e', 'r'};
```

在对数组中的全体元素都赋初值时，字符数组的大小可以省略。

```
char charArrStr[]={'C', 'o', 'm', 'p', 'u', 't', 'e', 'r'};
```

2）对一个字符数组指定一个字符串初值。例如：

```
char charArrStr[]={"Computer"};
```

注意，单个字符用单引号括起来，而字符串用双引号括起来，在指定字符串初值的情况下，将字符串中的各字符逐个地按顺序赋给数组中的各元素。注意，系统会自动在一个字符串的后面加一个“\0”字符，并把它一起存入字符数组中。因此，上面的数组虽未定义大小，但系统自动将它定义为 charArrStr[9]，而不是 charArrStr[8]。

charArrStr 的每个元素为 char 型，占 1 字节。其字符数组结构如图 3-16 所示。

数组 charArrStr→	C	charArrStr [0]
	o	charArrStr[1]
	m	charArrStr[2]
	p	charArrStr[3]
	u	charArrStr[4]
	t	charArrStr[5]
	e	charArrStr[6]
	r	charArrStr[7]
	\0	charArrStr[8]

图 3-16 一维字符数组初始化

（3）字符数组的引用。字符数组的引用与普通数组相同。

（4）字符串和字符串结束标志。C 语言允许用字符串的方式对数组作初始化赋值。

例如：

```
char charArrC[]={'C', ' ','p','r','o','g','r','a','m'};
```

可写为

```
char charArrC[]={"C program"};
```

C 语言允许在初始化一个一维字符数组时，省略字符串外面的花括号。例如：

```
char charArrC[]="C program";
```

用字符串方式赋值比用字符逐个赋值要多占 1 字节，用于存放字符串结束标志'\0'。上面的数组 charArrC 在内存中的实际存放情况为

C		p	r	o	g	r	a	m	\0

（5）字符串的输入/输出。

用“%s”格式符输入/输出字符串。例如：

```
char charArrC[6];
scanf("%s",charArrC);
printf("%s",charArrC);
```

说明：C 语言中，数组名代表该数组的起始地址，因此，scanf( )函数中数组名前不再加地址运算符&。

"%s"格式输出字符串时，printf( )函数的输出项是字符数组名，而不是元素名。

"%s"格式输出时，即使数组长度大于字符串长度，遇'\0'也结束。例如：

```
char charArrCountry[20] = {'C','h','i','n','a','\0','J','a','p','a','n'};
printf("%s", charArrCountry);
```

输出结果：China

"%s"格式输出时，若数组中包含一个以上'\0'，遇第一个'\0'时结束。例如：

```
char charArrCountry [20] = {'C','h','i','n','a','\0','J','a','p','a','n','\0'};
printf("%s", charArrCountry);
```

输出结果：China

输入字符串时，遇回车键结束，但获得的字符中不包含回车键本身，而是在字符串末尾添加'\0'。

用一个 scanf( )函数输入多个字符串时，输入的各字符串之间要以“空格”键分隔。例如：

```
char charArrStr1[5], charArrStr2[5], charArrStr3[5];
scanf("%s%s%s", charArrStr1, charArrStr2, charArrStr3);
```

输入数据：How␣are␣you? ↵

charArrStr1、charArrStr2、charArrStr3 获得的数据情况如图 3-17 所示。

charArrStr1:	H	o	w	\0	
charArrStr2:	a	r	e	\0	
charArrStr3:	y	o	u	?	\0

图 3-17　str1、str2、str3 获得的数据情况

（6）字符串处理函数。

1）strcat( )。

函数原型：`char *strcat(char * pcharStr1,char * pcharStr1);`

功能说明：用来连接两个字符串。其一般形式为

```
strcat(pcharStr1, pcharStr2);
```

将 pcharStr2 中的字符连接到 pcharStr1 的字符后面，并在最后加一个“\0”。连接后，新的字符串存放在 pcharStr1 中，因此，pcharStr1 必须定义的足够大。例如，连接两个字符串。

2）strcpy( )。

语法：strcpy(字符数组 1,字符数组 2)

功能说明：C 语言不允许用赋值表达式对字符数组赋值，如下面的是非法的：charArrStr1="China"。就像不允许把整个数组一起复制“int intArr[5] ，intArrB[6]; intArr=intArrB;”到另一个数组一样（因为数组名是个地址，通过数组名不知道数组的大小）。

如果想把字符串“China”放到字符数组中，除了可以逐个地输入字符外，还可以使用 strcpy 函数，将一个字符串复制到字符数组中：strcpy（charArrStr1，"China"）。

说明：

① 在向 charArrStr1 数组复制时，字符串结束标志"\0"一起被复制到 charArrStr1 中。

② 可以将一个字符数组中的字符串复制到另一个字符数组中。例如：strcpy(charArrStr1,

charArrStr2）；，注意不能用“ charArrStr1= charArrStr2;”语句来赋值。

3）strcmp( )。

语法：strcmp(字符数组 1,字符数组 2)

功能说明：用来比较两个字符串。其一般形式为

```
strcmp（ charArrStr1, charArrStr2）;
```

功能说明：从两个字符串中第一个字符开始逐个进行比较，直到出现不同的字符或遇到“\0”为止，如果全部字符都相同，就是相等。若出现了不相同的字符，则以第一个不相同的字符为准。

① 如果字符串 1 等于字符串 2，函数值为 0。

② 如果字符串 1 大于字符串 2，函数值为一个正整数。

③ 如果字符串 1 小于字符串 2，函数值为一个负整数。

4）strlen( )。

语法：strlen(字符数组)

功能说明：用来测出一个字符串中的实际字符个数。其值为“\0”之前的全部字符个数。

5）strlwr( )。

语法：strlwr(字符串)

功能说明：大写字符转换成小写字符。

6）strupr( )。

语法：strupr(字符串)

功能说明：小写字符转换成大写字符。

3.3.3 技能训练

【实验 3-5】输入一行字符，统计其中单词的个数。

指 导

1. 编程分析

要统计单词的个数，首先需要把单词找出来，这需要对字符逐个检测。设长度是 n 的字符串已存储在字符数组 charArrText 中，各字符元素分别为 charArrText[0]、charArrText[1]、charArrText[2]…charArrText[n–1]，当检测 charArrText[intI]（intI>0）时，若满足下列条件，则必然出现新单词：

```
charArrText[intI-1]=='␣'&&charArrText[intI]!='␣'
```

当字符串首字符为非空格字符时，这个表达式是不成立的，然而一个单词显然已经出现了。因此，需要在程序中对字符串的首字符单独考虑。

2. 编写源程序

```
/* EX3_14.CPP */
#include <stdio.h>
main( )
{
   char charArrText[100];
   int intWord,intI;
```

```
   printf("输入一字符串");
    gets(charArrText);
   if(charArrText[0]==' ')
      intWord=0;                /* 字符串首字符为空格时,单词数置 0 */
   else
      if(charArrText[0]!='\0')
         intWord=1;             /* 字符串首字符不为空格,单词数置 1 */
   intI=1;
   while(charArrText[intI]!='\0')
   {
     if(charArrText[intI-1]==' '&&charArrText[intI]!=' ')
        intWord++;              /*开始一个单词时,单词数加 1*/
     intI++;
   }                            /* 指向下一个字符 */
   printf("单词的个数=%d\n",intWord);
}
```

3. 运行结果

在 Visual C++集成环境中输入上述程序，文件存成 EX3_14.CPP。程序的运行结果如图 3-18 所示。

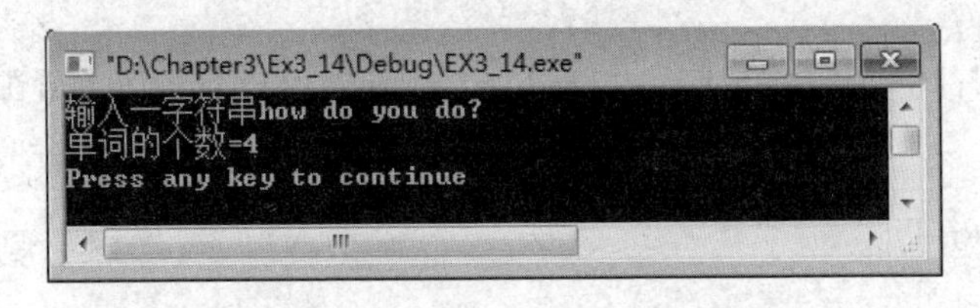

图 3-18　运行结果

【实验 3-6】判断 charArrStr1 是否是 charArrStr1 的子串。

指　导

1. 编程分析

从 charArrStr1 字符串的第一个字符开始，依次与 charArrStr1 字符串的各字符比较，若均相同，则 charArrStr1 是 charArrStr1 的子串；否则再从 charArrStr1 的下一个字符（第二个字符）开始，依次与 charArrStr1 字符串的各字符比较，……。设 intK1，intK2 分别表示 charArrStr1 串和 charArrStr1 串的长度，则最后一次应从 charArrStr1 的第 intK1-intK2+1 个字符开始（即 charArrStr1[intK1-intK2]），依次与 charArrStr1 字符串的各字符比较，若存在不同字符，则 charArrStr1 肯定不是 charArrStr1 的子串。

2. 编写源程序

```
/* EX3_15.CPP */
#include <stdio.h>
#include <string.h>
main( )
{
   char charArrStr1[80], charArrStr2[80];
```

```
    int intI=0, intJ, intK, intK1, intK2, intFlag;
    printf("输入第一个字符串");
    gets( charArrStr1);                   /* 输入第一个字符串 */
    printf("输入第二个字符串");
    gets( charArrStr2);                   /* 输入第二个字符串 */
    intK1=strlen( charArrStr1);           /* 求第一个字符串的长度 */
    intK2=strlen( charArrStr2);           /* 求第二个字符串的长度 */
    intFlag=0; /* 标志变量 intFlag 初值为 0,即假设 charArrStr1 不包含在 charArrStr2
中 */
    while(intI<intK1-intK2+1&&!intFlag)
    /*从 charArrStr1 串的 charArrStr1[intI]字符开始检测 charArrStr1 是否包含在
charArrStr2 中*/
    {
       intJ=0;
       intK=intI;
       while( charArrStr2[intJ]&& charArrStr1[intK]== charArrStr2[intJ])
  /* 存在不同字符或 charArrStr1 包含在 charArrStr2 中时退出循环 */
    {
       intJ++;
       intK++;
    }
    if ( charArrStr2[intJ]=='\0')
  /* 若退出循环时,charArrStr1[intJ]=='\0',则 charArrStr1 串包含在 charArrStr2 串中
*/
    {
       intFlag=1;
       break;
    }
  /* 确认 charArrStr1 串包含在 charArrStr2 串中,intFlag=1,退出循环 */
       intI++;
    }                              /* 从 charArrStr1 的下一个字符开始继续检测 */
    if(intFlag==1)
       printf ("%s 在 %s 中\n", charArrStr2, charArrStr1);
    else
       printf ("%s 不在 %s 中\n", charArrStr2, charArrStr1);
}
```

3. 运行结果

在 Visual C++集成环境中输入上述程序，文件存成 EX3_15.CPP。程序的运行结果如图 3-19 所示。

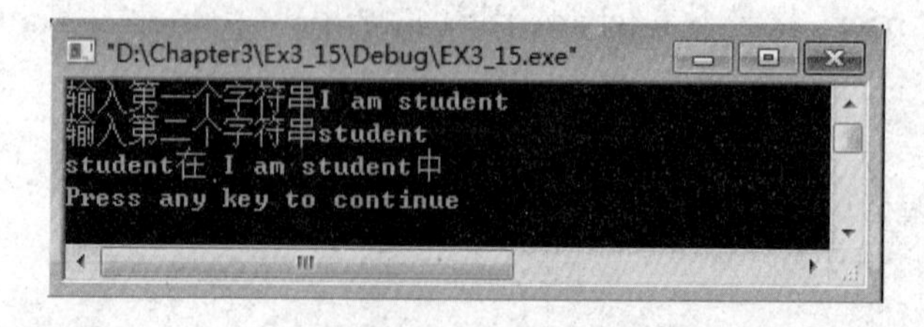

图 3-19 运行结果

3.3.4　拓展与练习

【练习1】编写程序，实现从键盘输入一个字符串，统计字符串中英文字母的个数。要求上机运行程序，并按以下情况测试程序。

（1）运行程序，输入一个长度不足80的字符串，察看并分析程序运行结果。

（2）运行程序，输入一个长度恰好是80的字符串，察看并分析程序运行结果。

（3）运行程序，输入一个长度超过80的字符串，察看并分析程序运行结果。

（4）运行程序，输入一个全是英文字母的字符串，察看并分析程序运行结果。

（5）运行程序，输入一个没有英文字母的字符串，察看并分析程序运行结果。

（6）运行程序，只输入一个回车符，察看并分析程序运行结果。

（7）运行程序，输入你认为最有特点的一个字符串，察看并分析程序运行结果。

【练习2】输入五个国家的名称，按字母顺序排列输出。

五个国家名应由一个二维字符数组来处理。然而，C 语言规定可以把一个二维数组当成多个一维数组处理。因此，本题又可以按五个一维数组处理，而每一个一维数组就是一个国家名字符串。用字符串比较函数各一维数组的大小，并排序，输出结果即可。

```
/* EX3_16.CPP */
#include <stdio.h>
#include <string.h>
main( )
{
    char intArrSt[20],intArrCs[5][20];
    int intI,intJ,intP;
    printf("输入五个国家的名称\n");
    for(intI=0;intI<5;intI++)
      gets(intArrCs[intI]);
    printf("\n");
    printf("五个国家的名称按字母顺序输出\n");
    for(intI=0;intI<5;intI++)
    {
        intP=intI;
        strcpy(intArrSt,intArrCs[intI]);
        for(intJ=intI+1;intJ<5;intJ++)
            if(strcmp(intArrCs[intJ],intArrSt)<0)
            {
                intP=intJ;
                strcpy(intArrSt,intArrCs[intJ]);
             }
          if(intP!=intI)
          {
              strcpy(intArrSt,intArrCs[intI]);
              strcpy(intArrCs[intI],intArrCs[intP]);
              strcpy(intArrCs[intP],intArrSt);
          }
        puts(intArrCs[intI]);
    }
    printf("\n");
```

```
}
```

在 Visual C++集成环境中输入上述程序，文件存成 EX3_16.CPP。程序的运行结果如图 3-20 所示。

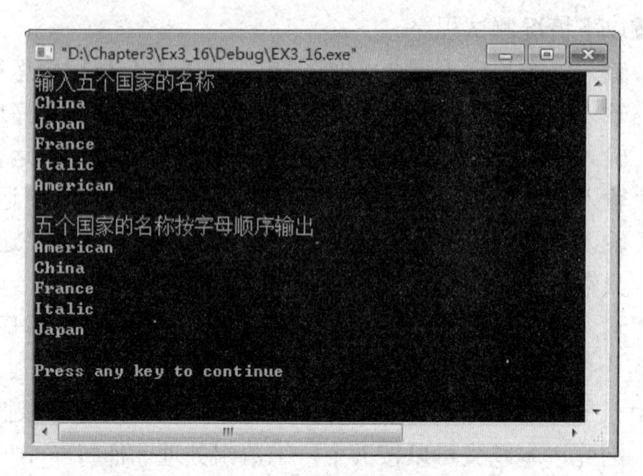

图 3-20　运行结果

3.3.5　常见错误

（1）数组名代表该数组的起始地址：在不应加地址运算符&的位置加了地址运算符。例如，“scanf("%s"，&charArrStr);”中 scanf 函数中的输入项是字符数组名，不必要再加地址运算符&。应改为：“scanf("%s"，charArrStr);”。

（2）混淆字符和字符串：C 语言中的字符常量是由一对单引号括起来的单个字符；而字符串常量是用一对双引号括起来的字符序列。字符常量存放在字符型变量中，而字符串常量只能存放在字符型数组中。例如，假设已说明 charNum 是字符型变量，则以下赋值语句是非法的：

```
charNum="1";
```

3.3.6　贯通案例——之四

1. 问题描述

（1）定义存储学生成绩的数组，输入 5 个学生的成绩(假定每个学生有 3 门功课)。

（2）根据某门课程，对学生的成绩进行排序。

（3）把排好序的学生成绩全部输出。

2. 编写程序

```
/* EX3_17.CPP */
#include <stdio.h>
#define N 5
#define M 3
main( )
{
    int intScores[N][M];
```

```
    int i,intj,intK,intN,intTemp[M];
    for(i=0;i<N;i++)                              /* 输入 N 个学生的成绩 */
    {printf("input No.%d\'s score: ",i+1);
       for(j=0;j<M;j++)
            scanf("%d",& intScores[i][j]);
    }
    printf("sort by 1,2,3? ");                    /* 选择排序的成绩 */
    scanf("%d",&intN);
    intN--;
    for (i=0; i<N-1; i++)                         /* 选择法排序 */
    {
        intK = i;
        for (j=i; j<N; j++)
        {
            if (intScores [j][intN] > intScores[intK][intN])
            {
                intK = j;
            }
        }
        if (intK!= i)                             /* 交换 i,k 两个学生的成绩 */
        {
            intTemp[0] = intScores[intK][0];
            intTemp[1] = intScores[intK][1];
            intTemp[2] = intScores[intK][2];
            intScores[intK][0] = intScores[i][0];
            intScores[intK][1] = intScores[i][1];
            intScores[intK][2] = intScores[i][2];
            intScores[i][0]= intTemp[0];
            intScores[i][1]= intTemp[1];
            intScores[i][2]= intTemp[2];
        }
    }
    for (i=0; i<N; i++)                           /*输出排序后的结果*/
    {    printf("\nNo.%d\'s score: ",i+1);
        for(j=0;j<M;j++)
             printf("%3d ", intScores[i][j]);
    }
}
```

3. 运行结果

在 Visual C++集成环境中输入上述程序，文件存成 EX3_17.CPP。运行结果如图 3-21 所示。

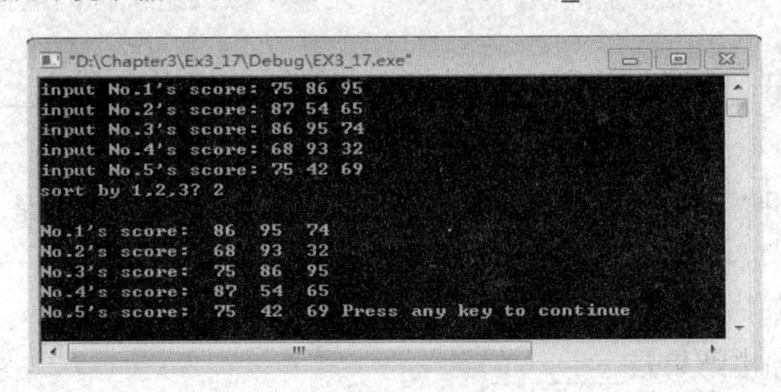

图 3-21　运行结果

自测题

一、选择题

1. 有如下程序，该程序的输出结果是（　　）。

```
#include <stdio.h>
main( )
{
  int intArrN[5]={0,0,0},intI,intK=2;
  for(intI=0;intI<intK;intI++)
     intArrN[[intI]=intArrN[[intI]+1;
  printf("%d\n",n[intK]);
}
```

A. 不确定的值　　B. 2　　C. 1　　D. 0

2. 若有以下的定义：`int intArrT[3][2];`，能正确表示 intArrT 数组元素地址的表达式为（　　）。

A. &intArrT[3][2]　　B. intArrT[3]

C. intArrT[1][2]　　D. intArrT[2]

3. 有如下程序，该程序的输出结果是（　　）。

```
#include <stdio.h>
main( )
{
  int intArr[3][3]={{1,2},{3,4},{5,6}},intI,intJ,intS=0;
  for(intI=1;intI<3;intI++)
    for(intJ=0;intJ<=intI;intJ++)
       intS+=intArr[intI][intJ];
  printf("%d\n",intS);
}
```

A. 18　　B. 19　　C. 20　　D. 21

4. 设有数组定义：`char intArrArray [ ]="China";`，则数组 intArrArray 所占的空间为（　　）。

A. 4个字节　　B. 5个字节　　C. 6个字节　　D. 7个字节

二、填空题

1. intArray 是一个一维整型数组，有 10 个元素，该数组下标的取值范围是从______到______（从小到大）。

2. 若输入字符串：abcde<回车>，则以下 while 循环体将执行________次。

```
while((charCh=getchar( ))=='e') printf("*");
```

3. 设有数组说明语句：int intArr[100];，则数组 intArr 下标的上限是________。

4. C 语言规定了以字符________作为字符串结束标志。

三、阅读程序题

1. 下列程序的输出结果是________。

```
#include <stdio.h>
```

```
main( )
{
    int intI,intArr[6]={1,2,3,4,5};
    for(intI=0;intI<6;intI++)
    {
          if(intI%2==0)
          printf("%d",intArr[intI]);
    }
}
```

2. 下列程序的输出结果是________。

```
#include <stdio.h>
main( )
{
    int intI,intArr[6]={1,2,3,4,5};
    for(intI=0;intI<6;intI++)
    {
        if(intI%2!=0)
        printf("%d",intArr[intI]);
    }
}
```

3. 下列程序的输出结果是________。

```
#include <stdio.h>
#define N 5
main( )
{
    int intI,intArr[N];
    for(intI=0;intI<N;intI++)
          intArr[intI]=intI;
    for(intI=0;intI<N;intI++)
    {
          if(intArr[intI]%2==0)
          printf("%d",intArr[intI]);
    }
}
```

4. 下列程序的输出结果是________。

```
#include <stdio.h>
#define N 10
main( )
{
    int intI,intArr[N]={65,98,38,55,79,45,77,54,88,82};
    int intM=intArr[0];
    for(intI=0;intI<N;intI++)
          if(intArr[intI]>intM)   intM=intArr[intI];
    printf("%d",intM);
}
```

四、程序填空题

1. 以下程序的功能是已知的十个元素，求其最大元素，并把最大元素和位置输出。请填空。

```
#include <stdio.h>
main( )
{
int intArr[10]={20,9,10,-16,-9,18,96,7,11,33};
int intI,intMax=_________,intM=0;
for(intI=1;intI<10;intI++)
if(_________)
{
       intMax=intArr[intI];
       intM=_________;
   }
   printf("intMax=%d,为第%d 个元素\n",intMax,intM+1);
}
```

2. 以下程序的功能是产生一个 $M \times N$ 的随机数矩阵（数值为 1～100），找出其中的最大值元素。请填空。

```
#include <stdio.h>
#include <stdlib.h>
main( )
{
   int intI,intJ,intRow=0,intCol=0,intMax;
   int intArr[3][4];
   printf("建立随机数数组\n ");
   for(intI=0;intI<3;intI++)
      for(intJ=0;intJ<4;intJ++)
         intArr[intI][intJ]=rand( )%100;
   intMax=_________;
   for(intI=0;intI<3;intI++)
   for(intJ=0;intJ<4;intJ++)
         if(intArr[intI][intJ]>intMax)
         {
            intMax=intArr[intI][intJ];
            intRow=_________;
            intCol=_________;
         }
   printf("随机数矩阵中最大值元素 intArr[%d][%d]=%d\n",intRow,intCol,intMax);
}
```

3. 以下程序的功能是输入 20 个字符，分别统计其中的数字个数和其他字符的个数。请填空。

```
#include <stdio.h>
main( )
{
   char charArrS[20];
   int intI,intNumber=0,intOther=0;
   printf("输入 20 个字符");
   for(intI=0;intI<20;intI++)
        scanf("%c",&charArrS[intI]);
   for(intI=0;intI<20;intI++)
        if(charArrS[intI]>= '0' &&__________)
```

```
    ________;
      else
    ________;
  printf("数字个数 %d, 其他字符的个数%d\n",intNumber,intOther);
}
```

4. 以下程序的功能是输入五个国家的名称，按字母顺序排列输出。请填空。

```
#include <stdio.h>
#include <string.h>
main( )
{
    char intArrSt[20],intArrCs[5][20];
    int intI,intJ,intP;
    printf("输入五个国家的名称\n");
    for(intI=0;intI<5;intI++)
          gets(intArrCs[intI]);
    printf("\n");
    printf("五个国家的名称按字母顺序输出\n");
    for(intI=0;intI<5;intI++)
    {
          intP=intI;
          strcpy(intArrSt,intArrCs[intI]);
          for(intJ=intI+1;intJ<5;intJ++)
              if(strcmp(intArrCs[intJ],intArrSt)<0)
              {
                ________;
             strcpy(intArrSt,intArrCs[intJ]);
              }
         if(________)
         {
            strcpy(intArrSt,intArrCs[intI]);
            strcpy(intArrCs[intI],intArrCs[intP]);
            strcpy(intArrCs[intP],intArrSt);
         }
         puts(________);
    }
    printf("\n");
}
```

五、编程题

1. 编写程序，录入 10 名学生的 C 语言的竞赛成绩，计算竞赛成绩的最高分、最低分和平均分，要求使用数组完成此题。

2. 编写程序，对输入 a 数组的 20 个元素进行奇偶性分类，并把偶数存储在二维数组 b 的第 1 行，奇数存储在二维数组 b 的第 2 行。

3. 编写程序，将一维数组 intArr 中的 10 个数值按逆序存放，同时显示出来。例如，原来顺序是 1，2，3，4；要求改为 4，3，2，1。

4. 有一段文字共三行，每行 20 个字符。编程统计其中英文字母（不区分大、小写）、空格符、数字字符和其他字符的个数。

模块4　函 数 及 应 用

任务1　函　数　定　义

掌握C语言函数的分类、函数定义的形式，了解函数的返回值，熟练掌握函数调用的形式、形参与实参的关系。

4.1.1　案例讲解

案例1　字符交替显示

1. 问题描述

在屏幕上交替显示"*"、"$"和"#"字符，要求每隔一定时间显示一个字符，连续显示500次。

2. 编程分析

（1）编写一个时间延时函数delay( )。

（2）利用main( )函数显示字符，每显示一个字符，就调用一次delay( )，使得显示字符时有一定的时间间隔。

3. 编写源程序

```
/* EX4_1.CPP */
#include <stdio.h>
void delay( )                                /*定义延时函数 */
{
  float  floatI;
  floatI=1;
  while(floatI<10000)  floatI=floatI+0.01;
  return;
}
main( )                                      /* 下面一段程序代码是main( )函数 */
{
  void delay( );                             /* 函数声明 */
  int intI;
  for(intI=1;intI<=500;intI++)
  {
    printf("*");
    delay( );                                /* 调用延时函数,产生时间间隔 */
    printf("$");
    delay( );                                /* 调用延时函数,产生时间间隔 */
    printf("#");
    delay( );                                /* 调用延时函数,产生时间间隔 */
  }
```

}

4. 运行结果

运行结果如图 4-1 所示。

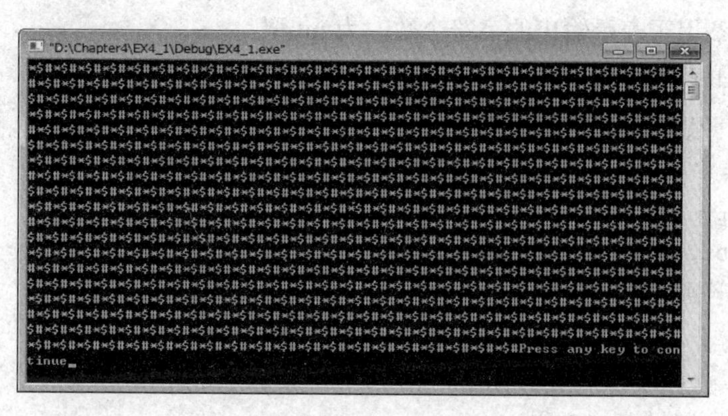

图 4-1　案例 1 运行结果

5. 归纳分析

在 C 程序设计中，通常：

（1）将一个大程序分成几个子程序模块（自定义函数）。

（2）将常用功能做成标准模块（标准函数）放在函数库中供其他程序调用。如果把编程比做制造一台机器，函数就好比其零部件。

（3）可将这些“零部件”单独设计、调试、测试好，用时拿出来装配，再总体调试。

（4）这些“零部件”可以是自己设计制造/别人设计制造/现在的标准产品。

而且，许多“零部件”我们可以只知道需向它提供什么（如控制信号），它能产生什么（如速度/动力），并不需要了解它是如何工作、如何设计制造的——所谓“黑盒子”。

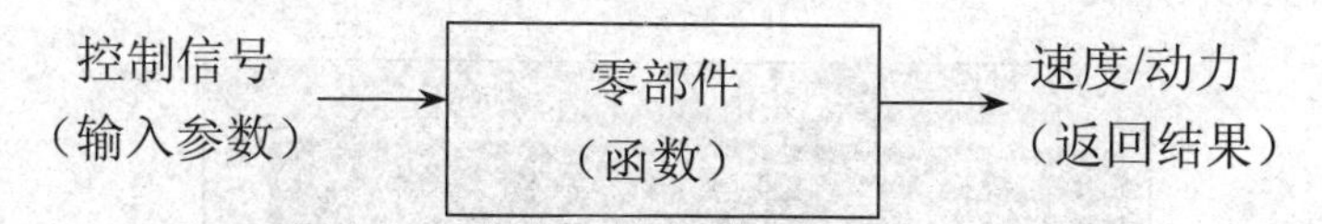

无参函数的一般形式为

```
类型说明符　函数名 ( )
{
说明语句部分
  执行语句部分
 }
```

类型说明符指明了本函数的类型，函数的类型就是函数返回值的类型。函数名是由用户定义的标识符，虽然无参数，但函数名后面的圆括号不可少。花括号中的内容称为函数体。说明语句是对函数体内部所要使用的变量类型或函数进行声明。一般情况下，无参函数如果没有返回值，函数类型说明符使用 void。

案例 2　输出图案

1. 问题描述

编写输出 n 个连续的任意字符的函数 p_string( )，并调用该函数输出一个“*”图案，每行25个，共4行。

2．编程分析

（1）p_string( )应是具有两个形参的函数。

（2）一个形参用于表示输出的字符个数，为int型。

（3）另一个形参用于表示输出的是哪个字符，为char型。

（4）由于p_string( )函数没有返回值要求，因此应定义为void型。

3．编写源程序

```
/* EX4_2.CPP */
#include <stdio.h>
void p_string(int intN,char charCh)
{
  int intI;
  for(intI=1;intI<= intN;intI++)
     printf("%c", charCh);
  return;
}
main( )                          /*下面是调用p_string( )函数输出上述图案的主函数：*/
{
  int intI;
  for(intI=1;intI<=4;intI++)
  {
    p_string(25,'*');            /* 函数调用 */
    printf("\n");
  }
}
```

4．运行结果

运行结果如图4-2所示。

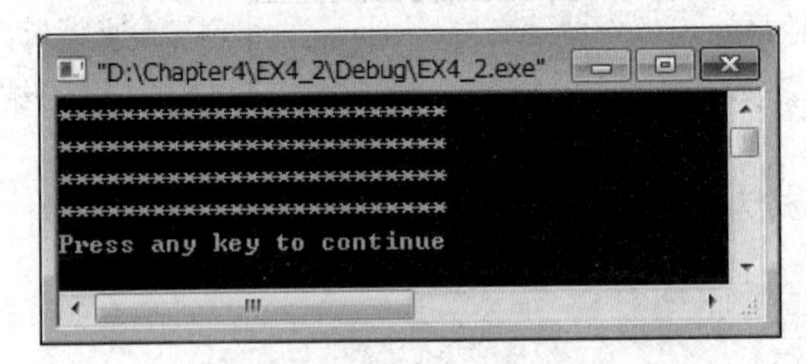

图4-2 案例2运行结果

5．归纳分析

有参函数的一般形式为

```
类型说明符 函数名 （形式参数表）
{
说明语句部分
执行语句部分
 }
```

形式参数表中给出的参数称为形式参数（简称形参或哑元），各参数要做类型说明，并且中间用逗号间隔。在进行函数调用时，主调函数将赋予这些形式参数实际的值。注意，主调函数在调用一个函数时，函数名后面括号中的参数称为实际参数（简称实参）。实参应与被调函数的形式参数在数量上、类型上、顺序上严格一致，否则会发生类型不匹配的错误。

案例3 参数值的互换

1. 问题描述

编写一个函数，完成 intA、itnB 两个值的交换。

2. 编写源程序

```
/* EX4_3.CPP */
#include <stdio.h>
void swap(int intA, int intB)
{
  int intTemp;
  intTemp=intA;
  intA=intB;
  intB=intTemp;
  printf("intA=%d,intB=%d\n",intA,intB);
}
main( )
{
  int  intX,intY;
  printf ("input intX,intY:");
  scanf ("%d,%d",&intX,&intY);
  swap(intX,intY);
  printf ("intX=%d,intY=%d\n",intX,intY);
}
```

3. 运行结果

运行结果如图4-3所示。

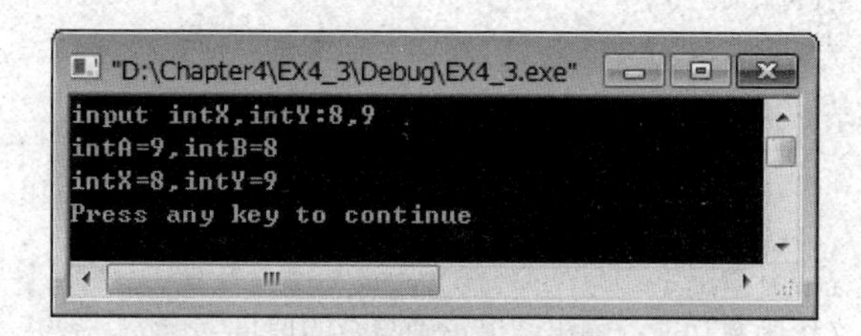

图4-3 案例3运行结果

4. 归纳分析

本程序中定义了一个函数 swap，该函数的功能是完成 intA、intB 两个值的交换。在主函数中输入 intX、intY 的值，作为实参，调用时按次序传送给函数 swap 的形参 intA、intB。在主函数中，用 printf 语句输出一次 intX、intY 的值，在函数 swap 中也用 printf 语句输出了一次 intA、intB 的值。从运行情况看，输入 8、9 到变量 intX、intY 中，即函数调用时实参的值分别为 8、9。实参把值传给函数 swap 的形参 intA、intB，也就是 intA 为 8，intB 为 9。执行函数 swap 过程中，形参 intA、intB 的值交换。但主函数里面 intX、intY 的结果保持不变，这说明实参的值不随形参的变化而变化。这是因为形参和实参在内存中是不同的单元，形参只有在函数调用的时候才被分配内存单元，并接受实参传递过来的结果，调用结束后就被释放，而实参则保持原值不变，如图 4-4 和图 4-5 所示。

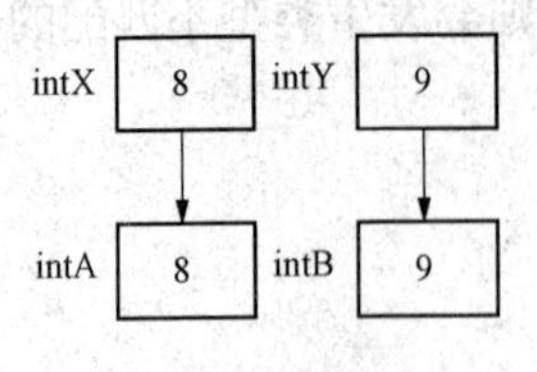

图 4-4 参数传递

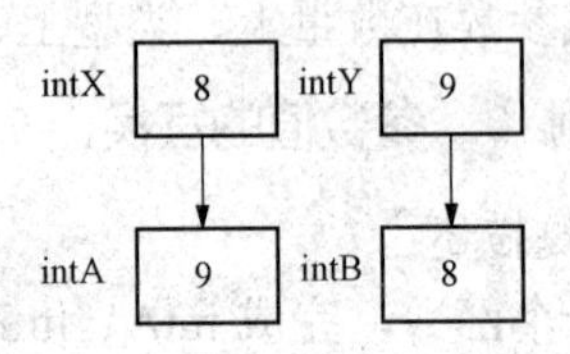

图 4-5 最终结果

案例 4 加法考试题

1．问题描述

通过输入两个加数给学生出一道加法运算题，如果输入答案正确，则显示“Right!”，否则显示“Not correct!”，程序结束。

2．编程分析

（1）函数功能：计算两个整型数之和，如果与用户输入的答案相同，则返回 1，否则返回 0。

（2）函数参数：整型变量 intA 和 intB，分别代表被加数和加数。

（3）函数返回值：当 intA 加 intB 的结果与用户输入的答案相同时，返回 1，否则返回 0。

3．编写源程序

```
/* EX4_4.CPP */
#include  <stdio.h>
int Add(int intA, int intB)
{
  int intAnswer;
  printf("%d+%d=", intA, intB);
  scanf("%d", &intAnswer);
  if (intA+intB == intAnswer)
    return 1;
  else
    return 0;
}
void  Print(int intFlag)
                  /* 函数功能：输出结果正确与否的信息
                  /* 函数参数：整型变量 intFlag,标志结果正确与否
                  /* 函数返回值：无 */
{
  if (intFlag)
      printf("Right!\n");
  else
      printf("Not correct!\n");
}
main( )
{
     int intA, intB, intAnswer;
     printf("Input intA,intB:");
     scanf("%d,%d", &intA, &intB);
     intAnswer = Add(intA, intB);
```

```
    Print (intAnswer);
}
```

4. 运行结果

运行结果如图4-6所示。

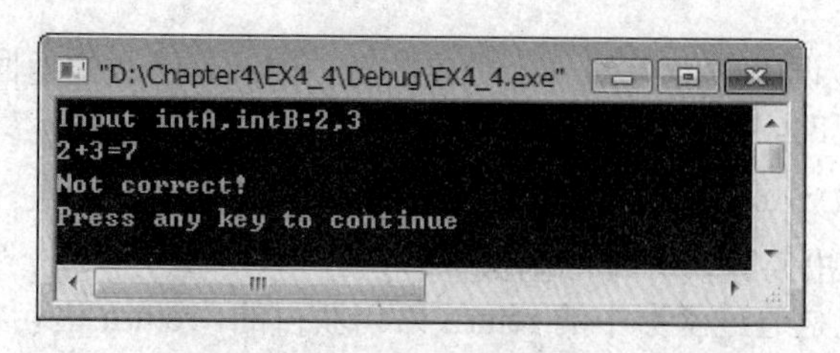

图4-6 案例4运行结果

5. 归纳分析

参数是函数调用时，进行信息传递的载体。在定义函数时函数名后面括号中的变量是形参，即形参出现在函数定义中。主调函数中调用一个函数时，函数名后面括号中的参数为实参数，即实参出现在主调函数中。

4.1.2 基础理论

1. 函数调用的格式

C语言的程序中是通过对函数的调用来执行函数体的，其过程与其他语言的子程序调用相似。C语言中，函数调用的一般形式为

```
函数名 (实际参数表)
```

无参函数调用时，则无实际参数表。实际参数表中的实际参数（简称为实参或实元）可以是常量、变量或表达式。各实参之间用逗号分隔。

在C语言中，可以用以下几种方式调用函数：

（1）函数表达式：函数作为表达式中的一项出现在表达式中，以函数返回值参与表达式的运算。这种方式要求函数是有返回值的。例如：z=max(intX，intY)是一个赋值表达式，把max的返回值赋予变量z。

（2）函数语句：函数调用的一般形式加上分号即构成函数语句。例如：

```
printf("%d",intA);scanf ("%d",&intB);
```

都是以函数语句的方式调用函数。

（3）函数实参：函数作为另一个函数调用的实际参数出现。这种情况是把该函数的返回值作为实参进行传送，因此要求该函数必须是有返回值的。

2. 函数的参数传递

函数的形参和实参具有以下特点。

（1）形参变量只有在被调用时才分配内存单元，在调用结束时，即刻释放所分配的内存单元。因此，形参只有在函数内部有效。函数调用结束返回主调函数后，则不能再使用该形参变量。

（2）实参可以是常量、变量、表达式、函数等，无论实参是何种类型的量，在进行函数调用时，它们都必须具有确定的值，以便把这些值传送给形参。因此，应预先用赋值、输入等办法使实参获得确定值。

（3）实参和形参在数量、类型、顺序上应严格一致，否则会发生“类型不匹配”的错误。

（4）函数调用中发生的数据传送是单向的，即只能把实参的值传送给形参，而不能把形参的值反向地传送给实参。因此，在函数调用过程中，形参的值发生改变，而实参中的值不会变化。

3. 函数的值

通过函数调用使主调函数能得到一个确定的值，这就是函数的返回值，函数返回值的功能是由return语句实现的。其使用形式如下：

```
return 表达式; 或 return (表达式);或 return ;
```

return的作用：退出函数，并带回函数值。

（1）函数的返回值是通过函数中的return语句获得的。return语句将被调函数中的一个确定值带回主调函数中去。一个函数中可以有一个以上的return语句，但最终执行的只有一个return语句。

（2）函数的数据类型即为函数返回值的类型。

（3）如果被调函数中没有return语句，函数带回一个不确定的值。为了明确表示不带回值，可以用void声明无类型（或称空类型）。

```
void swap(int  intA, int  intB)
{
  …
}
```

函数一旦被定义为空类型后，就禁止在主调函数中使用被调函数的函数值。为了使程序有良好的可读性并减少出错，凡不要求返回值的函数都应定义为空类型。

4. 函数的声明

函数声明是指在主调函数中，调用其他函数之前对该被调函数进行声明，就像使用变量之前要先进行变量声明一样。在主调函数中对被调函数作声明的目的是让编译系统对被调函数的合法性做全面声明。对被调函数的声明的一般形式为

```
类型说明符  函数名 (<类型><形参>,<类型><形参>…);
```

或为

```
类型说明符  函数名 (<类型>,<类型>…);
```

下列情况中，可以省去主调函数中对被调函数的函数声明：

（1）如果被调函数的返回值是整型或字符型，可以不对被调函数作说明，而直接调用。这时系统将自动对被调函数返回值按整型处理。

（2）如果被调函数的函数定义出现在主调函数之前，那么在主调函数中也可以不对被调函数再作声明而直接调用。

（3）如在所有函数定义之前，在函数外预先声明了各个函数的类型，则在以后的各主调函数中，可不再对被调函数作声明。例如：

```
char  message(char,char);          /*对函数做声明*/
float  add(float floatB);
main( )
{
  …
}
```

```
char message(char,char)          /*定义message函数*/
{
    …
}
float add(float floatB)          /*定义add函数*/
{
    …
}
```

注意：

（1）C 程序执行总是从 main 函数开始，调用其他函数后总是回到 main 函数，最后在 main 函数中结束整个程序的运行。

（2）一个 C 程序由一个或多个源（程序）文件组成——可分别编写、编译和调试。

（3）一个源文件由一个或多个函数组成，可为多个 C 程序公用。

（4）C 语言是以源文件为单位而不以函数为单位进行编译的。

（5）一个函数可以调用其他函数或其本身，但任何函数均不可调用 main 函数。

4.1.3 技能训练

【实验 4-1】编写函数求 intA!+ intB!+ intC!的值。

指 导

1. 编程分析

用 3 个功能相同的循环程序分别计算整数 intA、intB、intC 的阶乘，然后把计算出的值相加，并输出结果。

2. 编写源程序

```
/* EX4_5.CPP */
#include <stdio.h>
main( )
{
    int intA,intB, intC,intI;
    long longT,longSum;
    printf("input intA,intB, intC:");
    scanf("%d,%d,%d",&intA,&intB,& intC);
    for(longT=1,intI=1;intI<=intA;intI++)
        longT=longT*intI;
    longSum=longT;
    for(longT=1,intI=1;intI<=intB;intI++)
        longT=longT*intI;
    longSum+=longT;
    for(longT=1,intI=1;intI<=intC;intI++)
        longT=longT*intI;
    longSum+=longT;
    printf("LONGSUM=%ld\n",longSum);
}
```

EX4_5.CPP 用了 3 个功能相同的程序段分别计算整数 intA、intB、intC 的阶乘，这使得程序在结构上很松散，不够紧凑。

如果现在有一个专门求 intN！的函数 rfact（intN）可以使用，就能把 EX4_5.CPP 程序变得很简洁。

```
/* EX4_6.CPP */
#include <stdio.h>
long rfact(int intN)
{
    long longT;
    int intI;
    for(longT=1,intI=1;intI<=intN;intI++)
        longT*=intI;
        return(longT);
}
main( )
{
    int intA,intB, intC,intI;
    printf("input intA,intB, intC:");
    scanf("%d,%d,%d",&intA,&intB,&intC);
    printf("longSum=%ld\n",rfact(intA)+rfact(intB)+rfact(intC));
}
```

3. 运行结果

在 Visual C++集成环境中输入上述程序，文件存成 EX4_6.CPP。可得到运行结果如图 4-7 和图 4-8 所示。

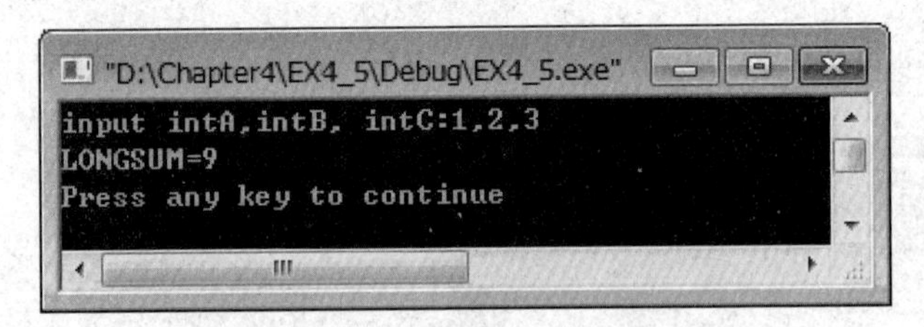

图 4-7 运行结果

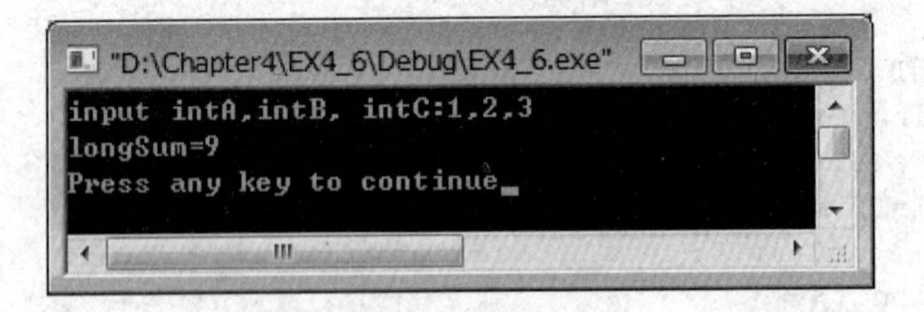

图 4-8 运行结果

【实验 4-2】通过输入两个加数给学生出一道加法运算题，如果输入答案正确，则显示"Right!"，否则提示重做，显示"Not correct.Try again!"，最多给三次机会，如果三次仍未做对，则显示"Not correct! You have tried three times! Test over!"，程序结束。

指 导

1. 编程分析

（1）函数功能：计算两整型数之和，如果与用户输入的答案相同，则返回 1；否则返回 0。

(2) 函数参数：整型变量 intA 和 intB，分别代表被加数和加数。

(3) 函数返回值：当 intA 加 intB 的结果与用户输入的答案相同时；返回 1；否则返回 0。

2. 编写源程序

```
/* EX4_7.CPP */
#include <stdio.h>
int Add(int intA, int intB)
{
    int intAnswer;
    printf("%d+%d=", intA, intB);
    scanf("%d", &intAnswer);
    if (intA+intB == intAnswer)
        return 1;
    else
        return 0;
}
void Print(int intFlag, int intChance)
     /* 函数功能：输出结果正确与否的信息 */
     /* 函数参数：整型变量 intFlag,标志结果正确与否;整型变量 intChance,表示同一道题已经做了几次还没有做对 */
     /*函数返回值：无 */
{
    if (intFlag)
        printf("Right!\n");
    else if (intChance < 3)
        printf("Not correct. Try again!\n");
    else
        printf("Not correct. You have tried three times!\nTest over!\n");}
main( )
{
    int intA, intB, intAnswer, intChance;
    printf("Input intA,intB:");
    scanf("%d,%d", &intA, &intB);
    intChance = 0;
    do
    {
        intAnswer = Add(intA, intB);
        intChance++;
        Print(intAnswer, intChance);
    }
    while ((intAnswer == 0) && (intChance < 3));
}
```

3. 运行结果

运行结果如图 4-9 所示。

4. 思考

如果要求将整数之间的四则运算题改为实数之间的四则运算题，那么程序该如何修改呢？请修改程序，并上机测试程序运行结果。

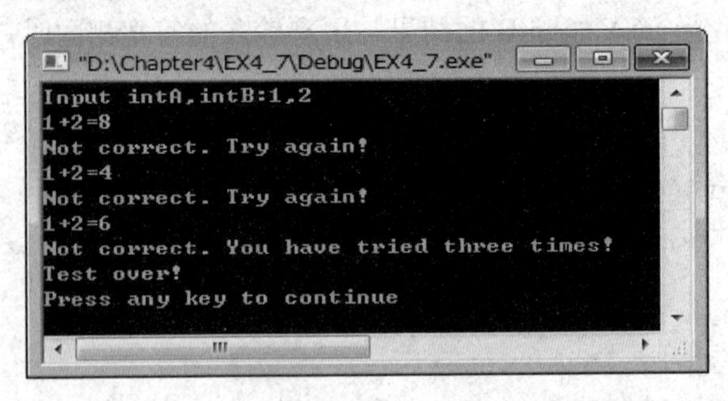

图 4-9 运行结果

【实验 4-3】 通过计算机随机产生 10 道四则运算题，两个操作数为 1～10 的随机数，运算类型为随机产生的加、减、乘、整除中的任意一种，如果输入答案正确，则显示“Right!”，否则显示“Not correct!”，不给机会重做，10 道题做完后，按每题 10 分统计总得分，然后打印出总分和做错题数。

1. 编程分析

（1）函数功能：对两数进行加、减、乘、除四则运算，如果用户输入的答案与结果相同，则返回 1，否则返回 0。

（2）函数参数：整型变量 intA 和 intB，分别代表参加四则运算的两个操作数。

（3）整型变量 intOp，代表运算类型，当 intOp 值为 1，2，3，4 时，分别执行加、减、乘、整除运算。

（4）函数返回值：当用户输入的答案与结果相同时，返回 1，否则返回 0。

2. 编写源程序

```
/* EX4_8.CPP */
#include <stdio.h>
#include <stdlib.h>
#include <time.h>
int Compute(int intA, int intB, int intOp) /**/
{
    int  intAnswer,intResult;
    switch (intOp)
    {
    case 1:printf("%d + %d=", intA, intB);
           intResult = intA + intB;
           break;
    case 2:printf("%d - %d=", intA, intB);
           intResult = intA - intB;
           break;
    case 3:printf("%d * %d=", intA, intB);
           intResult = intA * intB;
           break;
    case 4:if (intB != 0)
              {
              printf("%d / %d=", intA, intB);
```

```
            intResult = intA / intB;  /*注意这里是整数除法运算,结果为整型*/
          }
        else
          {
            printf("Division by zero!\n");
          }
          break;
    default:printf("Unknown operator!\n");
          break;
    }
    scanf("%d", &intAnswer);
    if (intResult == intAnswer)
       return 1;
    else
       return 0;
}
void Print(int intFlag)
    /* 函数功能：输出结果正确与否的信息 */
    /* 函数参数：整型变量 intFlag,标志结果正确与否 */
    /* 函数返回值：无*/
{
    if (intFlag)
       printf("Right!\n");
    else
       printf("Not correct!\n");
}
main( )
{
    int  intA, intB, intAnswer,intError, intScore, intI, intOp;
    srand(time(NULL));
    intError= 0;
    intScore = 0;
    for (intI=0; intI<10; intI++)
    {
       intA = rand( )%10 + 1;
       intB = rand( )%10 + 1;
       intOp = rand( )%4 + 1;
       intAnswer = Compute(intA, intB, intOp);
       Print(intAnswer);
       if (intAnswer == 1)
           intScore = intScore + 10;
       else
           intError++;
    }
    printf("intScore = %d,intError intNumbers = %d\n", intScore,intError);
}
```

3. 运行结果

在 Visual C++集成环境中输入上述程序，文件存成 EX4_8.CPP。运行结果如图 4-10 所示。

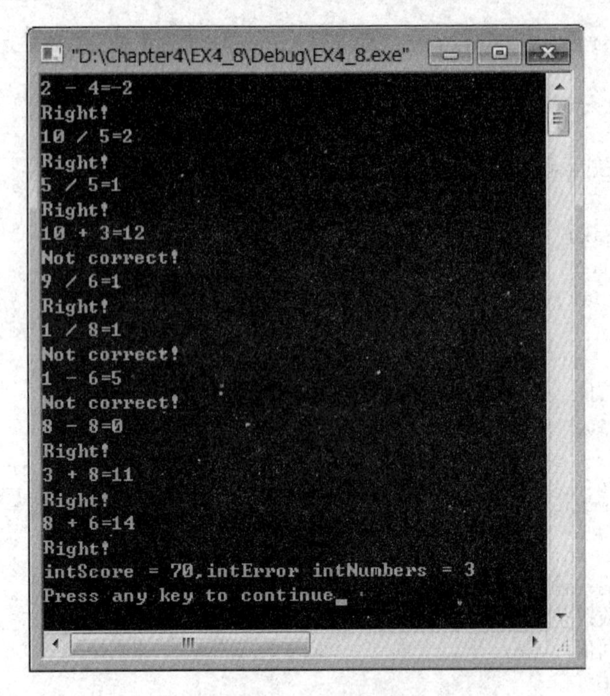

图 4-10 运行结果

4. 思考

如果要求将整数之间的四则运算题改为实数之间的四则运算题，那么程序该如何修改呢？请修改程序，并上机测试程序运行结果。

4.1.4 拓展与练习

【练习 1】编写程序求 4 个数中最大数和最小数的平均值。

```
/* EX4_9.CPP */
#include <stdio.h>
float rmin2(float floatX,float floatY);     /* 求两个数中最小数的函数声明 */
float rmax2(float floatX,float floatY);     /* 求两个数中最大数的函数声明 */
float aver(float floatX,float floatY);      /* 求两个数的平均值的函数声明 */
main( )
{
    float floatA,floatB,floatC,floatD,floatMax,floatMin;
    printf("input floatA,floatB,floatC,floatD: ");
    scanf("%f,%f,%f,%f",&floatA,&floatB,&floatC,&floatD);
    floatMax=rmax2(rmax2(floatA,floatB),rmax2(floatC,floatD));
                                            /* 求 4 个数中的最大值 */
    floatMin=rmin2(rmin2(floatA,floatB),rmin2(floatC,floatD));
                                            /* 求 4 个数中的最小值 */
    printf("average=%f\n",aver(floatMax,floatMin));
}
    float rmin2(float floatX,float floatY)  /* 求最小数函数 */
{
    return(floatX<floatY?floatX:floatY);
}
```

```
    float rmax2(float floatX,float floatY)       /* 求最大数函数 */
{
    return(floatX>floatY?floatX:floatY);
}
    float aver(float floatX,float floatY)        /* 求平均值函数 */
{
    return((floatX+floatY)/2.0);
}
```

上机运行程序，并分析图 4-11 的运行结果。

图 4-11　运行结果

【练习 2】通过输入两个加数给学生出一道加法运算题，如果输入答案正确，则显示“Right!”，否则显示“Not correct.Try again!”，直到做对为止。

```
/* EX4_10.CPP */
#include  <stdio.h>
int Add(int intA, int intB)
   /* 函数功能：计算两整型数之和,如果与用户输入的答案相同,则返回 1;否则返回 0*/
   /* 函数参数：整型变量 intA 和 intB,分别代表被加数和加数*/
   /* 函数返回值：当 intA 加 intB 的结果与用户输入的答案相同时,返回 1;否则返回 0*/
{
    int intAnswer;
    printf("%d+%d=", intA, intB);
    scanf("%d", &intAnswer);
    if (intA+intB ==intAnswer)
        return 1;
    else
        return 0;
}
void Print(int intFlag)
/* 函数功能：输出结果正确与否的信息*/
/* 函数参数：整型变量 intFlag,标志结果正确与否*/
/* 函数返回值：无*/
{
    if (intFlag)
        printf("Right!\n");
    else
        printf("Not correct. Try again!\n");
}
main( )
{
    int intA, intB,intAnswer;
    printf("Input intA,intB:");
```

```
    scanf("%d,%d", &intA, &intB);
    do
    {
    intAnswer = Add(intA, intB);
    Print(intAnswer);
    }while (intAnswer == 0);
}
```

上机运行程序，并分析图 4-12 的运行结果。

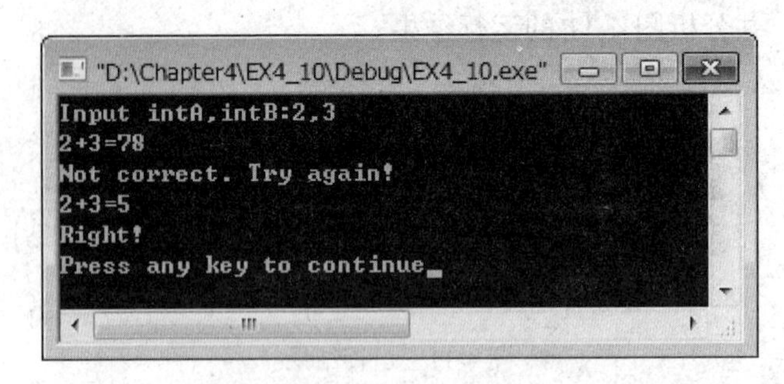

图 4-12　运行结果

【练习 3】 连续做 10 道题，通过计算机随机产生两个 1～10 的加数给学生出一道加法运算题，如果输入答案正确，则显示“Right!”，否则显示“Not correct!”，不给机会重做，10 道题做完后，按每题 10 分统计总得分，然后输出总分和做错的题数。

```
/* EX4_11.CPP */
#include <stdio.h>
#include <stdlib.h>
#include <time.h>
int Add(int intA, int intB)
 /* 函数功能：计算两个整型数之和,如果与用户输入的答案相同,则返回 1;否则返回 0*/
 /* 函数参数：整型变量 intA 和 intB,分别代表被加数和加数*/
 /* 函数返回值：当 intA 加 intB 的结果与用户输入的答案相同时,返回 1;否则返回 0*/
{
    int intAnswer;
    printf("%d+%d=", intA, intB);
    scanf("%d", &intAnswer);
    if (intA+intB == intAnswer)
        return 1;
    else
        return 0;
}
void Print(int intFlag)
/* 函数功能：输出结果正确与否的信息*/
/* 函数参数：整型变量 intFlag,标志结果正确与否*/
/* 函数返回值：无*/
{
    if (intFlag)
        printf("Right!\n");
    else
        printf("Not correct!\n");
```

```
}
main( )
{
   int intA, intB, intAnswer,intError, intScore, intI;
   srand(time(NULL));
   intError= 0;
   intScore = 0;
   for (intI=0; intI<10; intI++)
{
   intA = rand( )%10 + 1;
   intB = rand( )%10 + 1;
   intAnswer = Add(intA, intB);
   Print(intAnswer);
   if (intAnswer == 1)
      intScore = intScore + 10;
   else
      intScore++;
   }
   printf("intScore = %d,intError intNumbers = %d\n", intScore,intError);
}
```

上机运行程序，并分析图 4-13 的运行结果。

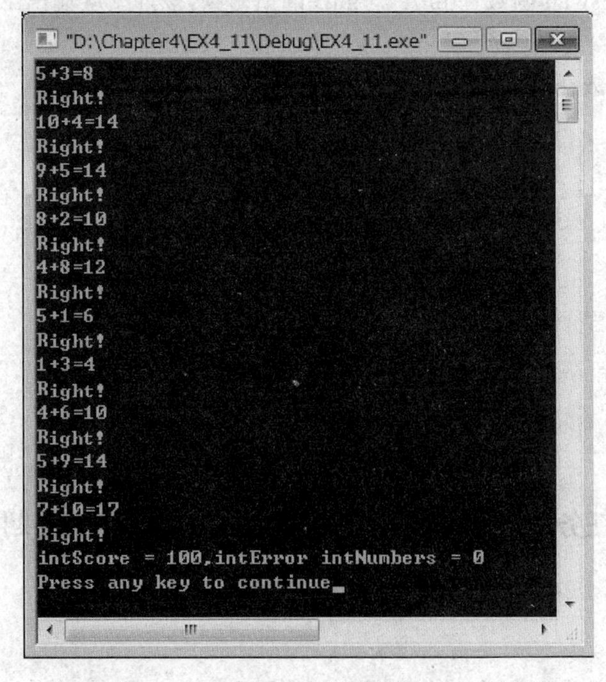

图 4-13 运行结果

4.1.5 编程规范与常见错误

1. 编程规范

（1）一个函数可以调用其他函数或其本身，但任何函数均不可调用 main 函数。

（2）参数的书写要完整，不要贪图省事只写参数的类型而省略参数名字。

（3）参数命名要恰当，顺序要合理。

（4）避免函数有太多的参数，参数个数尽量控制在5个以内。如果参数太多，在使用时容易将参数类型或顺序搞错。

（5）尽量不要使用类型和数目不确定的参数。

2. 常见错误

（1）误解形参值的变化会影响实参的值。例如：

```
#include <stdio.h>
void swap(int,int);                    //函数声明
int main()
{
    int intA=1,intB=3;
    swap(intA,intB);
    printf("intA=%d,intB=%d\n",intA,intB);
}
void swap(int intX,int intY)        //定义函数
{
    int intM;
    intM=intX; intX=intY; intY=intM;
}
```

原意想通过调用swap函数使intA与intB的值对换，然而，从输出结果可知，intA和intB的值并未进行交换。

（2）所调用的函数在调用前未定义。例如：

```
main( )
{
    float floatA=1, floatB=2, floatC;
    floatC=fun(floatA,floatB);
        …
 }
 float fun(float floatX, float floatY)
{
    floatX++; floatY++;
        …
}
```

任务2 函数和数组，变量的作用域和生存期

掌握函数和数组的概念及其应用，领会变量的作用域和生存期。

4.2.1 案例讲解

案例1 课程平均成绩

1. 问题描述

数组floatArrSco中存放了5位学生的C语言课程成绩，求此课程的平均成绩。

2. 编程分析

定义了一个实型函数 aver，一个形参为实型数组 floatArr，长度为 5。在函数 aver 中，各元素值相加求出平均值，返回给主函数。主函数首先完成数组 floatArrSco 的输入，然后以 floatArrSco 作为实参调用 aver 函数，函数返回值送 floatAv，最后输出 floatAv 的值。

3. 编写源程序

```
/* EX4_12.CPP */
#include <stdio.h>
float aver(float floatArr[5])
{    int intI;
    float floatAv,floatS=floatArr[0];
    for(intI=1;intI<5;intI++)
      floatS=floatS+floatArr[intI];
    floatAv=floatS/5;
    return floatAv;
}
main( )
{   float floatArrSco[5],floatAv;
    int intI;
    printf("input 5 floatArrScores:\n");
    for(intI=0;intI<5;intI++)
      scanf("%f",&floatArrSco[intI]);
    floatAv=aver(floatArrSco);
printf("average floatArrScore is %5.2f",floatAv);
printf("\n");
}
```

4. 运行结果

运行结果如图 4-14 所示。

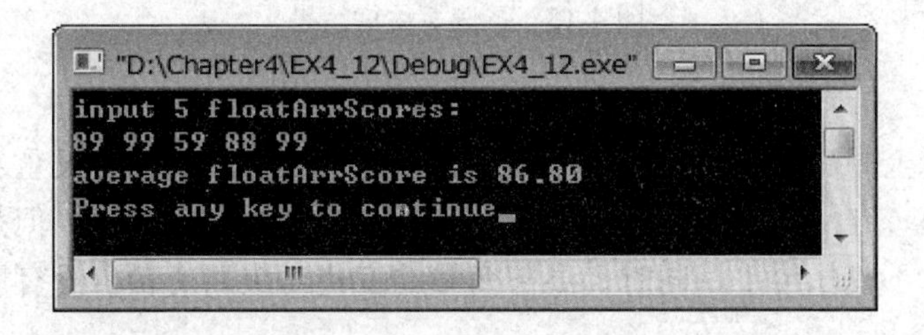

图 4-14 案例 1 运行结果

5. 归纳分析

用数组名作函数参数时，则要求形参和相对应的实参都必须是类型相同的数组，都必须有明确的数组声明。当形参和实参二者不一致时，即会发生错误。

前面已经讨论过，在变量作函数参数时，所进行的值传送是单向的。即只能从实参传向形参，不能从形参传回实参。形参的初值和实参相同，而形参的值发生改变后，实参并不变化，两者的终值是不同的。而当用数组名作函数参数时，情况则不同。由于实际上形参和实参为同一数组，因此当形参数组发生变化时，实参数组也随之变化。当然，这种情况不能理解为发生了“双向”的值传递。但从实际情况来看，调用函数之后实参数组的值将由于形参数组值的变化而变化。

案例 2　变量的作用范围

1. 问题描述

全局变量和局部变量的作用域。

2. 编写源程序

```
/* EX4_13.CPP */
#include <stdio.h>
int intA=3,intB=5;
sub(int intX)
{
    int intA;
    intA=intX;
}
main( )
{
    int intB=8;
    sub(intB);
    printf("intA=%d,intB=%d",intA,intB);
    printf("\n");
}
```

局部变量 intA、intX 的作用域

局部变量 intB 的作用域

全局变量 intA、intB 的作用域

3. 运行结果

运行结果如图 4-15 所示。

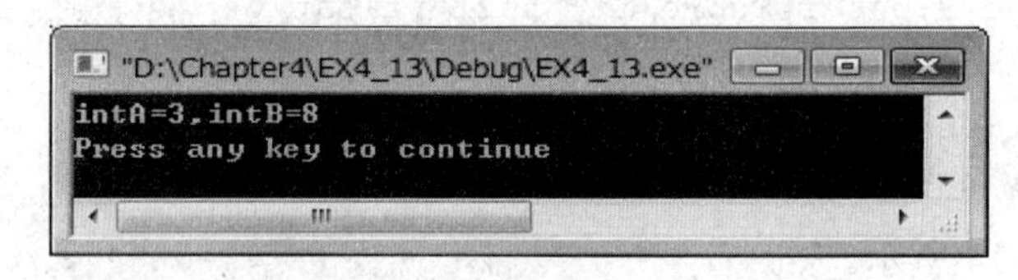

图 4-15　案例 2 运行结果

4. 归纳分析

本程序定义了全局变量 intA、intB，在函数 sub 和主函数 main 中又重新定义了局部变量 intA、intB；全局变量的作用范围虽然是从定义的位置开始到程序结束，但是遇到同名的局部变量以后，它们就不起作用了，同时，局部变量的变化对全局变量也没有影响。所以程序的输出结果应该是 3，8。

4.2.2　基础理论

1. 函数和数组

要把整个数组传递给函数，在调用函数时，列出数组的名字而不带任何下标。假定说明 intArrGrade_Scores 是一个包含 100 个元素的数组，即 int intArrGrade_Scores[100]，那么语句：

```
minimum(intArrGrade_Scores);
```

会把包括在数组 intArrGrade_Scores 中的全部 100 个元素值送到叫做 minimum 的函数中。当然，minimum 函数必须声明，它需要一个数组类型的参数值。其定义如下：

```
int minimum(int intArrValues[100]){... };
```

上面的声明把 minimum 定义为返回 int 型值，要求一个含 100 个元素的数组作为参数的函数。如果在 minimum 内部引用 intArrValues[4]，引用的就是 intArrGrade_Scores [4]的值。请注意 intArrValues 和 intArrGrade_Scores 引用的是同一块内存区，这就是传递数组参数的实质。

2. 变量的作用域

所谓变量的作用域，就是变量的作用范围，也可以说是变量的有效性范围。C 语言中的变量，按作用域范围可分为两种：局部变量和全局变量。

（1）局部变量。局部变量也称为内部变量。局部变量是在函数内作定义声明的。其作用域仅限于函数内，离开该函数后再使用这种变量是非法的。例如：

```
int f1(int intA) /*函数 f1*/    ┐
{                               │
int intB,intC;                  ├ intA、intB、intC 作用域
…                               │
}                               ┘
int f2(int intX) /*函数 f2*/    ┐
{                               ├ intX、intY、intZ 作用域
   int intY, intZ;              │
}                               ┘
main( )      ┐
{            ├ intM、intN 作用域
int intM,intN;┘
}
```

在函数 f1 内定义了三个变量，intA 为形参，intB、intC 为一般变量。在 f1 的范围内 intA、intB、intC 有效，或者说 intA、intB、intC 变量的作用域限于 f1 内。同理，intX、intY、intZ 的作用域限于 f2 内。intM、intN 的作用域限于 main 函数内。关于局部变量的作用域还要说明以下几点：

1）主函数中定义的变量也只能在主函数中使用，不能在其他函数中使用。同时，主函数中也不能使用其他函数中定义的变量。因为主函数也是一个函数，它与其他函数是平行关系。这一点是与其他语言不同的，应予以注意。

2）形参变量是属于被调函数的局部变量，实参变量是属于主调函数的局部变量。

（2）全局变量。所谓全局变量，是指在函数之外定义的变量。全局变量的定义位置可以在所有函数之前，也可以在各个函数之间。当然从理论上讲，也可以在所有函数之后（但实际应用中很少用）。一般情况下，全局变量的作用范围是从定义全局变量的位置起到本源程序结束止。例如：

```
int intX,intY, intZ;
float f1(float floatA,float floatB)
{
  …
}
char charCh1, charCh2;
int f2( int intM)
{
  …
}
double doubleT, doubleP
main( )
{
```

/* doubleT、doubleP 均是全局变量 */

/* charCh1、charCh2 均是全局变量 */

/* intX、intY、intZ 均是全局变量 */

```
    ...
}
```

说明：

1）在 f1 函数中，可以使用全局变量 intX、intY、intZ；在 f2 函数中，可以使用全局变量 intX、intY、intZ 和 charCh1、charCh2；在 main 函数中，可以使用所有定义的全局变量，即 intX、intY、intZ、charCh1、charCh2、doubleT、doubleP。

2）全局变量可以和局部变量同名，当局部变量有效时，同名的全局变量不起作用。

3）因为全局变量的定义位置都在函数之外（且作用域范围较广，不局限于一个函数内），所以全局变量又可称为外部变量。

4）使用全局变量可以增加各个函数之间数据传输的渠道，即在某个函数中改变一个全局变量的值，就可能影响到其他函数的执行结果。但它会使函数的通用性降低，使程序的模块化、结构化变差，所以应慎用、少用全局变量。

3. 变量的生命期

所谓变量的生命期，就是指变量占用内存空间的时间，也可以称为变量的存储方式。按照生命期，C 语言中的变量可以以静态和动态两种方式建立。

静态存储通常是在变量定义时就分配固定的存储单元，并一直保持不变，直至整个程序结束。动态存储是在程序执行过程中，使用它的时候才分配存储单元，使用完毕就立即释放。

生命期和作用域是从不同的角度来描述变量的特性的，一个变量的属性不能仅从其作用域来判断，还应有明确的存储类型声明。

在C语言中，对变量的存储类型声明有四种：auto（自动变量）、register（寄存器变量）、extern（外部变量）、static（静态变量）。

自动变量和寄存器变量属于动态存储，外部变量和静态变量属于静态存储。在了解了变量生命期的性质以后，变量的声明就可以完整的表达为

```
存储类型说明符   数据类型说明符   <变量名>,<变量名>…;
```

例如：

```
static int intX,intY;                     /*定义 intX、intY 为静态整型变量*/
auto char charCh1, charCh2;               /*定义 charCh1、charCh2 为自动字符变量*/
static float floatArrNum[3]={1,2,3};      /*定义 floatArrNum 为静态实型数组*/
extern int intA,intB;                     /* 定义 intA、intB 为外部整型变量*/
```

（1）自动变量。以前在定义变量的时候，都没有涉及生命期的使用，这是因为 C 语言中规定，函数内凡未加存储类型声明的变量均视为自动变量，即 auto 可以省略。例如：int intX，intY，intZ; 等价于 auto int intX，intY，intZ。

（2）外部变量。外部变量就是全局变量，是对同一类变量的不同表述的提法。全局变量是从它的作用域的角度提出的，外部变量从它的存储方式提出的，表示了它的生命期。

说明：

1）如果在定义全局变量的位置之前就想使用该变量，那么就要用 extern 对该变量作外部变量声明。

2）如果一个源程序由若干个源文件组成，在一个源文件中想使用在其他源文件中已经定义的外部变量，则需用 extern 对该变量作外部变量声明。

（3）静态变量。静态变量有两种：静态局部变量和静态全局变量。

静态局部变量在定义局部变量的时候加上 static 说明符就构成静态局部变量。例如：

```
static int intX,intY;
static float floatArr[6]={1,2,3,4,5,6};
```

说明：

1）静态局部变量在程序开始执行的时候就始终存在着，也就是说它的生命期为整个源程序。

2）静态局部变量的生命期虽然为整个源程序，但是其作用域仍与自动变量相同，即只能在定义该变量的函数内使用该变量。退出该函数后，尽管该变量还继续存在，但不能被其他函数使用。

3）静态局部变量的初始化是在编译时进行的。在定义时，用常量或者是常量表达式进行赋值。未赋初值的，编译时，则由系统自动赋以 0 值。

4）在函数被多次调用的过程中，静态局部变量的值具有可继承性。

（4）寄存器变量。我们经常把频繁使用的变量定义为 register，把它放到 CPU 的一个寄存器中。这种变量使用时不需要访问内存，而直接从寄存器中读写。由于对寄存器的读写速度远高于对内存的读写速度，因此这样做可以提高程序的执行效率。

说明：

1）在 Turbo C、MS C 等微机上使用的 C 语言中，实际上是把寄存器变量当成自动变量处理的。寄存器变量和自动变量具有相同的性质，都属于动态存储方式。

2）只有局部自动变量和形参可以定义为寄存器变量，需要采用静态存储方式的变量不能定义为寄存器变量。

3）由于 CPU 中寄存器的数目有限，因此不能随意定义寄存器变量的个数。

4.2.3　技能训练

【实验 4-4】静态局部变量。

指 导

1. 编程分析

在函数 f 中定义一个静态局部变量 intJ，在主函数中 5 次调用函数 f，注意观察静态局部变量 intJ 的变化。

2. 编写源程序

```
/* EX4_14.CPP */
#include <stdio.h>
main( )
{
    int intI;
    void f( );                          /* 函数声明 */
    for(intI=1;intI<=5;intI++)
        f( );                           /* 函数调用 */
}
void f( )                               /* 函数定义 */
{
    static int intJ=0;
```

```
    ++intJ;
    printf("%d\n",intJ);
}
```

3. 运行结果

在 Visual C++集成环境中输入上述程序，文件存成 EX4_14.CPP。写出程序的运行结果，并对该程序的每个输出结果（图 4-16）进行分析。

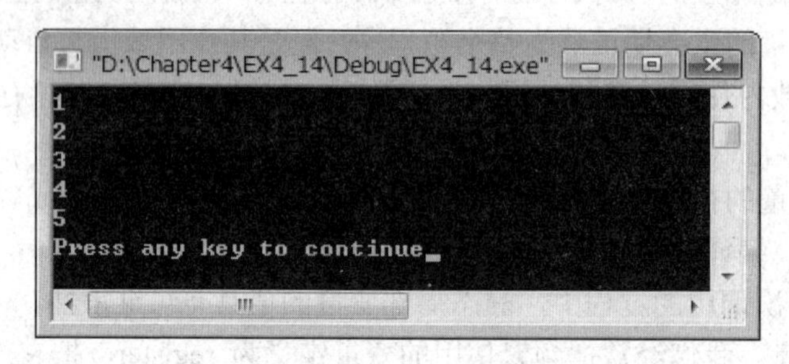

图 4-16　实验 4-4 运行结果

由于 intJ 为静态变量，能在每次调用后保留其值并在下一次调用时继续使用，所以输出值成为累加的结果。

【实验 4-5】从键盘输入一个班（全班最多不超过 30 人）学生某门课的成绩，当输入成绩为负值时，输入结束，分别实现下列功能：

（1）统计不及格人数并输出不及格学生名单。

（2）统计成绩在全班平均分及平均分之上的学生人数，并输出这些学生的名单。

（3）统计各分数段的学生人数及所占的百分比。

指 导

1. 编程分析

（1）用 longArrNum [intI]存放第 intI+1 个学生的学号，用 floatArrScore[intI]存放第 intI+1 个学生的成绩。设置计数器 intCount，当 floatArrScore[intI]<60 分时，计数器 intCount 计数一次，并打印 longArrNum [intI]和 floatArrScore[intI]。

（2）先计算全班平均分 floatAver，当第 intI 个学生的成绩 floatArrScore[intI]>=floatAver 时，打印 longArrNum [intI]和 floatArrScore[intI]。

（3）将成绩分为六个分数段，60 分以下为第 0 段，60～69 分为第 1 段，70～79 分为第 2 段，80～89 分为第 3 段，90～99 分为第 4 段，100 分为第 5 段，因此，成绩与分数段的对应关系为：各分数段的学生人数保存在数组 intArrStu 中，用 intArrStu [intI]存放第 intI 段的学生人数。对于每个学生的成绩，先计算出该成绩所对应的分数段，然后将相应的分数段的人数加 1，即 intArrStu [intI]++。

2. 编写源程序

```
/*EX4_15.CPP*/
#include  <stdio.h>
#define ARR_SIZE 30
int ReadScore(long longArrNum[ ],float floatArrScore[ ]);
int GetFail(long longArrNum[ ],float floatArrScore[ ],int n);
```

```
float GetAver(float floatArrScore[ ],int n);
int GetAboveAver(long longArrNum[ ],float floatArrScore[ ],int n);
void GetDetail(float floatArrScore[ ],int intN);
main( )
{
   int intN,intFail,intAboveAver;
   float floatArrScore[ARR_SIZE];
   long longArrNum[ARR_SIZE];
   printf("Please enter longArrNum and floatArrScore until floatArrScore<0:\n");
   intN = ReadScore(longArrNum,floatArrScore);
   printf("Total students:%d\n",intN);
   intFail = GetFail(longArrNum,floatArrScore,intN);
   printf("IntFail students = %d\n",intFail);
   intAboveAver = GetAboveAver(longArrNum,floatArrScore,intN);
   printf("Above aver students = %d\n",intAboveAver);
   GetDetail(floatArrScore,intN);
}
int ReadScore(long longArrNum[ ], float floatArrScore[ ])
/*函数功能：从键盘输入一个班学生某门课的成绩及其学号，当输入成绩为负值时，输入结束*/
/*函数参数： 长整型数组longArrNum，存放学生学号；实型数组floatArrScore，存放学生成绩*/
/*函数返回值：学生总数*/
{
int intI = 0;
scanf("%ld%f", &longArrNum[intI], &floatArrScore[intI]);
while (floatArrScore[intI] >= 0)
{
   intI++;
   scanf("%ld%f", &longArrNum[intI], &floatArrScore[intI]);
}
return intI;
}
int GetFail(long longArrNum[ ], float floatArrScore[ ], int intN)
/*函数功能：统计不及格人数并输出不及格名单*/
/*函数参数：长整型数组longArrNum，存放学生学号；实型数组floatArrScore，存放学生成绩；
整型变量intN，存放学生总数*/
/*函数返回值：不及格人数*/
{
int intI, intCount;
printf("IntFail:\nlongArrNumber--floatArrScore\n");
intCount = 0;
for (intI=0; intI<intN; intI++)
{
   if (floatArrScore[intI] < 60)
     {
      printf("%ld------%.0f\n", longArrNum[intI], floatArrScore[intI]);
      intCount++;
     }
}
return intCount;
}
  float GetAver(float floatArrScore[ ], int intN)
/*函数功能：计算全班平均分
函数参数：实型数组floatArrScore，存放学生成绩；整型变量intN，存放学生总数
```

```
函数返回值：平均分*/
{
    int intI;
    float floatSum = 0;
    for (intI=0; intI<intN; intI++)
    {
        floatSum = floatSum + floatArrScore[intI];
    }
    return floatSum/intN;
}
  int GetAboveAver(long longArrNum[ ], float floatArrScore[ ], int intN)
/*函数功能：统计成绩在全班平均分及平均分之上的学生人数并输出其学生名单*/
/*函数参数：长整型数组longArrNum，存放学生学号；实型数组floatArrScore，存放学生成绩；
整型变量intN，存放学生总数*/
/*函数返回值：成绩在全班平均分及平均分之上的学生人数*/
{
int intI, intCount;
float floatAver;
floatAver = GetAver(floatArrScore, intN);
printf("floatAver = %f\n", floatAver);
printf("Above floatAver:\nlongArrNumber--floatArrScore\n");
intCount = 0;
for (intI=0; intI<intN; intI++)
  {
    if (floatArrScore[intI] >= floatAver)
      {
        printf("%ld------%.0f\n", longArrNum[intI], floatArrScore[intI]);
        intCount++;
      }
    }
    return intCount;
}
void GetDetail(float floatArrScore[ ], int intN)
/*函数功能：统计各分数段的学生人数及所占的百分比*/
/*函数参数：实型数组floatArrScore，存放学生成绩；整型变量intN，存放学生总数*/
/*函数返回值：无*/
{
  int  intI, intJ, intArrStu[6];
  for (intI=0; intI<6; intI++)
{
    intArrStu[intI]=0;
}
    for (intI=0; intI<n; intI++)
    {
      if (floatArrScore[intI] < 60)
      {
         intJ = 0;
    }
    else
    {
        intJ = ((int)floatArrScore[intI] -50) / 10;
    }
    intArrStu[intJ]++;
```

```
    }
    for (intI=0; intI<6; intI++)
    {
    if (intI == 0)
    {
      printf("<  60  %d  %.2f%%\n" , intArrStu[intI] , (float)intArrStu[intI]/
(float)intN*100);
    }
    else if (intI == 5)
    {
      printf(" %d %d %.2f%%\n",(intI+5)*10,intArrStu[intI],(float)intArrStu[intI]/
(float)intN*100);
    }
    else
     {
      printf("%d%d  %d  %.2f%%\n", (intI+5)*10,(intI+5)*10+9,intArrStu[intI],
(float)intArrStu[intI]/(float)intN*100);
        }
      }
    }
```

3. 运行结果

在 Visual C++集成环境中输入上述程序，文件存成 EX4_15.CPP。运行结果如图 4-17 所示。

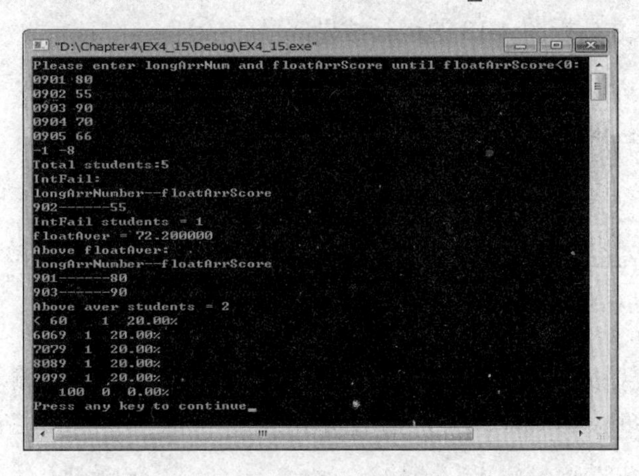

图 4-17 实验 4-5 运行结果

4.2.4 拓展与练习

【练习 1】将大于整数 intM 且紧靠 intM 的 k 个素数输出。

提示：本练习的算法是从 intM+1 开始，判断 intM+1、intM+2、…是否为素数，如果为素数做一次记录，直到素数的个数为 intK，在统计素数的个数时，采取 intK 值递减的方式，当 intK 等于 0 时结束循环，当然也可以采取其他算法。

```
/*EX4_16.CPP*/
#include <stdio.h>
void jsValue(int intM,int intK,int intArrX[ ])
{
   int intI,intJ,intS=0;
```

```
        for(intI=intM+1;intK>0;intI++)
        {
            for(intJ=2;intJ<intI;intJ++)
            if(intI%intJ==0)
            /* 素数为只能被自己和1整除的数。如果intI%intJ等于0,说明intI不是素数,跳出本
层循环 */
            break;
        if(intI==intJ)
        {intArrX[intS++]=intI;intK--;
         }
      }
    }
    main( )
    {
        int intM,intN,intArrZ[100];
            printf("请输入两个整数: ");
            scanf("%d%d",&intM,&intN);
            jsValue(intM,intN,intArrZ);
            for(intM=0;intM<intN;intM++)
            printf("%d  ",intArrZ[intM]);
            printf("\n");
    }
```

上机运行程序，并分析图4-18的运行结果。

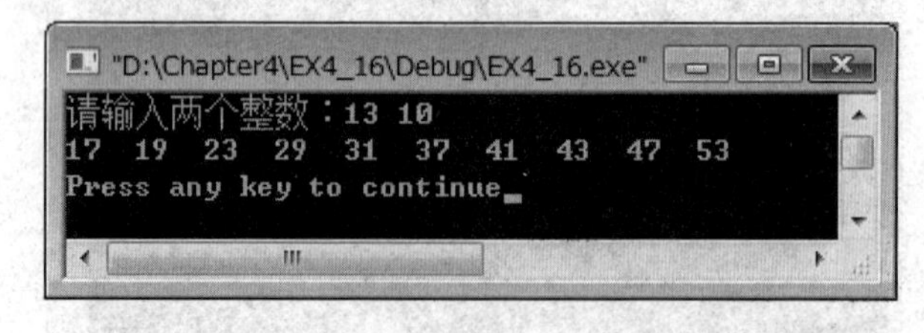

图4-18　运行结果

【练习2】 编写程序完成某班学生考试成绩的统计管理，包括成绩输入函数、成绩显示函数，并计算每位同学的总分、平均分，输出成绩排名。

```
    /*EX4_17.CPP*/
    # define N  10                      /*设定班里学生的个数*/
    #include <stdio.h>                  /*标准输入、输出函数库*/
    #include <string.h>                 /*字符串处理函数库*/
    void main_mun( );                   /*学生考试成绩的统计管理主菜单*/
    void input( );                      /*输入学生的成绩*/
    void output( );                     /*显示学生的成绩*/
    void average( );                    /*计算学生的平均成绩*/
    void sum_score( );                  /*计算学生的总成绩*/
    void sort( );                       /*对学生的成绩进行排名*/
    char charArrStudent[N+1][12]={"王晓丽","张小丫","刘非","韩卫","李明","刘小雨","
赵阳",
                  "杨海明","程杨","吴海","无此人"};  /*用来记录学生的姓名*/
    float floatArrScore[N][4];          /*用来记录学生的各门成绩（数学、语文、英语、政治）*/
    float charArrAver[N];               /*用来记录学生的平均成绩*/
```

```
float charArrSum_Sc[N];           /*用来记录学生的总成绩*/
int  charArrSor[N]={10,10,10,10,10,10,10,10,10,10};
                                  /*用来记录每个学生排名情况*/
int  intNumber;                   /*表示学号*/
float floatSc=0.00;               /*中间变量*/
main( )
{
   int  intI,intJ;                /*程序循环所用变量*/
   char charSelect;               /*用于主菜单选择的字符*/
   for (intI=0; intI<N; intI++)/*对学生成绩进行初始化*/
      for (intJ=0; intJ<4; intJ++)
         floatArrScore[intI][intJ]=0.00;
printf("学生考试成绩的统计管理\n");
main_mun( );
charSelect=getchar( );
while ((charSelect!='Q')&&(charSelect!='q'))
{
   switch (charSelect)
   {
      case  '1':{input( );       break;      }
      case  '2': {output( );          break;      }
      case  '3': {average( );         break;      }
      case  '4': {sum_score( );       break;      }
      case  '5': {sort( );        break;      }
      case  '\n':break;
      default:printf("输入的选择有错,请重输!\n");
}
   main_mun( );
   charSelect=getchar( );
}
   printf("管理系统结束! ! \n");
   return;
}
void main_mun( )                  /*学生考试成绩的统计管理主菜单*/
{
   printf("1:    输入学生的成绩\n");
   printf("2:    显示学生的成绩\n");
   printf("3:    计算学生的平均成绩\n");
   printf("4:    计算学生的总成绩\n");
   printf("5:    根据学生成绩排名次\n");
   printf("请输入你的选择: (q (Q) 退出) \n");
}
void input( )                              /*输入学生的成绩*/
{
   printf("输入学生的成绩: \n");
   printf("输入学号: \n");
   scanf("%d",&intNumber);
   printf("输入学生%s 的成绩\n",charArrStudent[intNumber]);
   printf("数学、语文、英语、政治\n");
   scanf("%f%f%f%f",&floatArrScore[intNumber][0],&floatArrScore[intNumber][1],
&floatArrScore[intNumber][2],&floatArrScore[intNumber][3]);}
```

```
    void output( )                          /*显示学生的成绩*/
    {
        printf("输出学生的成绩：\n");
        printf("输入学号：\n");
        scanf("%d",&intNumber);
        printf("输出%s 各门成绩：数学、语文、英语、政治\n",charArrStudent[intNumber]);
        printf("%.2f%.2f%.2f%.2f\n",floatArrScore[intNumber][0],floatArrScore[intNumber]
[1],floatArrScore[intNumber][2],
        floatArrScore[intNumber][3]);
    }
    void  average( )                        /*计算学生的平均成绩*/
    {
        int intI;                           /*循环控制变量*/
        printf("输出学生的成绩：\n");
        printf("输入学号：\n");
        scanf("%d",&intNumber);
        for (intI=0; intI<4; intI++)
            floatSc+=floatArrScore[intNumber][intI];
        charArrAver[intNumber]=floatSc/4;
        printf("学生%s 的平均成绩是:%.2f\n",charArrStudent[intNumber], charArrAver
[intNumber]);
    }
    void  sum_score( )                      /*计算学生的总成绩*/
    {
        int intI;                           /*循环控制变量*/
        printf("输出学生的成绩：\n");
        printf("输入学号：\n");
        scanf("%d",&intNumber);
        for (intI=0; intI<4; intI++)
            charArrSum_Sc[intNumber]+=floatArrScore[intNumber][intI];
        printf("学生%s 的总成绩是:%.2f\n",charArrStudent[intNumber],charArrSum
_Sc[intNumber]);
    }
    void sort( )                            /*对学生的成绩进行排名,以平均成绩为例*/
    {
        int intI,intJ;                      /*循环控制变量*/
        float floatTemp;                    /*比较用中间变量*/
        int intFlag=0;                      /*排序是否交换的标志*/
        for (intI=0; intI<N; intI++)        /*对学生平均成绩进行排序*/
    {
        floatTemp=charArrAver[intI];
        for (intJ=intI+1; intJ<N; intJ++)
            if (charArrAver[intJ]>floatTemp)
            {
                intFlag=1;
                charArrSor[intI]=intJ;
            }
        if (intFlag==0)
            charArrSor[intI]=intI;
    }
```

```
    printf("排序后的结果是：\n");
    printf("第一名 第二名 第三名 第四名 第五名 第六名 第七名 第八名 第九名 第十名\n");
    printf(" %s %s %s %s %s %s %s %s %s %s \n",charArrStudent[charArrSor[0]],
charArrStudent[charArrSor[1]],charArrStudent[charArrSor[2]],charArrStudent[ch
arArrSor[3]],charArrStudent[charArrSor[4]],charArrStudent[charArrSor[5]],char
ArrStudent[charArrSor[6]],charArrStudent[charArrSor[7]],charArrStudent[charAr
rSor[8]],charArrStudent[charArrSor[9]]);
    }
```

上机运行程序，并分析图 4-19 的运行结果。

图 4-19 运行结果

4.2.5 编程规范与常见错误

1. 编程规范

（1）尽量使用标准库函数，或将重复性程序段设计为自定义函数作为公用函数。

（2）每个函数，都有函数头声明，声明规格见规范。

（3）函数只有一个出口。

2. 常见错误

（1）不要随意定义全局变量，尽量使用局部变量。

（2）误将函数形参和函数中的局部变量一起定义。例如：

```
fun(floatX,floatY)
float floatX，floatY，floatZ;
```

```
{
    floatX++; floatY++; floatZ =floatX+floatY;
        …
}
```

任务3　函数的嵌套调用与递归调用

掌握函数嵌套调用与递归调用的概念及其应用。

4.3.1　案例讲解

案例1　求阶层的平方和

1. 问题描述

计算 intS=2^2!+3^2!。

2. 编程分析

本题可编写两个函数，一个是用来计算平方值的函数 f1，另一个是用来计算阶乘值的函数 f2。主函数先调用 f1 计算出平方值，再在 f1 中以平方值为实参，调用 f2 计算其阶乘值，然后返回 f1，再返回主函数，在循环程序中计算累加和。

3. 编写源程序

```
/* EX4_18.CPP */
#include <stdio.h>
long f1(int intP)
{
    int intK;
    long longR;
    long f2(int);
    intK=intP*intP;
    longR =f2(intK);
    return longR;
}
long f2(int intQ)
{
    long longC =1;
    int intI;
    for(intI=1;intI<=intQ;intI++)
    longC = longC *intI;
    return longC;
}
main( )
{
    int intI;
    long longS=0;
    for (intI=2;intI<=3;intI++)
    longS=longS+f1(intI);
```

```
    printf("longS=%ld\n",longS);
}
```

4. 运行结果

运行结果如图 4-20 所示。

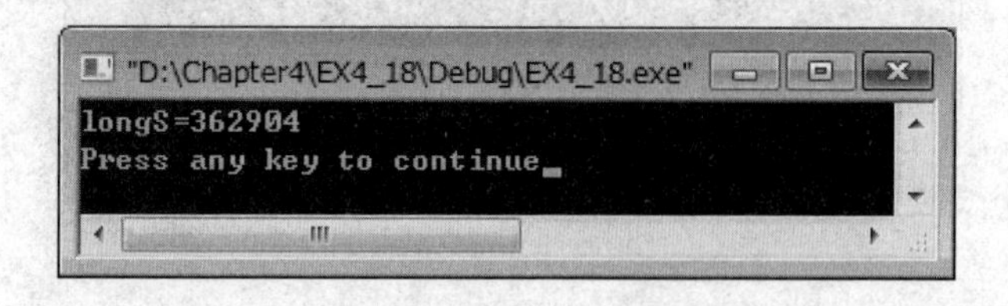

图 4-20　案例 1 运行结果

5. 归纳分析

在程序中，函数 f1 和 f2 均为长整型，都在主函数之前定义，故不必再在主函数中对 f1 和 f2 加以声明。由函数的嵌套调用实现了题目的要求。由于数值很大，所以函数和一些变量的类型都说明为长整型，否则会造成计算错误。

案例 2　求 *n* 的阶层

1. 问题描述

用递归法计算 $n!$。

2. 编程分析

从数学上看，$n!$可用下述公式表示：

$$n! = \begin{cases} 1 & (n = 0,\ 1) \\ n(n-1) & (n > 1) \end{cases}$$

3. 编写源程序

```
/* EX4_19.CPP */
#include <stdio.h>
long fact(int intN)
{long int longIntA;
    if(intN<0) printf("intN<0,dataint Error\n");
    else  if(intN==0||intN==1) longIntA =1;
        else longIntA =fact(intN-1)*intN;
    return (longIntA);
}
main( )
{
    int intN;
    long longFf;
    printf("input a inteager :\n");
    scanf("%d",&intN);
    longFf=fact(intN);
    printf("%d!=%ld\n",intN,longFf);
}
```

4. 运行结果

运行结果如图 4-21 所示。

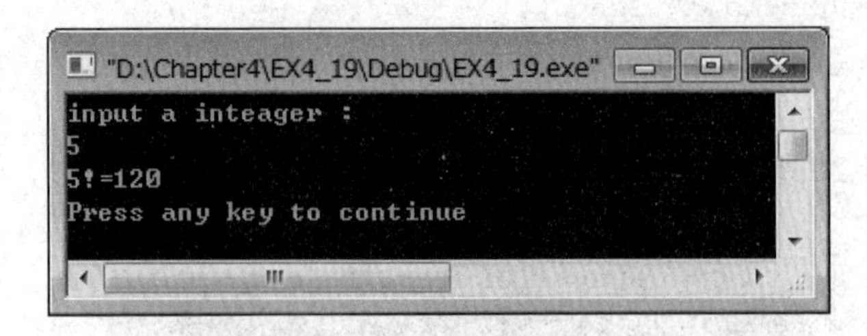

图 4-21　案例 2 运行结果

5. 归纳分析

下面我们来看一下递归程序的执行过程。假设执行本程序时输入 intN 为 4，即求 4!。在主函数中的调用语句即为 longFf= fact (4)，进入 fact 函数后，由于 intN=4,不等于 0 或 1，故应执行语句 longIntA= fact (intN−1)*intN,即 longIntA= fact (4−1)*4。该语句对 fact 作递归调用即 fact (3)。依次类推，进行三次递归调用后，fact 函数形参取得的值变为 1，故不再继续递归调用而开始逐层返回主调函数。fact (1)的函数返回值为 1，fact (2)的返回值为 1*2=2，fact (3)的返回值为 2*3=6，最终 fact (4) 为 6*4=24，如图 4-22 所示。

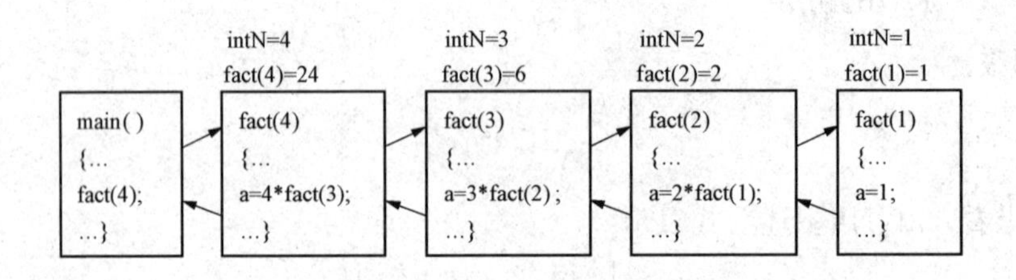

图 4-22　递归的执行过程

4.3.2　基础理论

1. 嵌套调用

C 语言中各函数之间是平行的（包括 main 函数），也就是说不能在一个函数里面定义另一个函数，即不允许对函数作嵌套定义。

C 语言虽然不允许嵌套定义函数，但是允许在一个函数的调用过程中，对另一个函数进行调用。这种调用方式就称为函数的嵌套调用。例如：

```
int fun1( )
{…
  fun2( );
 …
}
int fun2( )
{…
  …
}
main( )
{…
    fun1( );
```

```
    …
}
```

其执行过程是：执行 main 函数中调用 fun1 函数的语句时，即转去执行 fun1 函数，在 fun1 函数的执行过程中，遇到调用 fun2 函数的语句时，又转去执行 fun2 函数，fun2 函数执行完毕返回 fun1 函数的调用点继续执行，fun1 函数执行完毕返回 main 函数的调用点继续执行，直到整个程序结束，如图 4-23 所示。

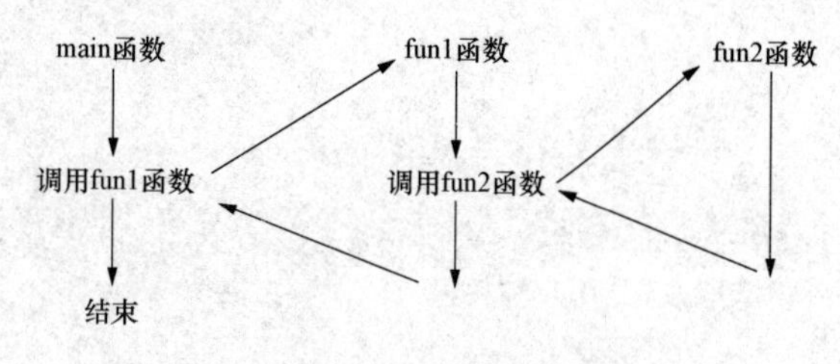

图 4-23　函数嵌套调用

2. 递归调用

（1）递归的概念。

1）直接递归调用：调用函数的过程中又调用该函数本身。

2）间接递归调用：调用 f1 函数的过程中调用 f2 函数，而 f2 中又需要调用 f1。

以上均为无终止递归调用。

为此，一般要用 if 语句来控制，使递归过程到某一条件满足时结束。

（2）递归法。类似于数学证明中的反推法，从后一个结果与前一个结果的关系中寻找其规律性。

归纳法可以分为以下两种。

1）递推法：从初值出发，归纳出新值与旧值间直到最后值为止存在的关系。要求通过分析得到：初值+递推公式。

编程：通过循环控制结构实现（循环的终值是最后值）。

2）递归法：从结果出发，归纳出后一个结果与前一个结果直到初值为止存在的关系。要求通过分析得到：初值+递归函数。

4.3.3　技能训练

【实验 4-6】有 5 个人，第 5 个人说他比第 4 个人大 2 岁，第 4 个人说他比第 3 个人大 2 岁，第 3 个人说他比第 2 个人大 2 岁，第 2 个人说他比第 1 个人大 2 岁，第 1 个人说他 10 岁。求第 5 个人多少岁。

指 导

1. 编程分析

$$age(n)! = \begin{cases} 10 & (n=1) \\ age(n-1) & (n>1) \end{cases}$$

要计算第 5 个人的年龄，必须知道第 4 个人的年龄；要计算第 4 个人的年龄，必须知道第 3 个人的年龄；……；要计算第 2 个人的年龄，必须知道第 1 个人的年龄。而第 1 个人的年龄是已知的，这样可以返回计算第 2 个人的年龄，第 3 个人的年龄，第 4 个人的年龄，第 5 个人的年龄。

2. 编写程序

```
/* EX4_20.CPP */
#include <stdio.h>
age(int intN)
{
    int intC;
    if (intN==1)
        intC=10;
    else
        intC=age(intN-1)+2;
    return intC;
}
main( )
{
    printf("%d\n",age(5));
}
```

3. 运行结果

在 Visual C++集成环境中输入上述程序，文件存成 EX4_20.CPP。运行结果如图 4-24 所示。

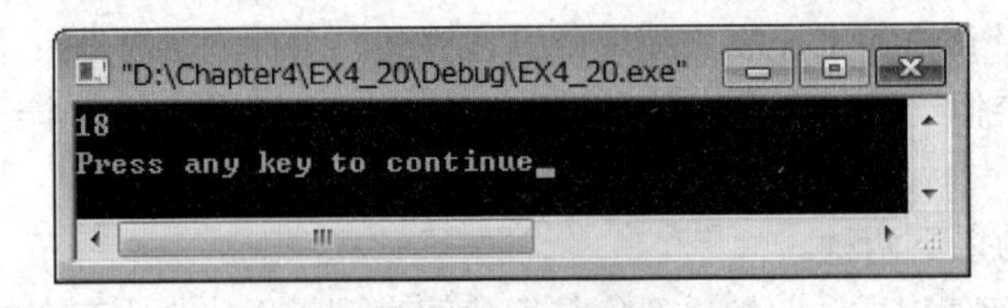

图 4-24 函数嵌套调用

4.3.4 编程规范与常见错误

1. 编程规范

（1）程序结构清晰，简单易懂，单个函数的程序行数不得超过 100 行。

（2）打算干什么，要简单，直截了当，代码精简，避免垃圾程序。

2. 常见错误

（1）未合理使用结束递归过程的条件。为了防止递归调用无终止的进行，就必须在函数内有终止递归的条件判断语句，满足某种条件后就不再作递归调用，然后逐层返回。

（2）未设定正确的限制条件。每次当函数被递归调用时，传递给函数一个或多个参数，当满足这个限制条件的时候，递归便不再继续。

4.3.5 贯通案例——之五

1. 问题描述

把贯通案例之四里实现的功能改写成函数形式，并与贯通案例之三的菜单结合起来，在菜单中调用对应函数。

2. 编写源程序

```
/*EX4_21.CPP*/
#include <stdio.h>
#include <stdlib.h>
#define N 5
#define M 3
void InputScore(int intScores[ ][3],int intN)
{
    int i,j;
    for(i=0;i<intN;i++)                /*输入N个学生的成绩*/
    {printf("input No.%d\'s score: ",i+1);
      for(j=0;j<3;j++)
        scanf("%d",& intScores[i][j]);
    }
}
void Sort(int intScores[ ][3],int n)
{
    int i,j,intK,intN,intTemp[M];
    printf("sort by 1,2,3? ");          /* 选择排序的成绩*/
    scanf("%d",&intN);
    intN--;
    for (i=0; i<N-1; i++)              /*选择法排序*/
    {
        intK = i;
        for (j=i; j<N; j++)
        {
            if (intScores [j][n] > intScores[intK][n])
            {
                intK = j;
            }
        }
        if (intK!= i)                  /*交换i,k两个学生的成绩*/
        {
            intTemp[0] = intScores[intK][0];
            intTemp[1] = intScores[intK][1];
            intTemp[2] = intScores[intK][2];
            intScores[intK][0] = intScores[i][0];
            intScores[intK][1] = intScores[i][1];
            intScores[intK][2] = intScores[i][2];
            intScores[i][0]= intTemp[0];
            intScores[i][1]= intTemp[1];
            intScores[i][2]= intTemp[2];
        }
     }
    printf("sort complete\n");
}
void PrintScore(int intScores [ ][3],int intN)
{
    int i,j;
    for (i=0; i<intN; i++)                /*显示学生成绩*/
```

```
    {   printf("\nNo.%d\'s score: ",i+1);
        for(j=0;j<3;j++)
          printf("%3d ",intScores[i][j]);
    }
    printf("\n");
}
void PrintMenu( )
{
    printf("#===============================================#\n");
    printf("#              学生成绩管理系统                 #\n");
    printf("#-----------------------------------------------#\n");
    printf("#              copyright @ 2009-10-1            #\n");
    printf("#===============================================#\n");
    printf("#               1.加载文件                      #\n");
    printf("#               2.增加学生成绩                  #\n");
    printf("#               3.显示学生成绩                  #\n");
    printf("#               4.删除学生成绩                  #\n");
    printf("#               5.修改学生成绩                  #\n");
    printf("#               6.查询学生成绩                  #\n");
    printf("#               7.学生成绩排序                  #\n");
    printf("#               8.保存文件                      #\n");
    printf("#               0.退出系统                      #\n");
    printf("#=============================================== #\n");
    printf("请按 0-8 选择菜单项:");
}
main( )
{
    char charCh;
    int intScores[N][M];
    while(1)
    {
    PrintMenu( );
    scanf(" %c",&charCh);    /*在%c 前面加一个空格,将存于缓冲区中的回车符读入*/
      switch (charCh)
    {
        case '1': printf("进入加载文件模块.本模块正在建设中…….\n");
                  break;
        case '2': printf("进入增加学生成绩模块.\n");
                  InputScore(intScores,N);
              break;
       case '3': printf("进入显示学生成绩模块.\n");
              PrintScore(intScores,N);
              break;
        case '4': printf("进入删除学生成绩模块.本模块正在建设中…….\n");
             break;
        case '5': printf("进入修改学生成绩模块.本模块正在建设中…….\n");
             break;
        case '6': printf("进入查询学生成绩模块.本模块正在建设中…….\n");
             break;
        case '7': printf("进入学生成绩排序模块.\n");
             Sort(intScores,N);
```

```
            break;
        case '8': printf("进入保存文件模块.本模块正在建设中…….\n");
            break;
        case '0': printf("退出系统.\n"); exit(0);
        default: printf("输入错误!");
      }
    }
}
```

3. 运行结果

运行结果如图 4-25 所示。

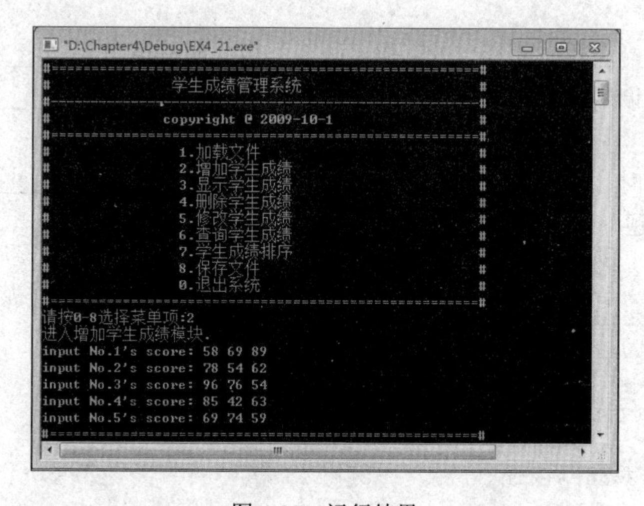

图 4-25 运行结果

一、选择题

1. 在如下函数调用语句中，函数含有的实参个数是（ ）。

   `func(intRec1,intRec2+intRec3,(intRec4,intRec5));`

   A. 3　　B. 4　　C. 5　　D. 有语法错误

2. 下对 C 语言函数的描述中，不正确的是（ ）。

   A. 函数可以嵌套定义　　B. 函数可以递归调用

   C. 函数可以没有返回值　　D. C 语言程序由函数组成

3. 以下 C 语言中，对函数不正确的描述是（ ）。

   A. 当用数组名作形参时，形参数组的改变可使实参数组随之改变

   B. 允许函数递归调用

   C. 函数形参的作用范围只是局限于所定义的函数内

   D. 函数声明必须在主调函数之前

4. 在函数调用中，以下说法正确的是（ ）。

   A. 实参与其对应的形参各占独立的存储单元

B．实参与其对应的形参共占同一个存储单元

C．只有当实参与其对应的形参同名时，才共占同一个存储单元

D．形参是虚拟的，不占存储单元

5. 若函数调用时用数组名作为函数参数，以下叙述中不正确的是（　　）。

A．实参与其对应的形参共占用同一段存储空间

B．实参将其地址传递给形参，结果等同于实现了参数之间的双向值传递

C．实参与其对应的形参分别占用不同的存储空间

D．在调用函数中必须声明数组的大小，但在被调函数中可以使用不定尺寸数组

二、填空题

1. 一般情况下，函数如果没有返回值，函数类型说明符使用__________。

2. 参数是函数调用时进行信息传递的载体，函数的参数分为__________和__________两种。

3. 当调用函数时，实参是一个数组名，则向函数传送的是__________。

三、阅读程序题

1. 有如下程序，该程序的输出结果是__________。

```
#include <stdio.h>
f(int intArrB[ ],int intM,int intN)
{
    int intI,intS=0;
    for(intI=intM;itnI<intN;intI=intI+2)
       intS=intS+ intArrB [intI];
    return intS;
}
main( )
{
    int intX,intArr[ ]={1,2,3,4,5,6,7,8,9};
    intX=f(intArr,3,7);
    printf("%d\n",intX);
}
```

2. 有如下程序，该程序的输出结果是__________。

```
#include <stdio.h>
int func(int intA,int intB)
{
    return(intA+intB);
}
main( )
{
    int intX=2,intY=5,intZ=8,intR;
    intR=func(func(intX,intY),intZ);
    printf("%d\n",intR);
}
```

3. 有如下程序，该程序的输出结果是__________。

```
#include <stdio.h>
int f(int intX,int intY)
```

```
{return ((intY-intX)* intX);
}
main( )
{
    int intA=3,intB=4,intC=5,intD;
    intD=f(f(intA,intB),f(intA,intC));
    printf("%d\n",intD);
}
```

4. 有如下程序，该程序的输出结果是＿＿＿＿＿＿。

```
#include <stdio.h>
int f(int intArr[ ],int intN)
{ if(intN>=1)return f(intArr,intN-1)+intArr[intN-1];
else return 0;
}
main( )
{ int intArr[5]={1,2,3,4,5},intS;
intS=f(intArr,5); printf("%d\n",intS);
}
```

四、程序填空题

1. 以下程序的功能是调用函数 fun 计算：m=1-2+3-4+…+9-10，并输出结果。请填空。

```
#include <stdio.h>
int fun( int intN)
{
    int intM=0,intF=1,intI;
    for(intI=1; intI<=intN; intI++)
    {
        intM+=intI*intF;
        intF=________;
    }
    return________;
}
main( )
{
    printf("intM=%d\n",________);
}
```

2. 以下程序的功能是调用函数 swap 完成 a、b 两个值的交换。请填空。

```
#include <stdio.h>
void  swap(________)
{
    int  intTemp;
    intTemp=intA;
    intA=intB;
    intB=intTemp;
    printf("intA=%d,intB=%d\n",________);
}
main( )
{
```

```
    int  intX,intY;
    printf ("input intX,intY:");
    scanf ("%d,%d",&intX,&intY);
    swap(________);
    printf ("intX=%d,intY=%d\n",intX,intY);
}
```

3．以下程序的功能是对 a 所指数组中的数据进行由大到小的排序。请填空。

```
#include <stdio.h>
void sort(int intArr[ ],int intN)
{
    int intI,intJ,intT;
    for(intI=0;intI<intN-1;intI++)
    for(intJ=________;intJ<intN;intJ++)
        if(intArr[intJ-1]________ intArr[intJ])
        {
            intT=intArr[intJ-1];
            intArr[intJ-1]=intArr[intJ];
            intArr[intJ]=intT;
        }
}
main( )
{
    int intArr[10]={1,2,3,4,5,6,7,8,9,10},intI;
    sort(________,10);
    for(i=0;intI<10;intI++)
    printf("%d,",intArr[intI]);
    printf("\n");
}
```

4．以下程序的功能是使一个字符串按逆序存放。请填空。

```
#include <stdio.h>
#include <string.h>
void fun (char charArrStr[ ])
{
    char charM;
    int intI,intJ;
    for(intI=0,intJ=strlen(charArrStr);intI<________;intI++,intJ--)
    { charM=charArrStr[intI];
    charArrStr[intI]=________;
    charArrStr[intJ-1]=charM;
    }
    printf("%s\n",charArrStr);
}
main( )
{
    char charArrSt[20];
    gets(charArrSt);
    ________;
}
```

五、编程题

1．编写一个函数，求 $f(x)=\begin{cases} x^2-1 & (x<-1) \\ x^2 & (-1\leqslant x\leqslant 1) \\ x^2+1 & (x>1) \end{cases}$ 的值。编程要求：函数原型为 double fun(double doubleX)），在主函数中输入 doubleX，调用函数 fun(doubleX)后，在主函数中输出结果。

2．编写程序，求 $s=a+aa+aaa+\cdots+aa\cdots a$ 的和。比如：$a=6$，$m=4$ 则 $s=6+66+666+6666$。

编程要求：函数原型为 long sum(int intM,int intA)，在主函数中输入 intA、intM 的值，调用函数 sum(intM,intA)求出 s 的值后，在主函数中输出结果。

模块 5 指 针 及 应 用

任务 1 地 址 与 指 针

学习目标

了解指针与地址的概念，掌握指针变量的定义、初始化及指针的运算。

5.1.1 案例讲解

案例 1 不同类型变量占据的内存单元数及变量在内存中的地址

1. 问题描述

程序在计算机中运行的时候，所有数据都存放在内存中。而内存以字节为存储单元存放数据，不同的数据类型所占用的单元数不等，如整型占用 2 个单元，字符占用 1 个单元等。请编程验证计算机是如何存取需要的数据的。

2. 编程分析

为了正确访问内存单元，计算机系统为每个内存单元进行编号，然后根据一个内存单元的编号准确地找到该内存单元。内存单元的编号也叫做地址。既然根据内存单元的地址就可以找到所需的内存单元，因此通常也把这个地址称为指针。

因此，要解决上面的问题，最好的办法是定义一组连续存储的变量，然后列出各变量的存储地址和值，从而得到它们的存储空间。程序描述如下：

```
main( )
{
  定义字符型变量 charA
  定义整型变量 intB
  定义长整型变量 longC,longD
  输出 charA 的地址和值
  输出 intB 的地址和值
  输出 longC、longD 的地址和值
}
```

3. 编写源程序

```
/* EX5_1.CPP */
#include <stdio.h>
main( )
{
  char charA='A';
  int intB=1;
  long longC=2,longD =4;
  printf("charA 的地址: %X ,",&charA);    /*以十六进制形式输出 charA 的地址*/
  printf("charA 的值: %c\n",charA);
```

```
    printf("intB的地址：%X ,",& intB);
    printf("intB的值：%d\n",intB);
    printf("longC的地址：%X ,",& longC);
    printf("longC的值：%d\n",longC);
    printf("longD的地址：%X ,",& longD);
    printf("longD的值：%d\n",longD);
}
```

4．运行结果

编译、连接后运行程序，运行结果如图5-1所示。

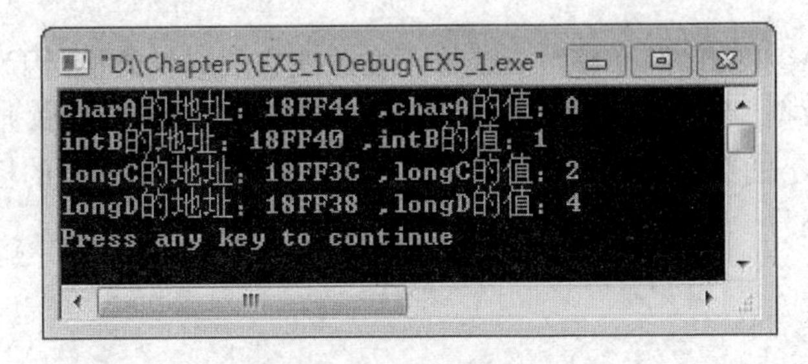

图5-1　案例1运行结果

5．归纳分析

（1）系统根据变量的数据类型，分别为charA、intB、longC和longD分配1个、2个、4个和4个字节的存储单元，此时变量所占存储单元的第一个字节的地址就是该变量的地址。在图5-1中，变量charA的地址是12FF7C，intB的地址是12FF78，longC的地址是12FF74，longD的地址是12FF70。图5-2给出了案例1一次运行的内存存储示意。

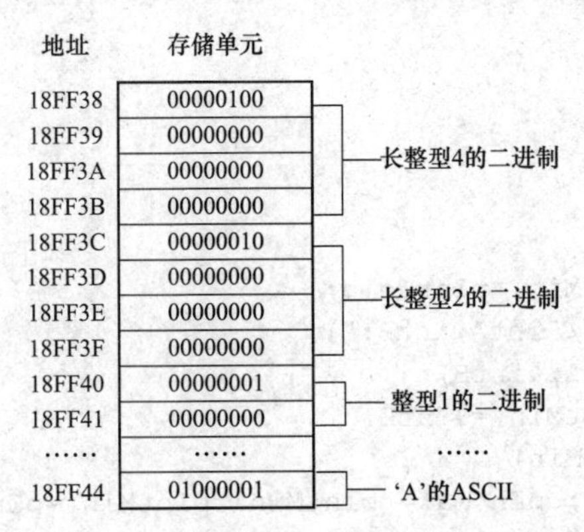

图5-2　案例1内存存储示意图

由图5-2可知12FF7C字节被定义为字符型变量charA。系统每次读写charA值的时候就是到12FF7C内存中进行读写操作。同样，内存12FF78至12FF79的两个字节被定义为整型变量intB、内存12FF74至12FF77的四个字节被定义为整型变量longC、内存12FF70至12FF73的四个字节被定义为整型变量 longD。程序对变量的读写操作实际上就是对变量所在存储空间进行读取或写入数据。

（2）在C语言中，通过"&"获得数据的地址，"&"称为取地址运算符。因此，案例1中的语句"`printf("charA的地址：%x ,",& charA);`"的作用就是输出变量charA的地址。

（3）通过变量名访问数据时，系统自动完成变量名与存储地址的转换，这种访问形式称为直接访问。此外，C 语言中还有一种称为间接访问的形式。它首先将变量的存储地址存入另一个变量中，这个存放地址的变量称为指针变量，然后通过指针变量去访问先前的变量。这时，我们可以说指针变量指向那个变量。这种访问形式类似于打电话时的呼叫转移。

案例 2 用不同指针变量存放较大整数和较小整数的地址

1. 问题描述

从键盘输入 intA 和 intB 两个整数，按先大后小的顺序输出 intA 和 intB。

2. 编程分析

从键盘输入 intA 和 intB 两个整数后最好不要改变它们本身的值，因为其他程序中可能还会使用到这些原始数据。比较好的做法是根据我们的需要给原始数据做上“标识”：将较大的数标识为 pMax，较小的数标识为 pMin。这样在输出时可以根据做好的标识来输出。这种形式类似于给别人取外号。程序描述如下：

```
main( )
{
  定义变量 intA、intB
  定义指针变量 pIntMax、pIntMin、pIntTemp
  从键盘输入两个整数给 intA、intB
  令 pIntMax 指向 intA、pIntMin 指向 intB
  如果 pIntMax 指向的值小于 pIntMin 指向的值，利用 pIntTemp 将 pIntMax、pIntMin 交换
  输出 intA、intB 的值
  输出 pIntMax 指向的值、pIntMin 指向的值
}
```

3. 编写源程序

```
/* EX5_2.CPP */
#include <stdio.h>
main( )
{
  int intA,intB;
  int *pIntMax,*pIntMin,*pIntTemp;
  printf("请输入两个整数 intA,intB:");
  scanf("%d,%d",&intA,&intB);
  pIntMax=&intA; pIntMin =&intB;
  if(*pIntMax< *pIntMin)
  { pIntTemp=pIntMax; pIntMax= pIntMin; pIntMin =pIntTemp; }
  printf("\n intA =%d,intB=%d\n",intA,intB);
  printf("max=%d,min=%d\n",*pIntMax,*pIntMin);
  }
```

4. 运行结果

编译、连接后运行程序，输入 5，12 后的运行结果如图 5-3 所示。

5. 归纳分析

（1）严格地说，指针是一个地址，是一个常量。而用来存放地址的指针变量却可以被赋予不同的指针值，是变量。但有时也会把指针变量简称为指针。为了避免混淆，本书约定：“指针”是指地址，是常量，“指针变量”是指取值为地址的变量。定义指针变量的目的是通

过指针变量去访问它所指向的内存单元。

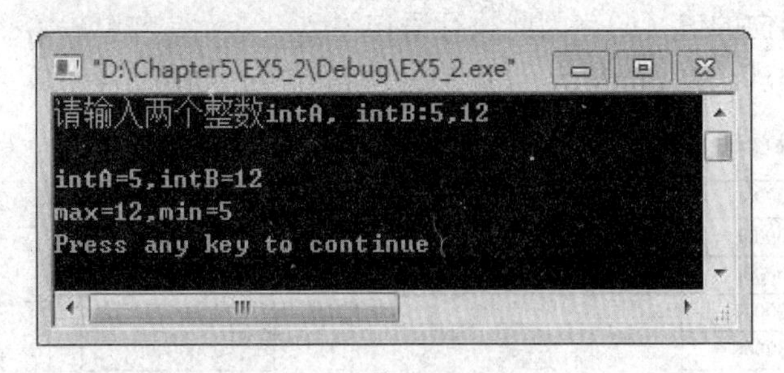

图 5-3　案例 2 运行结果

（2）定义指针变量包括三个内容：类型说明符、指针标识符和指针变量名。其中，类型说明符表示指针变量所指向数据的数据类型，指针标识符用“*”表示。其一般形式为

```
类型说明符 * 变量名;
```

例如，案例 2 中语句“int *pIntMax,*pIntMin,*pIntTemp;”就表示定义三个指针：pIntMax、pIntMin 和 pIntTemp，它们的类型都是 int 类型，也就是说它们可以指向其他 int 类型的变量。

再如：

```
int *pInt1;              /*pInt1 是指向整型变量的指针变量*/
float *pFloat2;          /*pFloat2 是指向浮点变量的指针变量*/
char *pChar3;            /*pChar3 是指向字符变量的指针变量*/
```

应该注意的是，一个指针变量只能指向同类型的变量，如 pFloat2 只能指向浮点变量，不能时而指向一个浮点变量，时而又指向一个字符变量。

（3）指针变量定义后要给它们赋值，使其指向某个变量。赋值的方式有两种：一种是通过取地址运算符将变量的地址赋给指针变量，如语句“pIntMax = &intA;”就是将变量 intA 的地址赋值给指针变量 pIntMax；另一种是把其他同类型的指针变量的值赋值过来，如语句“pIntTemp = pIntMax;”表示把 pIntMax 的值赋值给 pIntTemp。此后，pIntMax、pIntTemp 指向同一个存储地址。

（4）当一个指针变量指向某变量时，指针变量的值和指针变量的内容是两个不同的含义。指针变量的值表示它所指向的变量的地址，而指针变量的内容则表示所指向的变量的值。例如，语句“pIntMax = &intA;”执行后，pIntMax 的值就是变量 intA 的存储地址，pIntMax 的内容就是变量 intA 本身。

C 语言中，通过“*”指针运算符来获得指针变量的内容。因此，要获得 pIntMax 的内容，可以使用* pIntMax 来得到。案例 2 中的“*pIntMax <*pIntMin”语句就是判断 pIntMax 的内容是否小于 pIntMin 的内容。同样，程序最后的输出语句“printf("max=%d,min=%d\n",* pIntMax, * pIntMin);”表示输出 pIntMax 和 pIntMin 的内容（指向的变量）。

案例 2 执行时的内存存储示意图如图 5-4 所示。

程序初始化时，系统为变量及指针变量分配内存空间：变量 intA、intB 的地址分别是 FFD2 和 FFD4，指针变量 pIntMax、pIntMin、pIntTemp 的地址分别是 FFD6、FFD8 和 FFDA，如图 5-4（a）所示。从键盘输入数据（3，6）后赋值给变量 a、b，如图 5-4（b）所示。执行“pIntMax =&a; pIntMin =&b;”语句后，将变量 a 的地址（FFD2）赋值给指针变量 pIntMax，将变量

intB 的地址（FFD4）赋值给指针变量 pIntMin，如图 5-4（c）所示。由于 pIntMax 指向的值（3）小于 pIntMin 指向的值（6），因此执行语句“`pIntTemp= pIntMax; pIntMax = pIntMin; pIntMin =pIntTemp;`”，将 pIntMax、pIntMin 的值互换，如图 5-4（d）所示。

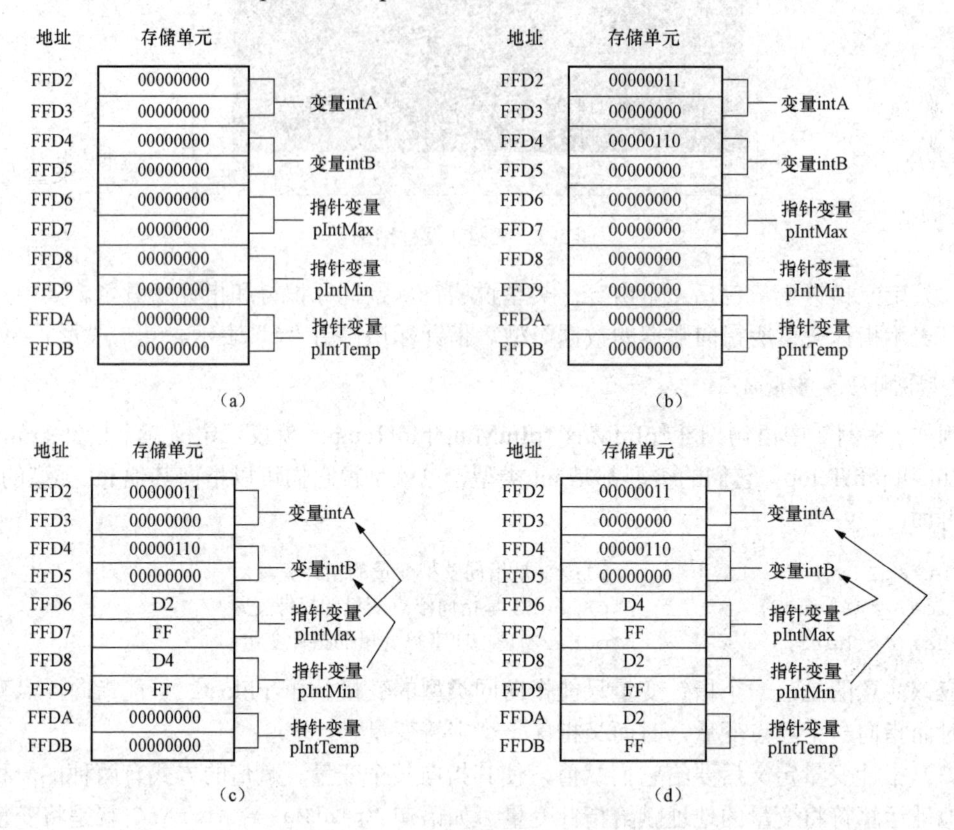

图 5-4 案例 2 执行过程中内存存储内容演化示意图

（a）程序初始化；（b）输入 3，6 后；（c）执行完 pIntMax=&intA; pMin=&intB;语句后；
（d）执行完 pIntTemp=pIntMax; pIntMax= pIntMin; pMin =pTemp;语句后

（5）ANSI 新标准增加了一种“void”指针类型，即可以定义一个指针变量，但不指定它是指向哪一种类型数据。

（6）当一个指针变量的值为 0（或记为 NULL）时，表示所指向的是空指针。

5.1.2 基础理论

1. 基本概念

变量的指针就是变量的地址。存放地址的变量是指针变量。即在C语言中，允许用一个变量来存放指针，这种变量称为指针变量。因此，一个指针变量的值就是某个变量的地址或称为某变量的指针。

定义 5.1：数据所占存储单元的第一个字节的地址称为指针。

定义 5.2：用来存放数据存储首地址的变量称为指针变量，指针变量的类型决定了每次存取的字节数。

定义 5.3：指针变量的值就是它所指向的变量的地址。

定义 5.4：指针变量的内容表示它所指向的变量。

定义指针变量的一般形式为

```
类型说明符 *变量名;
```

为了表示指针变量和它所指向的变量之间的关系，在程序中用“*”符号表示“指向”。例如，pIntMax 代表指针变量，而* pIntMax 是 pIntMax 所指向的变量。

由于指针变量存储的是变量的地址，在进行指针移动和指针运算（加、减）时，一个指向整型的指针变量要移动一个位置意味着要移动 2 个字节，一个指向实型的指针变量要移动一个位置就要移动 4 个字节。

通过指针访问它所指向的一个变量是以间接访问的形式进行的，所以比直接访问一个变量要费时间，而且不直观。因为通过指针要访问哪一个变量，取决于指针的值（即指向）。例如“*pIntMax <*pIntMin;”实际上就是“intA<intB;”，前者不仅速度慢而且目的不明。但由于指针变量是变量，我们可以通过改变它们的指向，动态地以间接形式访问不同的变量，这给程序员带来灵活性，也使程序代码编写得更为简洁和有效。

我们要意识到：指针变量存放的是地址，因此所有使用地址标识的对象都可以由指针变量来指向。例如，数组、结构体、函数及指针变量本身等。

2. 指针、指针变量的运算

指针变量可以进行某些运算，但其运算的种类是有限的。它只能进行赋值运算和部分算术运算及关系运算。

（1）指针运算符。

1）取地址运算符&。取地址运算符&是单目运算符，其结合性为自右至左，功能是取变量的地址。在 scanf 函数及前面介绍指针变量赋值中，我们已经了解并使用了&运算符。

2）取内容运算符*。取内容运算符*是单目运算符，其结合性为自右至左，用来表示指针变量所指的变量。在*运算符之后跟的变量必须是指针变量。

需要注意的是指针运算符“*”和指针变量说明中的指针说明符“*”不是一回事。在指针变量说明中，“*”是类型说明符，表示其后的变量是指针类型。而表达式中出现的“*”则是一个运算符，用以表示指针变量所指向的变量。

（2）指针变量的赋值运算。

1）通过取地址运算符将变量的地址赋给指针变量。例如：

```
int intA,*pIntA;
pIntA=&intA;          /*把整型变量 intA 的地址赋予整型指针变量 pIntA*/
```

2）把一个指针变量的值赋予同类型的另一个指针变量。例如：

```
int intA,*pIntA=&intA,*pIntB;
pIntB=pIntA;    /*把 intA 的地址赋予指针变量 pIntB*/
```

由于 pIntA、pIntB 均为指向整型变量的指针变量，因此可以相互赋值。

3）把数组的首地址赋予指向数组的指针变量。例如：

```
int intArray[5],*pIntA;
pIntA=intArray;
```

数组名表示数组的首地址，故可赋予指向数组的指针变量 pIntA。由于数组第一个元素的

地址也是整个数组的首地址，因此，也可写为

```
pIntA=&intArray[0];
```

4）把字符串的首地址赋予指向字符类型的指针变量。例如：

```
char *pChar;
pChar="C Language";
```

这里应说明的是，并不是把整个字符串装入指针变量，而是把存放该字符串的字符数组的首地址装入指针变量。在后面还将详细介绍。

5）把函数的入口地址赋予指向函数的指针变量。例如：

```
int (*pf) ( );
pf=f;                    /*f为函数名*/
```

（3）指针变量通过加减算术运算实现地址偏移。对于指向数组的指针变量，可以加上或减去一个整数n，来实现地址的偏移。设pIntA是指向数组intArray的指针变量（即pIntA指向intArray[0]），则pIntA+n表示把指针指向的当前位置（指向某数组元素）向后移动n个位置（即指向intArray[n]）。指针变量的加减运算只能对数组指针变量进行，对指向其他类型变量的指针变量作加减运算是毫无意义的。

注意：

1）不能把一个数字直接赋值给指针变量。例如，下面的语句是错误的：

```
int *pInt=2000;
```

2）程序中给指针变量赋值时，前面不要加上“*”说明符。例如下面的语句是错误的：

```
int intA=1;
int *pInt;
*pInt=&intA;
```

3)取地址运算符&和取内容运算符*是一对逆操作,同时出现时可以相互抵消。例如，&*p就等同于p。因为p是指针变量，*p表示其指向的变量，&*p表示其指向的变量的地址，也就是p的值。

5.1.3 技能训练

【实验5-1】阅读下面的程序，然后思考问题。

```
/*EX5_3.CPP*/
#include <stdio.h>
main( )
{
    int intA,intB;
    int *pInt1,*pInt2;
    intA=100;intB=10;
    pInt1=&intA;
    pInt2=&intB;
    printf("%d,%d\n",intA,intB);
    printf("%d,%d\n",* pInt1,* pInt2);
}
```

问题1：程序中有两处出现* pInt1和* pInt2，请区分它们的不同含义。

问题2：程序第7、第8行的“pInt1=&intA;”和“pInt2=&intB;”能否写成“* pInt1=&intA;”和“* pInt2=&intB;”？

问题3：如果已经执行了“pInt1=&intA;”语句，那么“&* pInt1”的含义是什么？

问题4：*&intA 的含义是什么？

指 导

问题1：在“int *pInt1,*pInt2;”语句中，*表示指针标识符，表示定义指针变量pInt1和pInt2。在“printf("%d,%d\n",* pInt1,* pInt2);”语句中，*是取内容运算符，* pInt1表示获得指针pInt1所指向的变量的值，* pInt2表示获得指针pInt2所指向的变量的值。

问题2：不能。因为* pInt1表示指针变量pInt1指向的变量，它的类型是int型，而&intA表示变量intA的地址，不能把地址赋值给int型变量。

问题3：&*pInt1可以写为&(*pInt1)，即取指针变量pInt1指向变量的地址，等同于pInt1。

问题4：*&intA可以写为*(&intA)，&intA表示取变量intA的地址，*(&intA)表示取该地址中变量的值，等同于intA。

程序运行结果如图5-5所示。

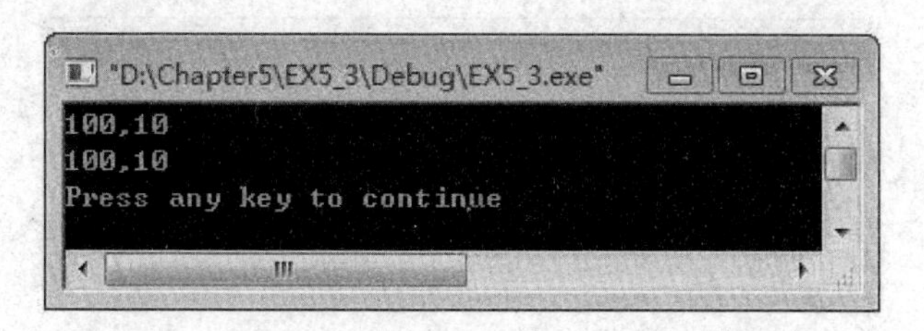

图5-5 ［实验5-1］运行结果

【实验5-2】执行以下程序，写出运行结果。

```
/*EX5_4.CPP*/
#include <stdio.h>
main( )
{
    int intA,intB,intK,intM,*pInt1=&intK,*pInt2=&intM;
    intK=4;
    intM=6;
    intA=pInt1==&intM;
    intB=(*pInt1)/(*pInt2)+7;
    printf("intA =%d\n",intA);
    printf("intB =%d\n",intB);
}
```

指 导

程序执行完“int intA,intB,intK,intM,*pInt1=&intK,*pInt2=&intM;”语句后，为变量intA、intB、intK、intM，指针变量pInt1、pInt2分配内存空间，使pInt1指向intK，pInt2指向intM。内存存储示意图如图5-6所示。

语句“intA=pInt1==&intM;”可以写为“intA=(pInt1==&intM);”，即取出变量intM的地址与pInt1比较是否相等（也就是判断pInt1是否指向变量intM），将比较结果（0或1）赋值给变量intA。由于pInt1指向的是变量intK而不是变量intM，因此，intA的值为0。

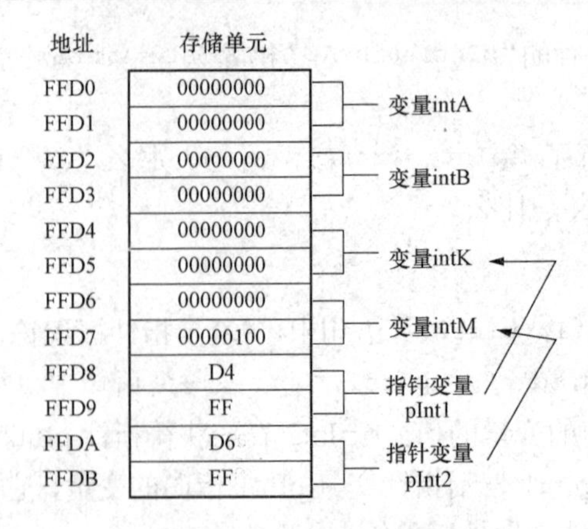

图 5-6　内存存储示意图

语句“`intB=(*pInt1)/(*pInt2)+7;`”表示将指针变量 pInt1 指向的变量除以 pInt2 指向的变量后与 7 求和，结果存入变量 intB。该语句等同于“`intB=intK/intM+7;`”，因此，intB 的值为 7。输出结果如图 5-7 所示。

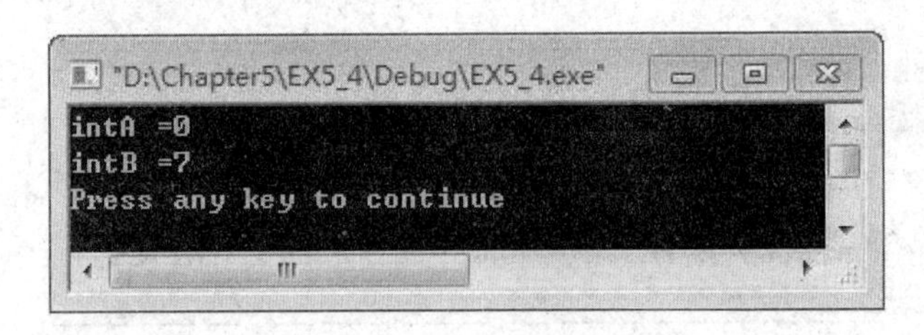

图 5-7　实验 5-2 运行结果

5.1.4　拓展与练习

【练习 1】以下程序中，调用 scanf 函数给变量 intA 输入数值的方法是错误的，其错误原因是什么？如何改正？

```
#include <stdio.h>
main( )
{
  int *pInt,intA,intB;
  pInt=&intA;
  printf("input intA:");
  scanf("%d",*pInt);
  ...
}
```

【练习 2】已有定义“`int intK=2;int *pInt1,*pInt2;`”且 pInt1 和 pInt2 均已指向变量 intK，下面不能正确执行的赋值语句是________。

A. intK=*pInt1+*pInt2;

B. pInt2=intK;

C. pInt1=pInt2;

D. intK=*pInt1*(*pInt2);

【练习 3】若有语句“int * pInt, intA=4;”和“pInt=&intA;”，下面均代表地址的一组选项是______。

A. intA，pInt，*&intA

B. &*intA，&intA，*pInt

C. &pInt，*pInt，&intA

D. &intA，&*pInt，pInt

5.1.5 编程规范与常见错误

1．编程规范

（1）定义指针变量时，* 号既可以紧接类型，也可以在变量名之前。例如：int* pnsize; 或 int *pnsize; 但不要写做：int * pnSize; 建议采用第二种形式。

（2）指针变量名必须具有一定的实际意义，形式为 pxAbcFgh。p 表示指针变量，x 表示指针变量类型，Abc、Fgh 表示连续有意义字符串，如“int *pIntSize;”中，p 表示指针变量，Int 表示该指针变量可以指向整型数据，Size 表示该指针变量的含义。

（3）一般一次只声明一个变量和指针变量，否则就会让人混淆。例如：“int* pInt, intB;”看起来 intB 好像也是个指针，其实不是。

2．常见错误

（1）使用未初始化的指针。指针是 C 语言中的一个重要概念，也是比较难掌握的一个概念。C 语言中，指针是用于存放变量地址的。指针变量是 C 语言中的一个特殊类型的变量。指针变量定义后应确定其指向。在没有确定指针的具体指向前，指针变量的内容是随机的地址，盲目地引用将十分危险。

（2）指针变量所指向的变量类型与其定义的类型不符。定义指针变量的一般格式为

```
类型说明符 *指针变量名;
```

其中，类型说明符规定的是指针变量所指向的变量的类型。C 语言规定一个指针变量只能指向同一个类型的变量。

（3）指针的错误赋值。指针变量的值是某个数据对象的地址，只允许取正的整数值。然而，千万不能将它与整数类型变量相混淆。指针赋值，在赋值号右边的应是变量地址且是所指变量的地址。

任务2 指针与数组

掌握指针访问数组的方法，领会指针处理字符串的方法，了解指针数组、多级指针等概念。

5.2.1 案例讲解

案例 1 通过指针变量访问数组元素

1．问题描述

求解某天是星期几。已知 2010 年 1 月至 12 月的星期因子分别是 4、0、0、3、5、1、3、

6、2、4、0、2，通过2010年的日期与相应星期因子计算后可以得到某天是星期几。计算方法如下：intWeek=(*(pIntMonth+intMonth−1)+intDay)%7，其中intWeek表示星期数：0表示星期天、1表示星期一，…；intMonth表示月份，*(pIntMonth+intMonth−1)表示该月的星期因子；intDay表示intMonth月份的第几天。例如，要知道2010年4月5日是星期几，只要将4月的星期因子3加上日期5，再与7取模，得1，表示该天是星期一。要求编写C语言程序，从键盘输入2010年的月份和日期，输出星期几。

2. 编程分析

对于十二个月的星期因子，我们可以存放在一个一维数组中，然后根据用户输入的月份到数组中取出相应的星期因子进行计算。

在C语言中，指针和数组之间的关系非常密切。如果使用数组下标形式访问数组元素，每次都要进行地址计算。例如，要访问intArray[3]，就要通过数组地址intArray加上3倍的数组元素大小得到intArray[3]地址才能访问。因此，可以考虑使用指针变量的形式来提高数组访问效率和程序灵活性。程序描述如下：

```
main( )
{
  定义数组保存12个月的星期因子
  定义指针变量,并使指针变量指向数组
  从键盘输入月份和日期,分别存入变量intMonth和intDay
  通过公式intWeek=(*(pIntMonth+intMonth-1)+intDay)%7计算星期数
}
```

3. 编写源程序

```
/*文件名:EX5_5.CPP
根据星期因子计算2010年某天的星期数
程序暂不考虑用户输入日期的有效性*/
#include <stdio.h >
main( )
{
  int intMonthSet[12]={4,0,0,3,5,1,3,6,2,4,0,2};
  int intMonth=0,intDay=0,intWeek=0;
  int *pIntMonth=intMonthSet;
  printf("请输入月份1-12:");
  scanf("%d",&intMonth);
  printf("\n请输入日期1-31:");
  scanf("%d",&intDay);
  printf("\n");
  intWeek=(*(pIntMonth+intMonth-1)+intDay)%7;
  if(intWeek==0)
    printf("星期天\n");
  else
    printf("星期%d\n",intWeek);
}
```

4. 运行结果

程序运行结果如图5-8所示。

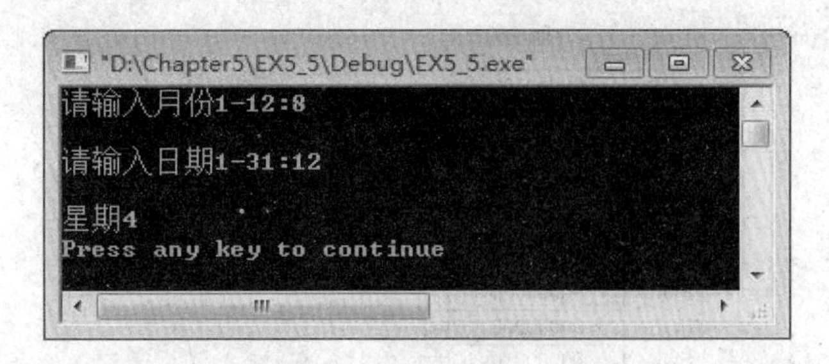

图 5-8 案例 1 运行结果

5. 归纳分析

（1）一个数组是由连续的一块内存单元组成的。一个数组包含若干元素，每个数组元素都在内存中占用存储单元，它们都有相应的地址。所谓数组的指针是指数组的起始地址，数组元素的指针是数组元素的地址。数组名就是这块连续内存单元的首地址。案例 1 中，数组 intMonthSet[12]拥有 12 个 int 类型的元素，它们在内存中的存储如图 5-9 所示。图中我们可以看出数组的地址就是数组第一个元素的地址，也是数组名 intMonthSet 所标识的地址。数组中每个元素依次存放。

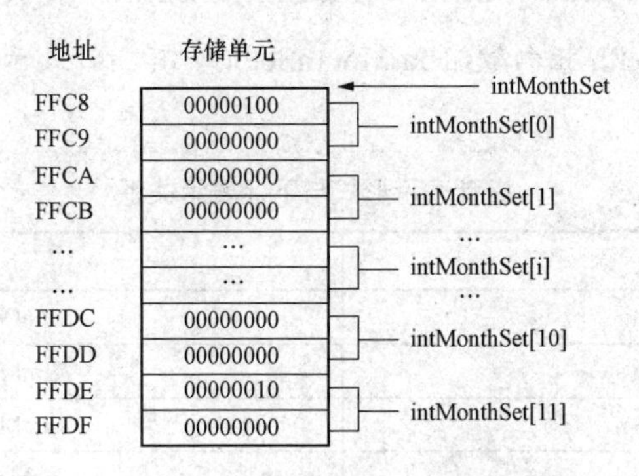

图 5-9 案例 1 数组存储示意图

（2）定义一个指向数组元素的指针变量的方法，与以前介绍的指针变量相同。例如：

```
int intMonthSet[12];          /*定义 intMonthSet 为包含 12 个整型数据的数组*/
int *pIntMonth;               /*定义 pIntMonth 为指向整型变量的指针变量*/
```

应当注意，因为数组为 int 型，所以指针变量也应为指向 int 型的指针变量。下面是对指针变量赋值：

```
pIntMonth = intMonthSet;
```

表示把数组 intMonthSet 的地址赋给指针变量 pIntMonth。或者：

```
pIntMonth =& intMonthSet [0];
```

表示把 intMonthSet [0]元素的地址赋给指针变量 pIntMonth。

在执行了“int *pIntMonth=intMonthSet;”语句后，内存结构如图 5-10 所示。

（3）语句“intWeek = (*(pIntMonth + intMonth - 1) + intDay) % 7;”中，*(pIntMonth + intMonth - 1)表示将指针 pIntMonth 下移 intMonth-1 个元素（因为下标从 0 开始）后取出地址中的内容。*(pIntMonth + intMonth-1)的效果等同于 intMonthSet[intMonth-1]。

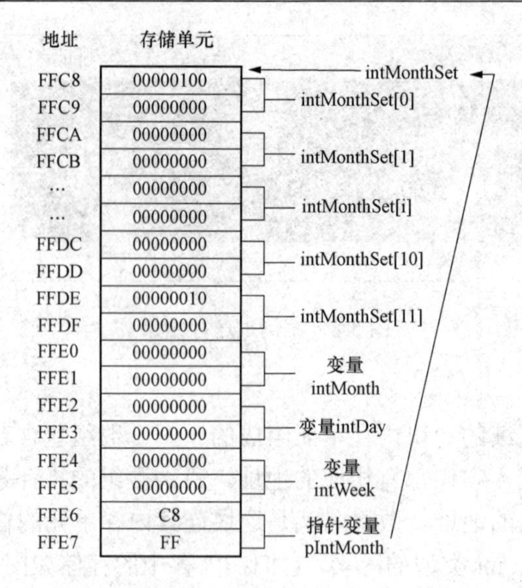

图 5-10 指针变量指向数组

当指针变量 pIntMonth 指向数组 intMonthSet 时，其指针表示形式与下标表示形式有如表 5-1 所示关系。

表 5-1 指针表示形式与下标表示关系

指针表示	下标表示
pIntMonth	intMonthSet
pIntMonth	&intMonthSet [0]
pIntMonth +n	&intMonthSet [n]
*pIntMonth	intMonthSet [0]
*(pIntMonth +n)	intMonthSet [n]

案例 2 指向数组元素的指针变量实现输出一维数组的元素值

1. 问题描述

要求使用指针实现将键盘输入的一维数组的元素输出。

2. 编程分析

定义数组后，用一个指针变量指向数组首元素，然后通过循环接收键盘输入，存放在指针变量表示的地址中，每次循环指针变量下移一格。待输入完成后，再利用指针变量循环输出数组元素。程序描述如下：

```
main( )
{
  定义数组及计数器
  定义指针变量,并使指针变量指向数组
  通过计数器控制循环:
    输入数据到指针变量
    指向下一个数组元素
```

```
  恢复指针变量使其重新指向数组
  通过计数器控制循环：
    输出指针变量指向的元素
    指向下一个数组元素
}
```

3. 编写源程序

```
/*文件名:EX5_6.CPP*/
#include <stdio.h>
main( )
{
  int intArray[10],intI;
  int *pInt=intArray;
  printf("请输入十个整数：\n");
  for(intI=0; intI <10; intI ++)    scanf("%d",pInt++);
  printf("输出：\n");
  pInt=intArray;
  for(intI =0; intI <10; intI ++)    printf("%2d",*pInt++);
  printf("\n");
}
```

4. 运行结果

程序运行结果如图 5-11 所示。

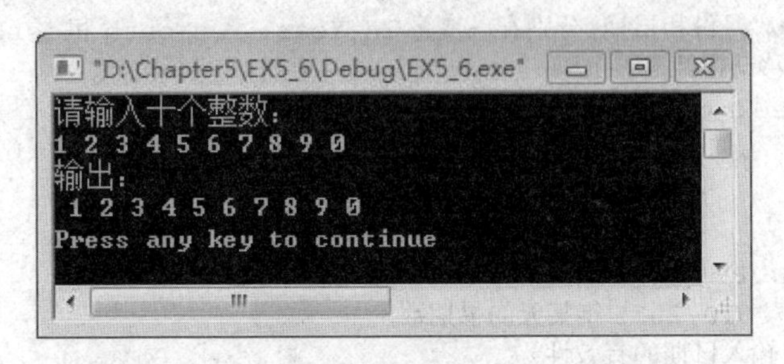

图 5-11 案例 2 运行结果

5. 归纳分析

（1）由于 pInt 是指针变量，本身就表示地址，因此在使用 scanf 输入时可以直接使用。例如：“`scanf("%d",pInt);`”。案例 2 中采用了“`scanf("%d",pInt++);`”语句，表示将输入的数据存入 pInt 表示的地址中，然后将 pInt 指向下一个数组元素。

在这里，“`scanf("%d",pInt++);`”语句也可以使用“`scanf("%d",&intArray[i]);`”代替。

（2）使用指针变量时要注意它的当前值。例如，通过“`scanf("%d",pInt++);`”语句循环为数组赋值后，pInt 已经超出了数组的存储范围，因此再次使用 pInt 输出数组元素时，需要再次执行“`pInt=intArray;`”，使其重新指向数组首地址。

案例 3 使用指针变量访问二维数组

1. 问题描述

如果已知 2010～2015 年的星期因子（表 5-2），同样可以利用公式 intWeek = (intMonthSets [intYear-2010][intMonth−1] + intDay) % 7 求解得到某天是星期几。请编程实现。

表 5-2　　2010～2015 年的星期因子

月份／年份	1月	2月	3月	4月	5月	6月	7月	8月	9月	10月	11月	12月
2010	4	0	0	3	5	1	3	6	2	4	0	2
2011	5	1	1	4	6	2	4	0	3	5	1	3
2012	6	2	3	6	1	4	6	2	5	0	3	5
2013	1	4	4	0	2	5	0	3	6	1	4	6
2014	2	5	5	1	3	6	1	4	0	2	5	0
2015	3	6	6	2	4	0	2	5	1	3	6	1

2. 编程分析

在案例 1 中，对于 2010～2015 年的星期因子，我们使用了一维数组来存储。在本例中，我们可以使用二维数组来表示数据：每年的星期因子占一行，每行 12 列，共 6 行。这样，我们可以在程序中定义一个 6 行 12 列的数组 intMonthSets[6][12]，对其初始化后，由用户输入年份数据转入相应行查找对应的星期因子，进行计算。程序描述如下：

```
main( )
{
  定义数组 intMonthSets[6][12],保存每年的星期因子
  定义指针变量 pIntMonths
  从键盘输入年份、月份和日期,分别存入变量 intYear、intMonth 和 intDay
  根据 intYear 移动指针
  通过公式 intWeek=(intMonthSet+intDay)%7 计算星期数
}
```

3. 编写源程序

```
/*文件名:EX5_7.CPP
根据星期因子计算 2010-2015 年某天的星期数
程序暂不考虑用户输入日期的有效性*/
#include <stdio.h>
main( )
{
  int intMonthSets[6][12]={{4,0,0,3,5,1,3,6,2,4,0,2},/*2010 年星期因子*/
                           {5,1,1,4,6,2,4,0,3,5,1,3},/*2011 年星期因子*/
                           {6,2,3,6,1,4,6,2,5,0,3,5},/*2012 年星期因子*/
                           {1,4,4,0,2,5,0,3,6,1,4,6},/*2013 年星期因子*/
                           {2,5,5,1,3,6,1,4,0,2,5,0},/*2014 年星期因子*/
                           {3,6,6,2,4,0,2,5,1,3,6,1}};/*2015 年星期因子*/
  int intYear=0,intMonth=0,intDay=0,intWeek=0;
  int *pIntMonths;
  printf("请输入年份 2010-2015:");
  scanf("%d",&intYear);
  printf("请输入月份 1-12:");
  scanf("%d",&intMonth);
  printf("\n 请输入日期 1-31:");
  scanf("%d",&intDay);
  printf("\n");
  pIntMonths=*(intMonthSets + intYear -2010);
```

```
    intWeek = (*(pIntMonths + intMonth -1) +intDay ) % 7;
    if(intWeek==0)
      printf("星期天\n");
    else
      printf("星期%d\n ",intWeek);
  }
```

4. 运行结果

程序运行结果如图 5-12 所示。

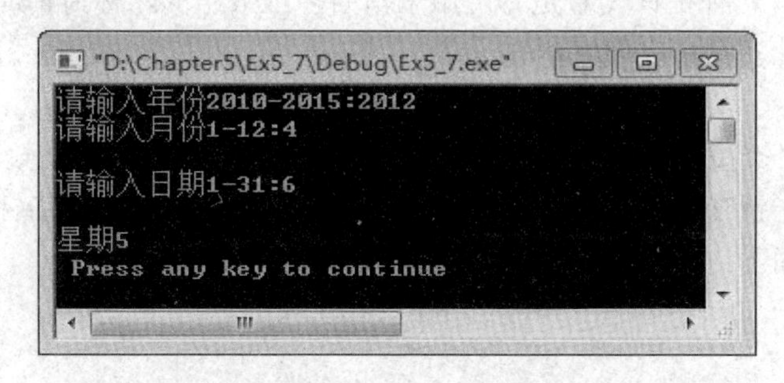

图 5-12 案例 3 运行结果

5. 归纳分析

(1)C 语言把一个二维数组看作是一维数组的集合，即二维数组是一个特殊的一维数组——它的每个元素也是一个一维数组。因此，数组 intMonthSets 可分解为 6 个一维数组，即 intMonthSets [0]，intMonthSets [1]，…，intMonthSets [5]。每一个一维数组又含有 12 个元素：intMonthSets [0][0]…intMonthSets [0][11]，intMonthSets [1][0]…intMonthSets [1][11]等。因此，程序中“`int *pIntMonths=intMonthSets[0];`”语句表示指针变量 pIntMonths 指向数组的第 0 行。

(2)图 5-13 所示为该程序运行时数组 intMonthSets 的存储示意图，从图中我们可以看出：数组的名字表示数组 intMonthSets 的首地址，如果对其加 1，则表示它的下一个元素地址，也就是 intMonthSets[1]，即二维数组的第 2 行。程序中“`pIntMonths=intMonthSets + intYear -2010;`”语句将用户输入的年份减去 2010 得到偏移量，然后将数组首地址 intMonthSets 加上偏移量，使指针变量 pIntMonths 指向相应的行数组。例如，用户输入 2012 作为年份，2012 减去 2010 得 2，pIntMonths 加上 2 表示第 3 行，因此 pIntMonths =intMonthSets [2]。

		[0]	[1]	[2]	[3]	[4]	[5]	[6]	[7]	[8]	[9]	[10]	[11]
intMonthSets→	intMonthSet [0]	4	0	0	3	5	1	3	6	2	4	0	2
	intMonthSet [1]	5	1	1	4	6	2	4	0	3	5	1	3
	intMonthSet [2]	6	2	3	6	1	4	6	2	5	0	3	5
	intMonthSet [3]	1	4	4	0	2	5	0	3	6	1	4	6
	intMonthSet [4]	2	5	5	1	3	6	1	4	0	2	5	0
	intMonthSet [5]	3	6	6	2	4	0	2	5	1	3	6	1

图 5-13 案例 3 数组 intMonthSets 的存储示意图

(3)对于二维数组 intMonthSets 的某一行，intMonthSets[i]就是它所表示的一维数组的数组名，也就是这行一维数组的首地址，如图 5-13 所示。如果对其加 1，则表示这个一维数组的下一个元素地址，也就是 intMonthSets[i][1]。语句“`intWeek = (*(pIntMonths + intMonth -1) +intDay ) % 7;`”将用户输入的月份减去 1 得到星期因子的偏移量，然后与 pIntMonths 相加，得到相应元素的地址，通过“*”取出该地址的数据后进行计算。例如，当用户输入2012作为年份，2作为月份时，由前面的描述可知pIntMonths =intMonthSets [2]，pIntMonths+2-1得到intMonthSets[2][1]元素的地址。因此，*(pIntMonths+2–1)得到的就是数组intMonthSets[2][1]元素的值：2。

案例4 使用指向多维数组的指针变量访问二维数组

1. 问题描述

在C语言里，有一种指针变量是专门用来指向多维数组的，称为指向多维数组的指针变量。请使用这种指针变量来实现案例3。

2. 编程分析

我们可以通过“类型说明符（*指针变量名）[指向的一维数组的个数]”的形式来定义一个指向二维数组的指针变量。这样，在对指针变量进行加减操作时，指针将在二维数组的行上移动。程序描述如下：

```
main( )
{
   定义数组intMonthSets[6][12]保存每年的星期因子
   定义指向二维数组的指针变量pIntMonths
   从键盘输入年份、月份和日期,分别存入变量intYear、intMonth和intDay
   根据intYear移动pIntMonths
   通过公式intWeek=(intMonthSet+intDay)%7计算星期数
}
```

3. 编写源程序

```
/*文件名:EX5_8.CPP
通过指向二维数组的指针变量实现:
根据星期因子计算2010-2015年某天的星期数
程序暂不考虑用户输入日期的有效性*/
#include <stdio.h>
main( )
{
  int intMonthSets[6][12]={{4,0,0,3,5,1,3,6,2,4,0,2},/*2010年星期因子*/
                           {5,1,1,4,6,2,4,0,3,5,1,3},/*2011年星期因子*/
                           {6,2,3,6,1,4,6,2,5,0,3,5},/*2012年星期因子*/
                           {1,4,4,0,2,5,0,3,6,1,4,6},/*2013年星期因子*/
                           {2,5,5,1,3,6,1,4,0,2,5,0},/*2014年星期因子*/
                           {3,6,6,2,4,0,2,5,1,3,6,1}};/*2015年星期因子*/
  int intYear=0,intMonth=0,intDay=1,intWeek=0;
  int (*pIntMonths)[12];                          /*定义指向二维数组的指针变量*/
  pIntMonths=intMonthSets;
  printf("请输入年份2010-2015:");
  scanf("%d",&intYear);
  printf("请输入月份1-12:");
  scanf("%d",&intMonth);
  printf("\n请输入日期1-31:");
  scanf("%d",&intDay);
  printf("\n");
  pIntMonths += intYear -2010;
```

```
    intWeek =(*(*pIntMonths + intMonth -1) +intDay ) % 7;
    if(intWeek==0)
      printf("星期天\n");
    else
      printf("星期%d\n ",intWeek);
  }
```

4. 运行结果

程序运行结果如图 5-14 所示。

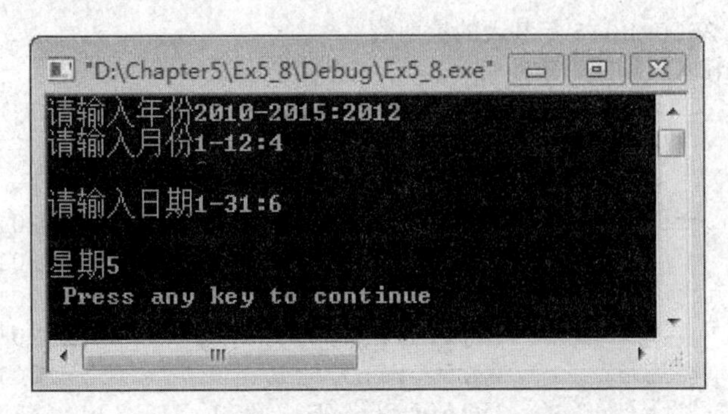

图 5-14 案例 4 运行结果

5. 归纳分析

（1）指向二维数组的指针变量定义方法为

```
类型说明符 ( *指针变量名)[指向的一维数组的个数];
```

程序中通过“int (*pIntMonths)[12];”语句定义了一个可以指向二维数组的指针变量 pIntMonths，这个二维数组每行拥有 12 列数据。

（2）语句“pIntMonths=intMonthSets;”使指针变量 pIntMonths 指向二维数组 intMonthSets 的首行。以后对 pIntMonths 加 1 就是下移一行，减 1 就是上移一行。

（3）如果要访问指针变量所指向的一维数组的内容，要先用“*指针变量名”得到该行的首地址，然后加减偏移量得到元素所在地址，最后再通过“*”取出内容。因此语句一般类似于：“*(*指针变量名±偏移量)”。例如，程序中的“*(*pIntMonths + intMonth -1)”。

案例 5 使用指针数组访问二维数组

1. 问题描述

指针变量也是一种数据类型。因此，可以将一组同一类型的指针变量放在一起，定义为数组。这种由指针变量构成的数组称为指针数组。请使用指针数组实现案例 3。

2. 编程分析

前面的描述中，我们知道二维数组是由一组一维数组组成的，每个一维数组都有其首地址，也就是二维数组每行的行地址。因此，我们可以定义一个指针数组来分别指向二维数组中的行地址，实现对数组元素的访问。程序描述如下：

```
main( )
{
  定义数组 intMonthSets[6][12]保存每年的星期因子
  定义指针数组的变量 intMonthSetsRow
```

```
  将 intMonthSets 每行的行地址赋值给指针数组 intMonthSetsRow 的元素
  从键盘输入年份、月份和日期,分别存入变量 intYear、intMonth 和 intDay
  根据 intYear 获得 intMonthSetsRow 中对应行的地址
  通过公式 intWeek=(intMonthSet+intDay)%7 计算星期数
}
```

3. 编写源程序

```
/*文件名:EX5_9.CPP
通过指针数组实现:
根据星期因子计算 2010-2015 年某天的星期数
程序暂不考虑用户输入日期的有效性*/
#include <stdio.h>
main( )
{
  int intMonthSets[6][12]={{4,0,0,3,5,1,3,6,2,4,0,2},/*2010 年星期因子*/
                           {5,1,1,4,6,2,4,0,3,5,1,3},/*2011 年星期因子*/
                           {6,2,3,6,1,4,6,2,5,0,3,5},/*2012 年星期因子*/
                           {1,4,4,0,2,5,0,3,6,1,4,6},/*2013 年星期因子*/
                           {2,5,5,1,3,6,1,4,0,2,5,0},/*2014 年星期因子*/
                           {3,6,6,2,4,0,2,5,1,3,6,1}};/*2015 年星期因子*/
  int intYear=2012,intMonth=2,intDay=1,intWeek=0,i;
  int *intMonthSetsRow[6];
  for(i=0;i<6;i++)    intMonthSetsRow[i]=intMonthSets[i];
  printf("请输入年份 2010-2015:");
  scanf("%d",&intYear);
  printf("请输入月份 1-12:");
  scanf("%d",&intMonth);
  printf("\n 请输入日期 1-31:");
  scanf("%d",&intDay);
  printf("\n");
  intWeek =(*(intMonthSetsRow[intYear-2010] + intMonth-1) +intDay ) % 7;
  if(intWeek==0)
    printf("星期天\n");
  else
    printf("星期%d\n ",intWeek);
}
```

4. 运行结果

程序运行结果如图 5-15 所示。

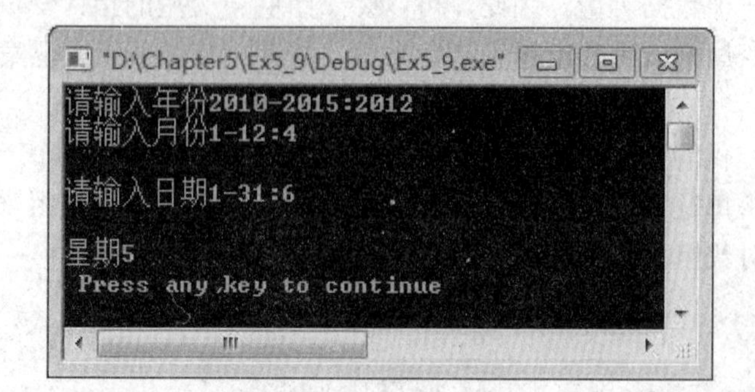

图 5-15　案例 5 运行结果

5. 归纳分析

（1）指针数组是一组有序的指针的集合。指针数组的所有元素都必须是具有相同存储类型和指向相同数据类型的指针变量。定义指针数组的一般形式为

```
类型说明符 *数组名[数组长度];
```

其中，类型说明符为指针值所指向的变量的类型。例如：

```
int *intMonthSetsRow[6];
```

表示 intMonthSetsRow 是一个指针数组，它有 6 个数组元素，每个元素值都是一个指针，指向整型变量。

（2）应该注意指针数组和二维数组指针变量的区别。这两者虽然都可用来表示二维数组，但是其表示方法和意义是不同的。

二维数组指针变量是单个的变量，其一般形式中“(*指针变量名)”两边的括号不可少。而指针数组类型表示的是多个指针（一组有序指针），在一般形式中“*指针数组名”两边不能有括号。例如：“int (*p)[3];”表示一个指向二维数组的指针变量。该二维数组的列数为 3，或者说分解为一维数组的长度为 3。“int *p[3];”表示 p 是一个指针数组，有三个下标变量 p[0]、p[1]、p[2]，且均为指针变量。

（3）指针数组也常用来表示一组字符串，这时指针数组的每个元素被赋予一个字符串的首地址。指向字符串的指针数组的初始化更为简单。例如：

```
char *charNames[ ]={"Illagal day","Monday","Tuesday","Wednesday","Thursday",
"Friday","Saturday","Sunday"};
```

完成这个初始化赋值之后，charNames[0]指向字符串"Illegal day"，charNames[1]指向"Monday"，......

案例 6 使用指针变量处理字符串

1. 问题描述

用户在输入用户名和密码时，如果输入一些特殊符号可能会影响系统安全。因此，需要将用户输入的用户名和密码进行字符替换，将危险字符替换掉。请编写程序，实现将字符串中的“'”全部替换为字母“A”。

2. 编程分析

C 语言中，字符串是通过一维字符数组来存储的，它的结束符为'\0'。因此我们可以使用指针变量指向字符串（一维字符数组），循环检测每个字符直到结束（等于'\0'）为止。程序描述如下：

```
main( )
{
  用户输入字符串存入字符数组 charStr
  定义指向字符的指针变量 pStr,并使 pStr 指向数组 charStr
  如果 pStr 的内容不等于\0，则做循环:
     如果 pStr 的内容等于\',则替换为 A
     pStr 下移一个元素
  输出替换后的字符串
}
```

3. 编写源程序

```
/*文件名:EX5_10.CPP
将字符串中的'全部替换为字母 A*/
#include <stdio.h>
main( )
{
  char charStr[20];
  char *pStr=charStr;
  puts("请输入字符串:");
  gets(charStr);
  while(*pStr!='\0')
  {
    if(*pStr=='\'')   *pStr='A';
    pStr++;
  }
  puts(charStr);
}
```

4. 运行结果

程序运行结果如图 5-16 所示。

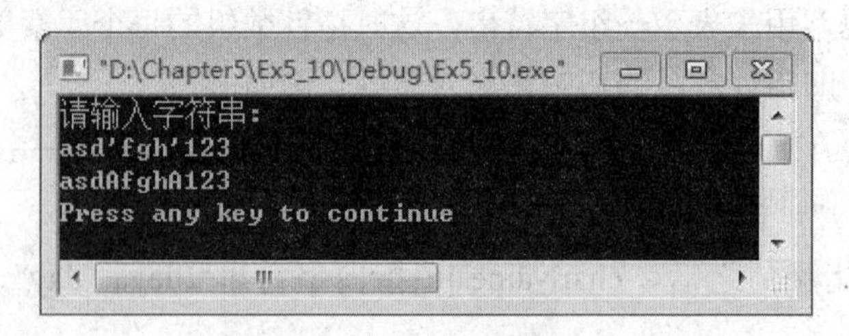

图 5-16 案例 6 运行结果

5. 归纳分析

（1）C 语言中，字符串是通过一维字符数组来存储的，它的结束符为\0。因此，对字符串中字符的引用也可以用指针来表示。

（2）如果定义字符串时采用 char *charStr="hello";语句，虽然没用显式地定义字符数组，但实际上还是在内存中开辟了一个连续区域存放字符串。

（3）虽然字符串是通过一维字符数组来存储的，但是定义时不能写为

```
char charStr[20];
charStr={"C Language"};
```

而只能对字符数组的各元素逐个赋值。这也可以看出使用指针变量更加方便。

案例 7 使用 main 函数的参数实现字符串中字符的替换

1. 问题描述

C 语言规定 main 函数的参数只能有两个，习惯上将这两个参数写为 argc 和 argv。请使用 main 函数的参数实现案例 6 的功能。

2. 编程分析

C 语言规定 argc 必须是整型变量，argv 必须是指向字符串的指针数组。加上形参说明后，

main 函数的函数头应写为

```
main (int argc,char *argv[ ])
```

main 函数的参数值是从操作系统命令行上获得的。当我们要运行一个可执行文件时，在DOS 提示符下键入文件名，再输入实际参数，即可把这些实参传送到 main 的形参中去。

DOS 提示符下命令行的一般形式为

```
C:\>可执行文件名  参数1  参数2…
```

程序执行时，会将实际参数作为字符串按次序传递给 argv 指针数组，将字符串的个数传递给 argc。因此，程序可以描述为

```
main( )
{
  定义指向字符的指针变量pStr
  检测命令行参数是否存在
  使pStr指向命令行参数
  如果pStr的内容不等于\0,则做循环:
    如果pStr的内容等于\',则替换为A
    pStr下移一个元素
  输出替换后的字符串
}
```

3. 编写源程序

```
/*文件名:EX5_11.CPP
使用main参数实现:
将字符串中的'全部替换为字母A*/
#include <stdio.h>
main(int argc,char *argv[ ])
{
  char *pStr;
  if(argc!=2)
    printf("请输入命令行参数!\n");
  else
  {
    pStr=argv[1];
    while(*pStr!='\0')
    {
      if(*pStr=='\'')  *pStr='A';
      pStr++;
    }
    printf("%s\n",argv[1]);
  }
}
```

4. 程序运行方法

(1) 在 Visual C++环境中右击项目名，选择“设置”，如图 5-17 所示。

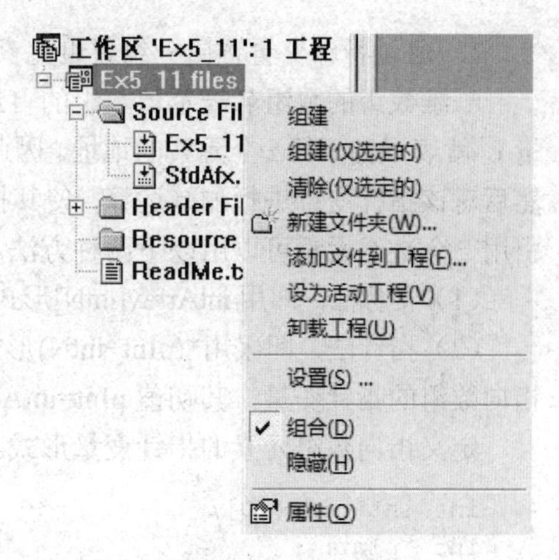

图 5-17　案例 7 步骤一

(2) 在弹出的窗口中选择“调试”，在“程序变量”中输入命令行参数，如“asd’fgh’123”，单击“确

定”按钮，如图 5-18 所示。

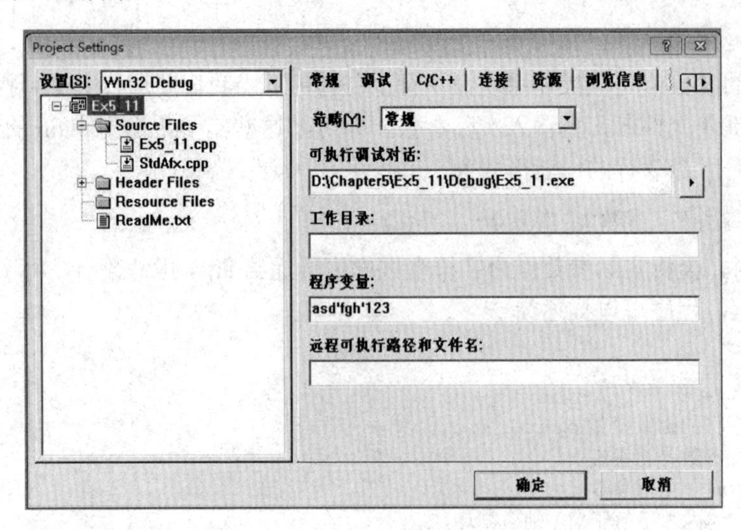

图 5-18　案例 7 步骤二

（3）程序输出结果，如图 5-19 所示。

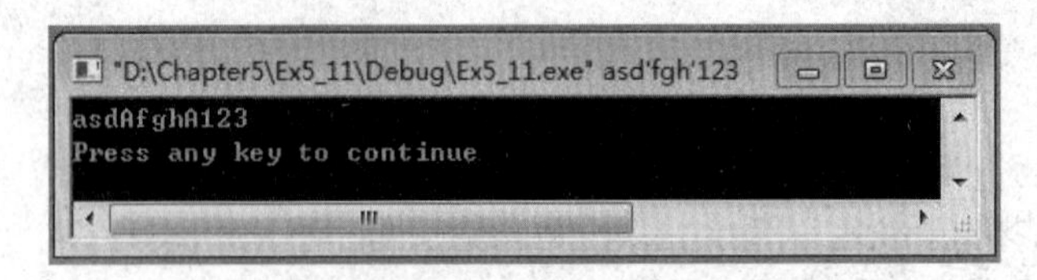

图 5-19　案例 7 运行结果

5. 归纳分析

程序执行时，argc 等于 2，argv[0]指向字符串“D:\Chapter5\EX5_11\Debug\EX5_11.exe”，argv[1] 指向字符串“asd'fgh'123”。

5.2.2　基础理论

1. 通过指针变量访问一维数组元素

一维数组的数组名表示该数组的首地址，它是一个常量。如果在其基础上加上一个偏移量 i，就表示向下第 i 个元素的地址。因此，在程序中定义一个指针变量使其指向数组首地址，然后对该指针变量进行加减运算，使其指向需要的数组元素，进行读写访问。根据以上叙述，引用一个数组元素可以用以下两种方法。

（1）下标法，即用 intArray[intN]形式访问数组元素。在前面介绍数组时都是采用这种方法。

（2）指针法，即采用*(pInt+intN)形式，用间接访问的方法来访问数组元素，其中 pInt 是指向数组的指针变量，其初值 pInt=intArray。

定义指向数组元素的指针变量形式与定义指向变量的指针变量相同。例如：

```
int intArray[10];
int *pInt;
pInt=intArray;  /* 或 pInt=&intArray[0];*/
```

这里应当注意，指向数组元素的指针变量的类型必须要和数组类型保持一致。其中，pInt 和 intArray 有相同作用，只是 intArray 是常量，pInt 是变量。执行了 pInt=intArray 后：

1）pInt+intN 和 intArray+intN 就是 intArray[intN]的地址。

2）*(pInt+intN)或*(intArray+intN)都表示指向 intArray[intN]。

2. 使用指针变量访问二维数组

二维数组是若干个相同大小的一维数组的集合。二维数组的每一行都表示一个一维数组。因此，二维数组中存在三类地址：数组首地址 intArray、行地址 intArray[i]和元素地址&intArray[intI][intJ]。特别地，对于数组首行地址 intArray[0]，它的值与数组首地址相同，但含义不同，对它们进行加减运算的结果也不相同。例如：

```
int intArray[3][4];
int *pInt1=intArray+1;
int *pInt2=intArray [0]+1;
```

执行后，pInt1 指向数组第 intArray[1]行，而 pInt2 指向元素 intArray[0][1]。因为对于 intArray 来说，它是由 intArray[0]、intArray[1]、intArray[2]三个行地址组成的一维数组的首地址，因此 intArray+1 表示在这个一维数组中下移一个元素：由指向 intArray[0]变为指向 intArray[1]。而 intArray[0]是二维数组首行指向的一维数组的首地址，因此对它加 1 表示在这个行数组中下移一个元素：由指向 intArray[0][0]变为指向 intArray[0][1]。

3. 指向多维数组的指针变量

在 C 语言里，有一种指针变量是专门用来指向多维数组的，称为指向多维数组的指针变量。我们可以通过“类型说明符 (*指针变量名)[指向的一维数组的个数]”的形式来定义一个指向二维数组的指针变量。这样，在对指针变量进行加减操作时，指针将在二维数组的行上移动。

4. 指针数组

数组元素是同一类型指针变量的数组称为指针数组。与二维字符数组相比，指针数组用于处理多个字符串更方便。如果使用二维字符数组处理多个字符串，由于数组的列数是相同的，因此会造成存储空间的浪费，而用指针数组就不存在这样的问题。多字符串表示形式比较如图 5-20 所示。

学习时要注意“指向多维数组的指针变量”和“指针数组”的差别：“指向多维数组的指针变量”是一个指针变量，它能够指向数组；而“指针数组”是一个数组，它的元素是某一种类型的指针。因此，它们在定义、使用时都不一样。

5. 使用指针变量处理字符串

字符串在内存中是以字符数组的形式存储的，因此，所有对数组适用的技术都可以应用到字符串上。使用时要注意以下两点。

（1）字符串可以看作是一个字符数组，因此，使用指针变量处理字符串的时候，指针变量的类型要定义为 char 型。

（2）字符串以\0 结尾。因此，可以通过当前指针变量的内容是否等于\0，来判断字符串是否结束。

6. main 函数的参数

main 函数的参数值是从操作系统命令行上获得的。它的参数有两个：整型的 argc 和指针数组 argv。argc 记录了 argv 数组的元素个数，argv 以指向字符串的指针数组形式保存了命令行中输入的文件名和参数列表。在输入命令时，文件名、参数列表都以空格作为分隔符。argv[0] 指向文件名，argv[1]～argv[argc-1]分别指向参数 1～n。

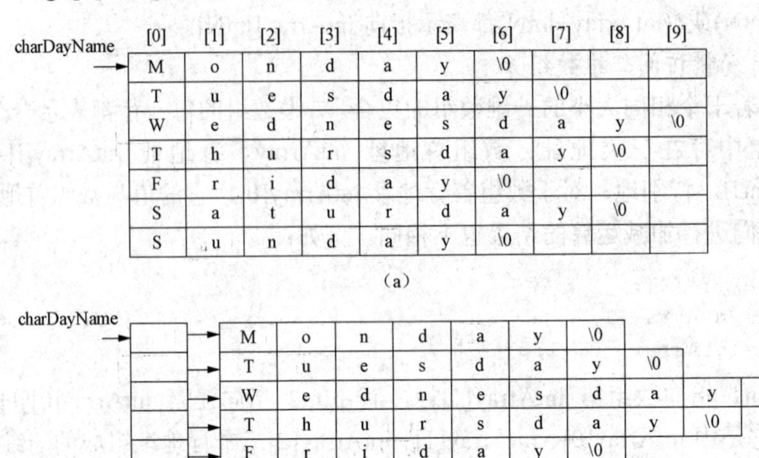

图 5-20 多字符串表示形式比较

（a）二维字符数组表示；（b）指针数组表示

7. 指向指针的指针

由于指针变量也有地址，因此它也可以被其他指针变量指向。如果一个指针变量存放的是另一个指针变量的地址，则称这个指针变量为指向指针的指针变量。定义一个指向指针的指针变量的语法为

```
类型说明符 **指针变量名;
```

在前面已经介绍过，通过指针访问变量称为间接访问。由于指针变量直接指向变量，所以称为单级间址。而如果通过指向指针的指针变量来访问变量，则构成二级间址。例如：

```
int intA=4;
int *pInt =&intA;
int **ppInt =&pInt;
```

其中，pInt 是一个指向整型变量 intA 的指针变量，ppInt 是一个指向指针变量 pInt 的指针变量，如图 5-21 所示。

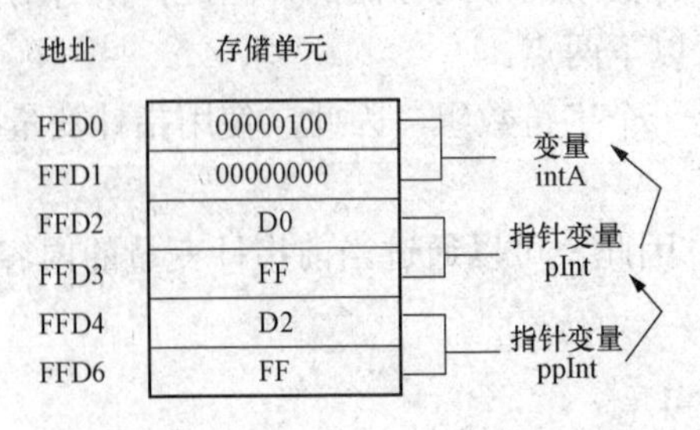

图 5-21 内存示意图

5.2.3 技能训练

【实验 5-3】下面的程序是用下标法输出数组的元素，分别根据要求完成编程。

（1）通过数组名计算元素的地址，输出数组的元素。

（2）用指针变量指向元素的方法，输出数组的元素。

```
/*文件名:EX5_12.CPP*/
#include <stdio.h>
main( )
{
  int intArray [10],intI;
  for(intI=0; intI<10; intI++)
      intArray[intI]= intI;
  for(intI=0; intI <10; intI++)
     printf("intArray[%d]=%d\n",intI,intArray[intI]);
}
```

指 导

问题一：数组名是数组首元素的地址，因此定义一个整型变量 intI，它的取值范围从 0 到数组长度减一。“数组名+0”表示第 0 个元素的地址，“数组名+1”表示第 1 个元素的地址，以此类推。相应元素的值可以通过*(数组名+ intI)获得。程序如下：

```
/*文件名:EX5_13.CPP*/
#include <stdio.h>
main( )
{
  int intArray [10],intI;
  for(intI=0; intI<10; intI++)
     *(intArray+intI)=intI;
  for(intI=0; intI <10; intI++)
     printf("intArray[%d]=%d\n",intI,*(intArray+intI));
}
```

输出结果如图 5-22 所示。

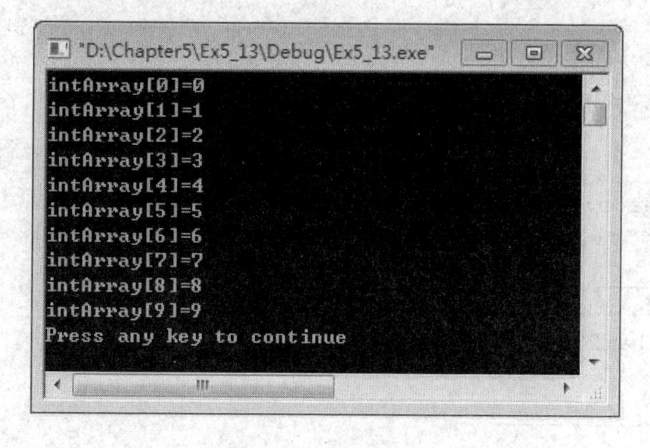

图 5-22 运行结果

问题二：使用指针变量指向数组首地址，进行读写操作，然后对指针变量加 1 使其指向下一个元素，再进行读写，如此循环直到数组结束。程序如下：

```
/*文件名:EX5_14.CPP*/
#include <stdio.h>
main( )
{
  int intArray [10],intI;
  int *pInt;
  pInt=intArray;
  for(intI=0; intI<10; intI++)
    *pInt++=intI;
  pInt=intArray;
  for(intI=0; intI<10; intI++)
    printf("intArray[%d]=%d\n",intI,*pInt++);
}
```

输出结果如图 5-23 所示。

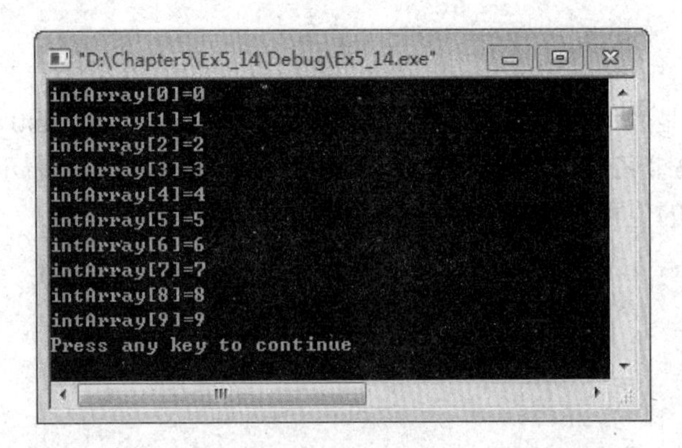

图 5-23 运行结果

【实验 5-4】以下程序的功能是删除命令行参数字符串中的所有数字字符，请填空。

```
/*文件名:EX5_15.CPP*/
#include <stdio.h>
main(int argc,char *argv[ ])
{
  int i;
  char *pChar1,*pChar2;
  if(argc>1)
  {
    for(i=1;i<argc;i++)
    {
      pChar2=_____1_____;
      pChar1=pChar2;
      while(*pChar2)
      {
        if(_____2_____)
        {
          *pChar1=*pChar2;
          pChar1++;
```

```
        }
        pChar2++;
      }
      *pChar1=______3______;
      printf("%s\n",argv[i]);
    }
  }
}
```

指 导

（1）如果有多个命令行参数，程序中使用变量 i 进行循环计数。argv[i]指向当前要处理的字符串。

（2）pChar1、pChar2 是字符指针变量，程序中用它们来处理字符串。其中，pChar1 指向新的字符串位置，pChar2 指向待检测的字符串位置。如果 pChar2 指向的内容非数字字符，则存入 pChar1 表示的地址中。

（3）待检测的字符串处理完成后（pChar2 的内容为 0），向 pChar1 表示的地址中写入 '\0'。

因此，空格 1 处填写： argv[i];，使 pChar2 指向当前要处理的字符串。空格 2 处填写：!(*pChar2>='0' && *pChar2<='9')，判断当前字符是否为数字字符。空格 3 处填写：'\0'，在新的字符串后添加结束标志。

当命令行参数为"asd12fgh qwe24ert5"时，程序输出如图 5-24 所示。

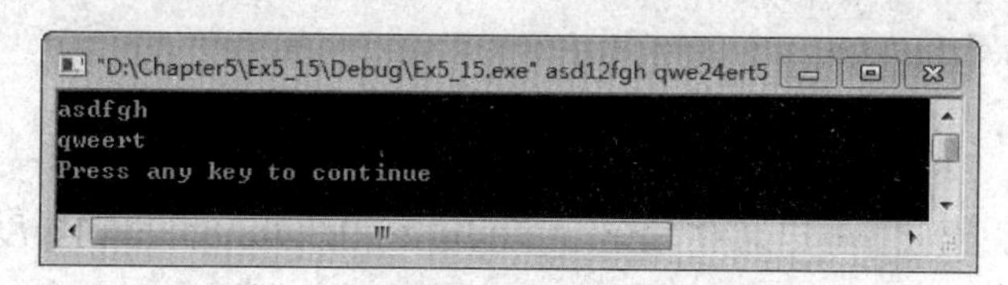

图 5-24 运行结果

5.2.4 拓展与练习

【练习 1】若有定义：int *p[3]; 则以下叙述中正确的是（ ）。

A. 定义了一个基类型为 int 的指针变量 p，该变量有三个指针

B. 定义了一个指针数组 p，该数组有三个元素，每个元素都是基类型为 int 的指针

C. 定义了一个名为*p 的整型数组，该数组含有三个 int 型元素

D. 定义了一个可指向多维数组的指针变量 p

【练习 2】有以下程序段：

```
#include <stdio.h>
main( )
{
  int intA=5,*pIntB,**ppIntC;
  ppIntC=&pIntB; pIntB=&intA;
  …
}
```

程序在执行了 ppIntC=&pIntB; pIntB=&intA;后，表达式：**ppIntC 的值是（ ）。

A. 变量 intA 的地址

B. 变量 pIntB 的值

C. 变量 intA 的值

D. 变量 pIntB 的地址

【练习 3】上机调试下面程序，体会采用普通变量与指针变量的不同之处。

```
/*文件名:EX5_16.CPP*/
#include <stdio.h>
main( )
{
  int intArray[10]={1,4,3,6,8,0,3,2,9,8},intDistance;
  int *pInt,*pIntMax,*pIntMin;
  pInt=pIntMax=pIntMin= intArray;
  for(pInt= intArray;pInt< intArray+10;pInt++)
  {
    if(*pInt<*pIntMin)     pIntMin=pInt;
    if(*pInt>*pIntMax)     pIntMax=pInt;
  }
  if(pIntMax>pIntMin)
    intDistance=pIntMax-pIntMin;
  else
    intDistance=pIntMin-pIntMax;
  printf("\n 最大值为%d,最小值为%d,它们相距%d 个元素 \n",
*pIntMax,*pIntMin,intDistance);
}
```

【练习 4】编写程序输出用户通过命令行参数输入的所有字符串的长度。例如，用户输入：文件名 Monday Tuesday Wednesday Thursday ，程序输出 6 7 9 8。

【练习 5】编写程序。使用指针将二维数组转置。

5.2.5 编程规范与常见错误

（1）使用指针变量访问数组元素可以提高程序效率和灵活性，但是使用时要注意以下两点。

1）要注意当前指针变量的值。指针变量的值是一个动态值，需要根据程序运行来分析。

2）要注意不能超过数组范围。指针在移动时，如果不注意限制条件，可能会超出数组的存储范围，从而访问到程序其他的数据或指令，这是非常危险的。在软件中，有一种漏洞称为缓冲区溢出，这种漏洞就是利用指针变量改写了数组以外的数据的。

（2）数组名是一个地址常量，不能自增自减，也不能在赋值语句中作左值。

任务 3 指 针 与 函 数

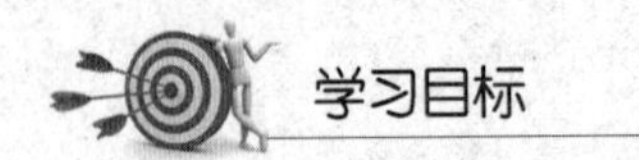

了解指针与函数的概念，掌握指针作为函数参数的应用。

5.3.1　案例讲解

案 例 1　指针作为函数参数实现两个变量的值的交换

1. 问题描述

将两个整数分别放到变量 intA、intB 中，编写函数交换这两个变量。

2. 编程分析

如果我们直接使用普通的变量传递形式来编写如下代码：

```
void swap(int intP,int intQ)
{
  int intTemp= intP;
  intP = intQ;
  intQ =intTemp;
  …
}
```

函数写到这里就没法写下去了，因为 C 语言的函数只能有一个返回值，我们返回了 intP，就不能返回 intQ，同样，返回了 intQ 就不能返回 intP。而如果不返回，函数执行后，intP、intQ 的值是不会变化的。例如：

```
void swap(int intP,int intQ)
{
  int intTemp= intP;
  intP = intQ;
  intQ =intTemp;
}
main( )
{
  int intA=4,intB=6;
  swap(intA,intB);
  printf("intA =%d,intB =%d",intA,intB);
}
```

执行后输出：

```
intA =4,intB =6
```

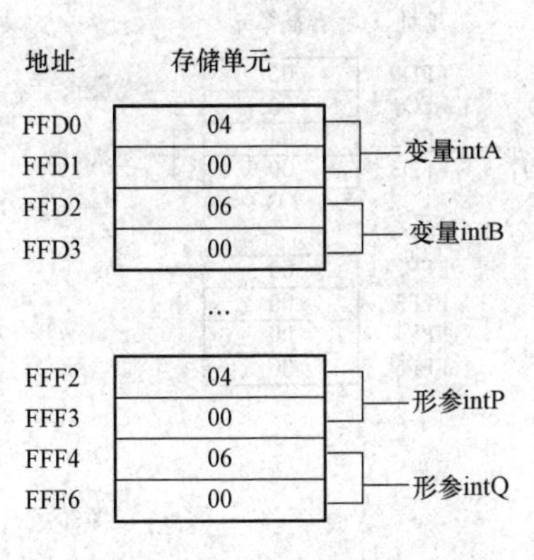

图 5-25　形参和实参存储示意图

这是因为 C 语言中，函数参数的传递是值传递，形参和实参存放在不同的内存空间，形参的变化不会影响实参的值，如图 5-25 所示。

可以看到，问题的关键在于形参和实参的存储空间不同。形参只不过是实参的一个影子，所以解决问题的一个方法就是使它们的数据的存储空间一致。

很自然地，我们可以想到指针变量保存的是变量的地址，如果我们将变量的地址传给形参，使形参也指向变量存储的空间，那么问题就迎刃而解了。所以我们需要定义一个使用指针变量作为参数的方法，然后将变量地址传递给函数。

3. 编写源程序

```
/*文件名:EX5_17.CPP*/
void swap(int *pIntP,int *pIntQ)
{
  int intTemp=* pIntP;
  * pIntP =* pIntQ;
  * pIntQ =intTemp;
}
main( )
{
  int intA=4,intB=6;
  swap(&intA,&intB);
  printf("intA =%d,intB =%d\n",intA,intB);
}
```

4. 运行结果

程序运行结果如图5-26所示。

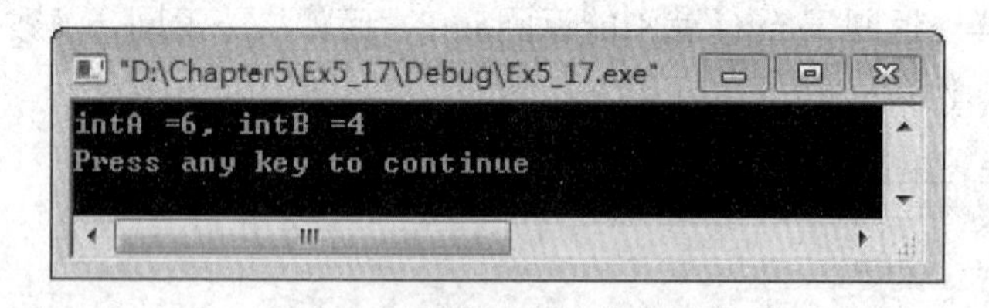

图5-26　案例1运行结果

5. 归纳分析

（1）程序使用“swap(&intA,&intB);”，将变量intA的地址传递给形参pIntP，使其指向变量intA，如图5-27（a）所示。

（2）在函数swap中，通过临时变量intTemp，实现pIntP所指向的内容与pIntQ所指向的内容互换，如图5-27（b）所示。

（3）函数swap结束后，形参被释放，但是此时变量intA、intB的值已经是修改过的了，如图5-27（c）所示。

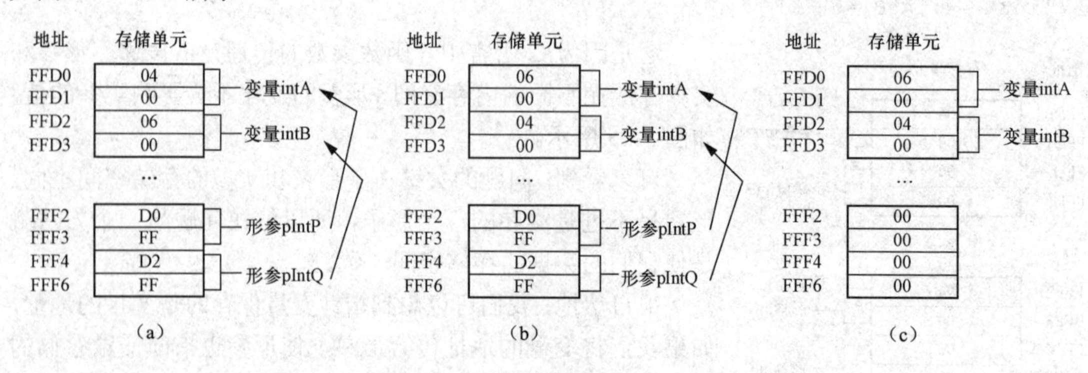

图5-27　案例1程序执行示意图

案例2 数组作为函数参数实现将一维数组元素反置

1. 问题描述

试编写函数将一维数组元素反置。

2. 编程分析

将数组作为函数参数传入，将 intArray[0]与 intArray[intN−1]对换，再将 intArray[1]与 intArray[intN-2] 对换，…，直到将 intArray[(intN-1/2)]与 intArray[intN-int((intN-1)/2)]对换为止。程序描述如下：

```
void inv(int intArray[ ],int intN)    /*形参 intArray 是数组名*/
{
  定义指针变量 pInt1 指向数组首地址
  定义指针变量 pInt2 指向数组末地址
  循环执行：
    pInt1、pInt2 的内容互换
    pInt1 下移一格
    pInt2 上移一格
  直到数组长度的 1/2 为止
}
```

3. 编写源程序

```
/*文件名:EX5_18.CPP*/
void inv(int intArray[ ],int intN)    /*形参 intArray 是数组名*/
{
  int intTemp,intI,intM=(intN-1)/2;
  int * pInt1= intArray;
  int * pInt2=& intArray[intN -1];
  for(intI=0;intI<=intM;intI++)
  {
    intTemp=* pInt1;
    * pInt1++=* pInt2;
    * pInt2--=intTemp;
  }
}
main( )
{
  int intI,intArrayData[10]={3,7,9,11,0,6,7,5,4,2};
  printf("原始数组:\n");
  for(intI=0;intI<10;intI++)    printf("%d,",intArrayData[intI]);
  printf("\n");
  inv(intArrayData,10);
  printf("转换后数组:\n");
  for(intI=0;intI<10;intI++)    printf("%d,",intArrayData[intI]);
  printf("\n");
}
```

4. 运行结果

程序运行结果如图 5-28 所示。

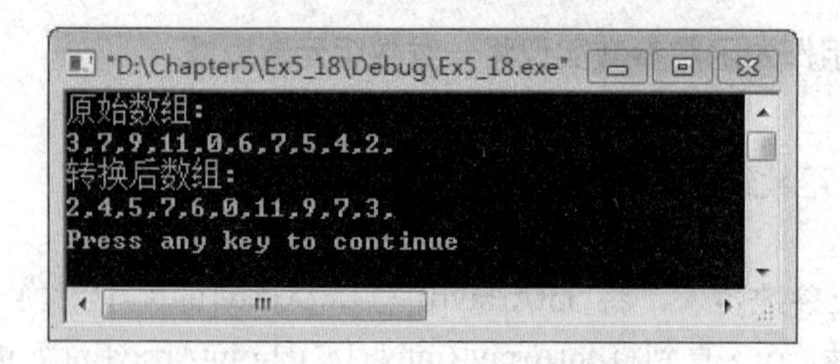

图 5-28 案例 2 运行结果

5. 归纳分析

（1）在函数调用时，将实参数组的首地址赋值给形参数组，使得这两个数组共占一块内存空间。因此，对形参数组 intArray 的访问就是对实参数组 intArrayData 的访问。

（2）每次做循环体的时候，指针变量 pInt1、pInt2 的内容互换，然后 pInt1 从上往下移动，pInt2 从下往上移动。因此，函数 inv 中的循环语句可以改为

```
while(pInt1< pInt2)
{
  intTemp=* pInt1;
  * pInt1++=* pInt2;
  * pInt2--=intTemp;
}
```

案例 3 指针型函数实现求某天是星期几

1. 问题描述

试编写一个函数用来计算 2010～2015 年某天是星期几。要求函数有三个参数：年、月、日，计算后返回表示星期的英文单词。

2. 编程分析

事先定义一个指针数组存放表示星期的英文单词字符串。对于 2010～2015 年的星期数可以通过表 5-2 给出的星期因子计算而得。通过得到的星期数到指针数组中查询英文单词，返回。程序描述如下：

```
getWeekDay 函数（年,月,日）
{
  定义指针数组存放表示星期的英文单词字符串
  定义二维数组存放 2010-2015 年的星期因子
  计算星期数
  返回指针数组中对应的字符串
}
```

3. 编写源程序

```
/*文件名:EX5_19.CPP*/
char * getWeekDay(int intYear,int intMonth,int intDay)
{
  char
*charDayName[7]={"Sunday","Monday","Tuesday","Wednesday","Thursday","Friday",
"Saturday"};
  int intMonthSets[6][12]={{4,0,0,3,5,1,3,6,2,4,0,2},/*2010 年星期因子*/
```

```
                              {5,1,1,4,6,2,4,0,3,5,1,3},/*2011 年星期因子*/
                              {6,2,3,6,1,4,6,2,5,0,3,5},/*2012 年星期因子*/
                              {1,4,4,0,2,5,0,3,6,1,4,6},/*2013 年星期因子*/
                              {2,5,5,1,3,6,1,4,0,2,5,0},/*2014 年星期因子*/
                              {3,6,6,2,4,0,2,5,1,3,6,1}};/*2015 年星期因子*/
  int intWeek=0;
  int *pIntMonths;
  pIntMonths= *(intMonthSets + intYear -2010);
  intWeek = (*(pIntMonths + intMonth -1) +intDay ) % 7;
  return charDayName[intWeek];
}
main( )
{
  printf("%d 年%d 月%d 日: %s\n",2014,11,7,getWeekDay(2014,11,7));
}
```

4. 运行结果

程序运行结果如图 5-29 所示。

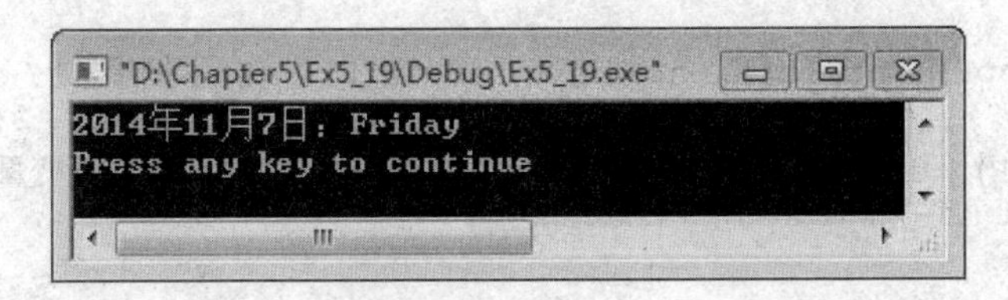

图 5-29 案例 3 运行结果

5. 归纳分析

（1）本例中定义了一个指针型函数 getWeekDay，它的返回值指向一个字符串。

（2）指针型函数 getWeekDay 中定义了一个指针数组 charDayName，存放表示星期的英文单词字符串。程序通过公式 intWeek=(intMonthSet+intDay)%7 计算出星期数，根据星期数取出 charDayName 中的字符串，返回。

案例 4 求三个数据中的最大和最小值

1. 问题描述

用户希望编写这样一个函数：函数拥有 3 个参数，参数 1 是指向函数的指针，参数 2、参数 3 表示要调用的函数。请编写示例程序。

2. 编程分析

函数在内存中也是连续存储的，函数名就是它的首地址。因此，可以使用指针变量来指向某个函数。这样，我们编写的示例函数可以设定 3 个参数：指向函数的指针变量、操作数 1、操作数 2。然后在程序中，将要执行的函数和数据传递给示例函数。程序描述如下：

```
示例函数(指向函数的指针变量,操作数 1,操作数 2)
{
  执行指针变量指向的函数(操作数 1,操作数 2)
}
main( )
{
```

```
  定义指向函数的指针变量 pMax、pMin
  使 pMax 指向现有函数 fmax
  使 pMin 指向现有函数 fmin
  调用示例函数(pMax,操作数 1,操作数 2)
  调用示例函数(pMin,操作数 1,操作数 2)
}
```

3. 编写源程序

```
/*文件名:EX5_20.CPP*/
int fmax(int intA,int intB)                          /*返回两个数中较大值*/
{
  if(intA > intB)  return intA;
  return intB;
}
int fmin(int intA,int intB)                          /*返回两个数中较小值*/
{
  if(intA < intB)  return intA;
  return intB;
}
int f( int (*pF)(int,int),int intA,int intB)    /*示例函数*/
{
  return  (*pF)( intA,intB);                         /*执行指针变量指向的函数*/
}
main( )
{
  int(*pMax)(int,int);                               /*定义指向函数的指针变量*/
  int(*pMin)(int,int);
  int intX=4,intY=9;
  pMax=fmax;                                         /*指向函数*/
  pMin=fmin;
  printf("较大的数是:%d\n",f(pMax,intX,intY));
  printf("较小的数是:%d\n",f(pMin,intX,intY));
}
```

4. 运行结果

程序运行结果如图 5-30 所示。

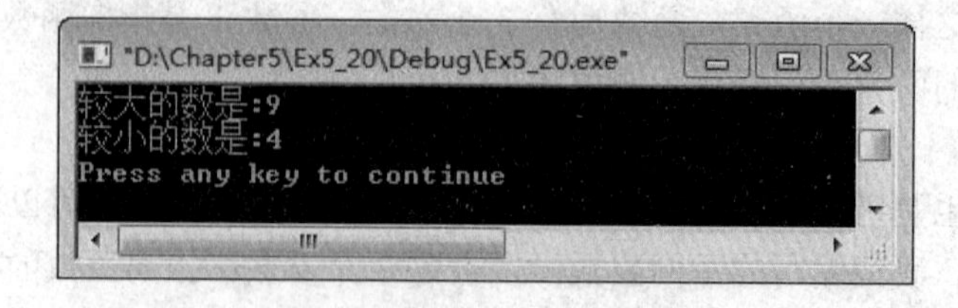

图 5-30 案例 4 运行结果

5. 归纳分析

（1）定义函数指针变量的一般形式为

```
类型说明符  (*指针变量名)(形参表);
```

其中，“类型说明符”表示被指函数的返回值的类型。最后的空括号表示指针变量所指的是一个函数。例如，程序中“int(*pMax)(int,int);”语句表示定义一个函数指针变量 pMax，它指向一个带两个 int 型形参的函数，其返回值类型为 int。

（2）语句“pMax=fmax”表示将函数 fmax 的入口地址赋予函数指针变量 pMax。

（3）语句“f(pMax,intX,intY)”表示将指向函数的指针变量 pMax、整型变量 intX 和 intY 作为参数调用方法 f。方法 f 的申明为“int f(int (*pF)(int,int),int intA,int intB)”，表示第一个参数是函数指针变量，后两个参数是整型变量。

（4）语句“(*pF)(intA, intB);”表示以 intA、intB 为参数，执行指针变量指向的函数。

5.3.2 基础理论

1. 指针作为函数参数

函数的参数不仅可以是整型、实型、字符型等数据，还可以是指针类型。它的作用是将一个变量的地址传送到函数中。这样，形参的指针变量也指向变量的存储空间，对形参内容的改动就是对原变量的改动。当函数体执行完毕后，函数中的形参和局部变量被释放，但形参所指向的原变量的值是不会恢复的。

指针作为函数参数的情况还可以用来处理字符串。例如，下面函数用来计算字符串的长度。

```
/*文件名:EX5_21.CPP*/
int getStrLength(char * charStr)
{
  char *pChar=charStr;
  int intN=0;
  while(*pChar++!='\0')    intN++;
  return intN;
}
main( )
{
  char *pChar="asdfghj";
  printf("%d\n",getStrLength(pChar));
}
```

程序运行结果如图 5-31 所示。

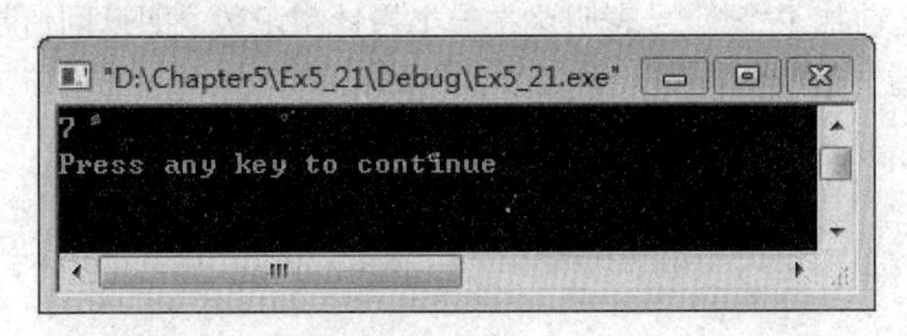

图 5-31 运行结果

2. 数组作为函数参数

在函数调用时，将实参数组的首地址赋值给形参数组，使得这两个数组共占一块内存空间。这样，形参数组中的元素值发生变化将会使实参数组的元素值也同时变化。

由于数组名也是一个地址，所以在函数中地址的传递也可以不用数组名，而使用指向数组元素的指针变量来实现。表 5-3 给出了数组作为函数参数时实参和形参可以使用的类型。

表 5-3 数组作为函数参数时实参和形参可以使用的类型

实参	数组名	数组名	指针变量	指针变量
形参	数组名	指针变量	数组名	指针变量

案例 2 中的 void inv(int intA[ ],int intN)函数可以改写为

```
void inv(int *pIntA,int intN)   /*形参 pIntA 是指针变量*/
{
  int intTemp,intI,intM=( intN-1)/2;
  int *pInt1= pIntA;
  int *pInt2= pIntA + intN -1;
  for(intI=0;intI<=intM;intI++)
  {
   intTemp=*pInt1;
   *pInt1++=*pInt2;
   *pInt2--=intTemp;
  }
}
```

注意

当数组作为函数参数时，为了控制数组范围，一般要加上表示数组大小的参数。

3. 指针型函数

前面我们介绍过，所谓函数类型是指函数返回值的类型。在 C 语言中，允许一个函数的返回值是一个指针（即地址），这种返回指针值的函数称为指针型函数。定义指针型函数的一般形式为

```
类型说明符 *函数名(形参表)
{
…                            /*函数体*/
}
```

其中，函数名之前加了“*”号表明这是一个指针型函数，即返回值是一个指针。类型说明符表示了返回的指针值所指向的数据类型。例如：

```
int *ap(int intX,int intY)
{
…                            /*函数体*/
}
```

表示 ap 是一个返回指针值的指针型函数，它返回的指针指向一个整型变量。

4. 指向函数的指针

在 C 语言中，一个函数总是占用一段连续的内存区，而函数名就是该函数所占内存区的首地址。我们可以把函数的首地址（或称入口地址）赋予一个指针变量，使该指针变量指向该函数。然后通过指针变量就可以找到并调用这个函数。这种指向函数的指针变量称为“函数指针变量”。定义函数指针变量的一般形式为

```
类型说明符 (*函数指针变量名)(形参表);
```

其中，“类型说明符”表示被指函数的返回值的类型。最后的空括号表示指针变量所指的是一个函数。例如：

```
int (*pF)(int,int);
```

表示 pF 是一个指向函数的指针变量，该函数的返回值是整型。

函数指针变量调用函数的步骤如下：

（1）先定义函数指针变量，如案例 4 中“`int (*pMax)(int, int);`”定义 pMax 为函数指针变量。

（2）把被调函数的入口地址（函数名）赋予该函数指针变量，如案例 4 中“`pMax= fMax`”。

（3）用函数指针变量形式调用函数，调用函数的一般形式为

```
(*函数指针变量名) (实参表)
```

例如，案例 4 中“`return (*pF)( intA, intB);`”。

使用函数指针变量还应注意以下两点：

（1）函数指针变量不能进行算术运算，这是与数组指针变量不同的。数组指针变量加减一个整数可使指针移动指向后面或前面的数组元素，而函数指针的移动是毫无意义的。

（2）函数调用中，“(*指针变量名)”的两边的括号不可少，其中的“*”不应该理解为求值运算，在此处它只是一种表示符号。

应该注意函数指针变量和指针型函数这两者在写法和意义上的区别。例如，int (*pF)( ) 和 int *pF( )是两个完全不同的量。int (*pF)( )是一个变量说明，说明 pF 是一个指向函数入口的指针变量，该函数的返回值是整型量，(*pF)的两边的括号不能少。int *pF( )则不是变量说明，而是函数说明，说明 pF 是一个指针型函数，其返回值是一个指向整型量的指针，*pF 两边没有括号。作为函数说明，在括号内最好写入形式参数，这样便于与变量说明区别。对于指针型函数定义，int *pF( )只是函数头部分，一般还应该有函数体部分。

5.3.3 技能训练

【实验 5-5】运行下面程序，画出内存示意图，给出运行结果。

```
/*文件名:EX5_22.CPP*/
#include <stdio.h>
void sub(int intX,int intY,int *pIntZ)
{
  *pIntZ=intY-intX;
}
main( )
{
  int intA=0,intB=0,intC=0;
  sub(10,5,&intA);
  sub(7,intA,&intB);
  sub(intA,intB,&intC);
  printf("%4d,%4d,%4d\n",intA,intB,intC);
}
```

指 导

执行“`int intA, intB, intC;`”后，系统为 intA、intB、intC 分配内存，如图 5-32（a）所示；执行“`sub(10,5,&intA);`”时，系统首先为形参 intX、intY、pIntZ 分配内存，如图 5-32（b）所示，然后计算*pIntZ=intY-intX（即 5-10），将 intY-intX 的结果（-5）存入 pIntZ 所指向的内存空间，如图 5-32（c）所示。函数完成后，形参 intX、intY、pIntZ 的空间被释放，如图 5-32（d）所示。执行“`sub(7,intA,&intB);`”时，系统首先为形参 intX、intY、pIntZ 分配内存并计算*pIntZ=intY-intX（即-5-7），将 intY-intX 的结果（-12）存入 pIntZ 所指向的内存空间，如图 5-32（e）所示。函数完成后，形参 intX、intY、pIntZ 的空间被释放。执行“`sub(intA,intB,&intC);`”时，系统首先为形参 intX、intY、pIntZ 分配内存，并计算*pIntZ=intY-intX[即-12-(-5)]，将 intY-intX 的结果（-7）存入 pIntZ 所指向的内存空间，如图 5-32（f）所示。函数完成后，形参 intX、intY、pIntZ 的空间被释放。

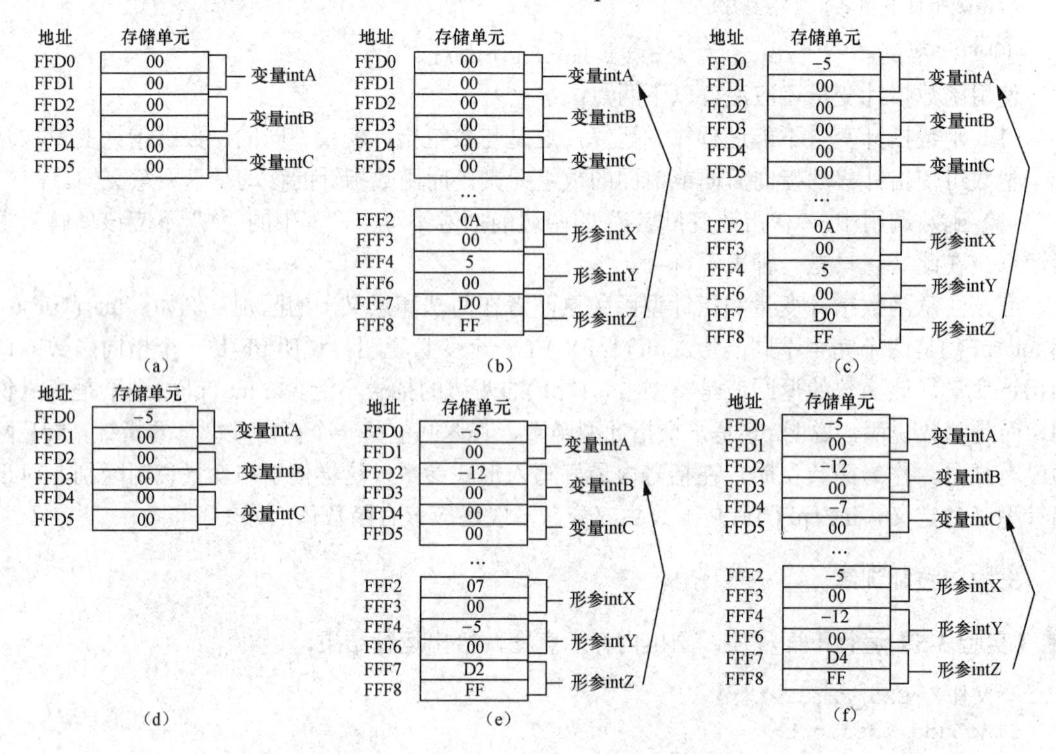

图 5-32 内存示意图

程序输出结果如图 5-33 所示。

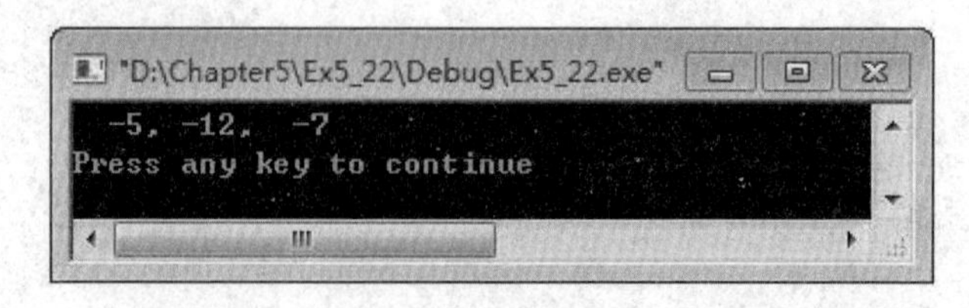

图 5-33 运行结果

【实验 5-6】编写函数 delgcd，消去两个整形参数的最大公约数。

指 导

问题 1：如何求两个整数的最大公约数

欧几里德算法又称辗转相除法，用于计算两个整数 intA、intB 的最大公约数。欧几里德算法的算法思想是：对于给定的两个正整数，用较大的数除以较小的数，若余数不为零，则将余数和较小的数构成新的一对数，继续上面的除法，直到大数被小数除尽，则这时较小的数就是原来两个数的最大公约数。

第一步：输入两个正整数 intA、intB（intA > intB）。

第二步：求出 intA÷intB 的余数 intR。

第三步：令 intA=intB，intB=intR，若 intR≠0，重复第二步。

第四步：输出最大公约数 a。

欧几里德算法描述为

```
int gcd(int intM,int intN)
{
  int intA,intB,intR;
  if(abs(intM)>=abs(intN))
  {
    intA=abs(intM);
    intB=abs(intN);
  }
  else
  {
    intA=abs(intN);
    intB=abs(intM);
  }
  do
  {
    intR=intA%intB;
    intA = intB;
    intB = intR;
  }while(intR!=0);
  return intA;
}
```

问题 2：如何同时保存两个参数的值

这个问题类似于案例 1，我们可以使用指针变量作为函数的参数来解决这个问题。程序如下：

```
/*文件名:EX5_23.CPP*/
#include <stdio.h>
#include <math.h>
void delgcd(int *pIntM,int *pIntN)
{
  int intA,intB,intR;
  if(abs(*pIntM)>=abs(*pIntN))
  {
```

```
    intA =abs(*pIntM);
    intB =abs(*pIntN);
  }
  else
  {
    intA =abs(*pIntN);
    intB =abs(*pIntM);
  }
  do
  {
    intR = intA % intB;
    intA = intB;
    intB = intR;
  }while(intR!=0);
  * pIntM =* pIntM / intA;
  * pIntN =* pIntN / intA;
}
main( )
{
  int intA =45,intB =36;
  delgcd(&intA,& intB);
  printf("%d %d\n",intA,intB);
}
```

程序输出结果如图5-34所示。

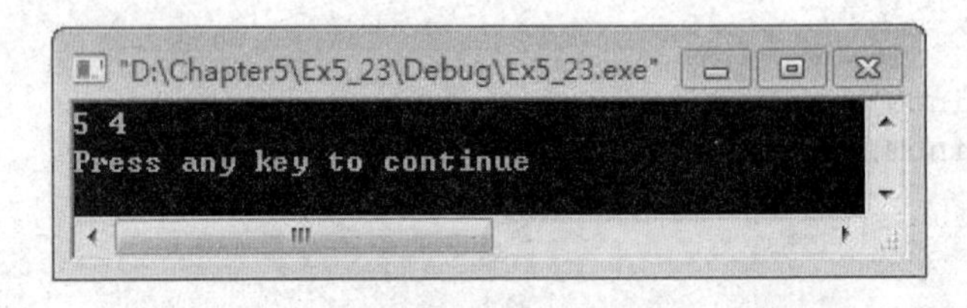

图5-34 运行结果

【实验5-7】以下程序的作用是通过函数fun求出数组intA中最大元素所在位置的下标，并存放在变量intK所指的存储单元中。程序部分语句如下，请先仔细阅读程序及注释，然后在此基础上完成函数fun。

```
#include <stdio.h>
int fun(int *pIntA,int intX,int *pIntK)
{
  …
}
main( )
{
  int intArray[10]={876,675,890,101,301,405,980,432,456,787},intK;
                                                    /*数组初始化*/
  fun(intArray,10,&intK);                           /*调用函数*/
  printf("%d,%d\n",intK,intArray[intK]);
}
```

指 导

根据程序中函数的调用形式fun(intArray,10,&intK)可以看出函数fun的第一个参数指向数组，第二个参数表示数组长度，第三个参数是一个指针变量，用来存放最大值的下标。

求数组最大值的下标可以从下标0开始逐个比较，如果pIntA[*pIntK]<a[i]，将i赋值给*pIntK，直到数组结束。程序如下：

```
/*文件名:EX5_24.CPP*/
#include <stdio.h>
int fun(int *pIntA,int intX,int *pIntK)
{
  int intI;
  *pIntK =0;
  for(intI=0;intI< intX;intI++)
  {
    if(pIntA [intI]> pIntA[*pIntK])
     *pIntK =intI;
  }
  return *pIntK;
}
main( )
{
  /*定义变量,数组初始化*/
int intArray[10]={876,675,890,101,301,405,980,432,456,787},intK;
  fun(intArray,10,&intK);                      /*调用函数*/
  printf("%d,%d\n",intK,intArray[intK]);
}
```

程序输出结果如图5-35所示。

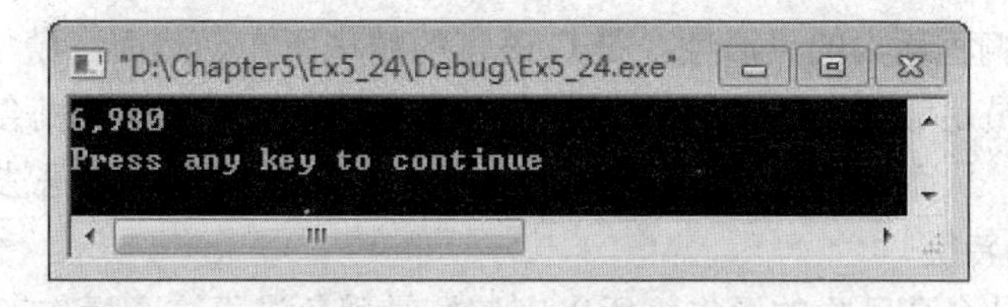

图5-35 运行结果

5.3.4 拓展与练习

【练习1】已定义以下函数：

```
fun( char *pChar2 ,char *pChar1 )
{
  while(( *pChar2 = *pChar1 ) != '\0' )
  {
   pChar1++;
   pChar2++;
  }
}
```

函数的功能是（　　）。

A. 将 pChar1 所指字符串复制到 pChar2 所指的内存空间

B. 将 pChar1 所指字符串的地址赋值给 pChar2

C. 对 pChar1 和 pChar2 两个指针变量所指字符串进行比较

D. 检查 pChar1 和 pChar2 两个指针变量所指字符串是否有'\0'

【练习 2】设函数 findbig 已定义为求 3 个数中的最大值，以下程序将利用函数指针调用 findbig 函数，请填空。

```
main( )
{
  int (*pIntf)(int,int,int);
  int intX,intY,intZ,intBig;
  pIntf =findbig;
  scanf("%d,%d,%d",& intX,& intY,& intZ);
  intBig=_________________;
  printf("intBig=%d\n",intBig);
}
```

【练习 3】编写程序实现以下功能。

（1）编写 sum 函数，对实型数组中所有元素求和。

（2）编写 average 函数，计算实型数组中所有元素的平均值。

（3）编写 consign 函数，该函数拥有三个参数：函数指针变量 pInt、指向数组元素的指针变量 intArray，表示数组长度的整型变量 intLength。consign 函数以 intArray、intLength 为参数调用 pInt 所指向的函数。

（4）编写主函数测试程序。

5.3.5　编程规范与常见错误

指针赋予了 C 编程最大的灵活性，是 C 语言的精华所在。然而，精华并不意味着完美，C 语言在赋予程序员足够灵活性的同时，也给了程序员很多犯错误的机会。所以，有必要关注指针的实现细节，从而保障程序的安全性。注意，这些规范并不是语法要求。

1. 指针的类型转换

指针类型转换是个高风险的操作，所以应该尽量避免进行这个操作。

2. 指针的运算规范

ISO C 标准中，对指向数组成员的指针运算（包括算术运算、比较等）做了规范定义，除此以外的指针运算属于未定义（undefined）范围，具体实现有赖于具体编译器，其安全性无法得到保障，MISRA-C 中对指针运算的合法范围做了如下限定。

规则 1：只有指向数组的指针才允许进行算术运算。

规则 2：只有指向同一个数组的两个指针才允许相减。

规则 3：只有指向同一个数组的两个指针才允许用>、>=、<、<=等关系运算符进行比较。

为了尽最大可能减少直接进行指针运算带来的隐患，尤其是程序动态运行时可能发生的数组越界等问题，MISRA-C 对指针运算作了更为严格的规定。

规则 4：只允许用数组索引做指针运算。按如下方式定义数组和指针：

```
int intA[10];
```

```
int *pInt;
```

则*(pInt+5)=0 是不允许的，而 pInt[5]=0 则是允许的，尽管就这段程序而言，二者等价。

5.3.6 贯通案例——之六

1. 问题描述

实现增加学生成绩，删除学生成绩的功能。

2. 编写程序

```
/*文件名：EX5_25.CPP*/
#include <stdio.h>
#include <stdlib.h>
#define N 5
#define M 3
void AppendScore(int intScores[][3],int* pIntN)
{
    int i,j,intM;
    printf("input Append number: ");
    scanf("%d",& intM);
    intM +=* pIntN;
    for(i=* pIntN;i< intM;i++)                    /*输入N个学生的成绩*/
    {   printf("input No.%d\'s score: ",i+1);
        for(j=0;j<3;j++)
        scanf("%d",&intScores[i][j]);
    }
    (*pIntN)= intM;
}
int DeleteScore(int intScores[][3],int intN)
{
    int i,intNum ;
    printf("Please input the number to Delete:" ) ;
    scanf("%d",&intNum ) ;
    if (intNum <=0|| intNum > intN )
    {
        printf("Number not found\n") ;
        return intN ;
    }
    for( i=intNum-1; i< intN -1; i++)
    {
            intScores[i][0] = intScores[i+1][0];
            intScores[i][1] = intScores[i+1][1];
            intScores[i][2] = intScores[i+1][2];
    }
    intN -- ;
    return intN;
}
void PrintScore(int intScores[][3],int intN)
{
    int i,j;
    for (i=0; i< intN; i++)                       /*输出排序后的结果*/
```

```
    {   printf("\nNo.%d\'s score: ",i+1);
        for(j=0;j<3;j++)
          printf("%3d ",intScores[i][j]);
    }
    printf("\n");
}
void PrintMenu()
{
printf("#================================================#\n");
    printf("#              学生成绩管理系统                  #\n");
    printf("#------------------------------------------------#\n");
    printf("#             copyright @ 2009-10-1              #\n");
printf("#================================================#\n");
    printf("#                 1.加载文件                     #\n");
    printf("#                 2.增加学生成绩                 #\n");
    printf("#                 3.显示学生成绩                 #\n");
    printf("#                 4.删除学生成绩                 #\n");
    printf("#                 5.修改学生成绩                 #\n");
    printf("#                 6.查询学生成绩                 #\n");
    printf("#                 7.学生成绩排序                 #\n");
    printf("#                 8.保存文件                     #\n");
    printf("#                 0.退出系统                     #\n");
    printf("#================================================#\n");
    printf("请按 0-8 选择菜单项:");
}
main()
{
    char charCh;
    int intScores[N][M];
    int intSize=0;
    while(1)
    {
    PrintMenu();
    scanf(" %c",& charCh);  /*在%c 前面加一个空格,将存于缓冲区中的回车符读入*/

    switch (charCh)
    {
        case '1': printf("进入加载文件模块.本模块正在建设中…….\n");
               break;
        case '2': printf("进入增加学生成绩模块.\n");
              AppendScore(intScores,& intSize);
              break;
        case '3': printf("进入显示学生成绩模块.\n");
              PrintScore(intScores,intSize);
              break;
        case '4': printf("进入删除学生成绩模块.\n");
              intSize =DeleteScore(intScores,intSize);
             break;
        case '5': printf("进入修改学生成绩模块.本模块正在建设中…….\n");
             break;
        case '6': printf("进入查询学生成绩模块.本模块正在建设中…….\n");
```

```
        break;
    case '7': printf("进入学生成绩排序模块.\n");
        break;
    case '8': printf("进入保存文件模块.本模块正在建设中…….\n");
        break;
    case '0': printf("退出系统.\n"); exit(0);
    default: printf("输入错误!");
  }

 }
}
```

3. 运行结果

增加学生成绩的运行结果如图 5-36 所示，删除学生成绩的运行结果如图 5-37 所示。

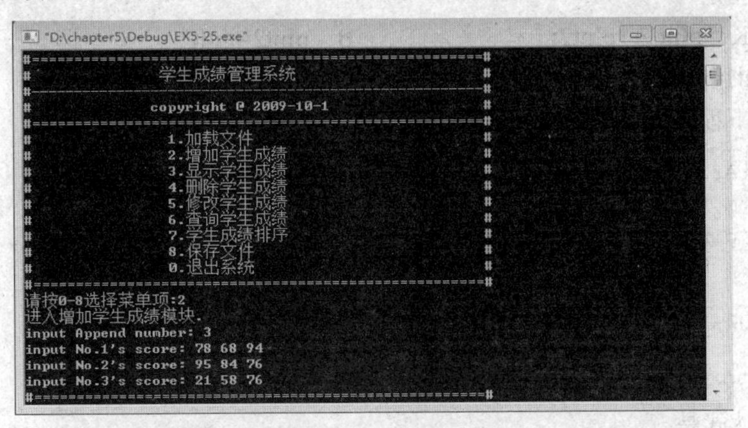

图 5-36 增加学生成绩的运行结果

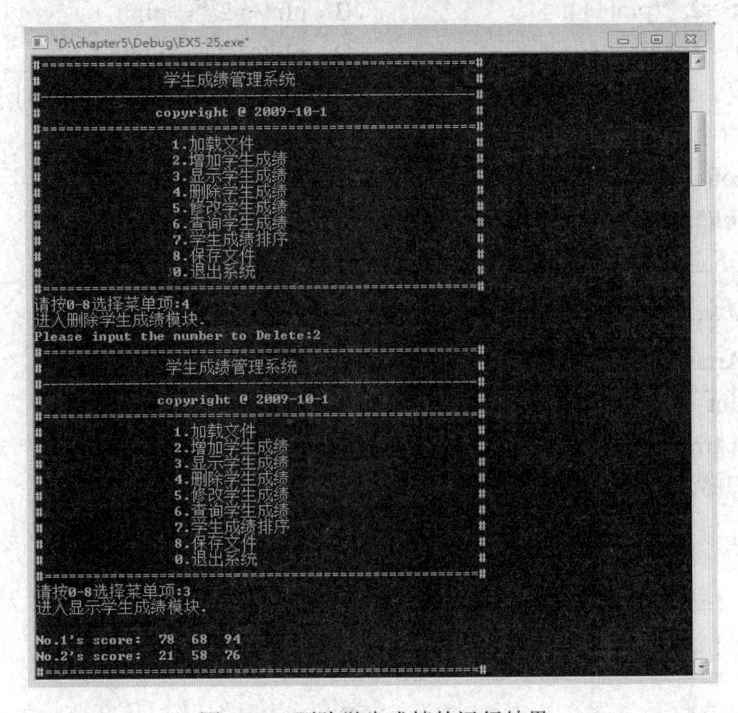

图 5-37 删除学生成绩的运行结果

一、选择题

1. 下列程序段的输出结果为（　　）。

```
int intArray[ ]={6,7,8,9,10}; int *pInt;
pInt=intArray; *(pInt+2)+=2;
printf ("%d,%d\n",*pInt,*(pInt+2));
```

A．8,10　　B．6,8　　C．7,9　　D．6,10

2. 设 pInt1 和 pInt2 是指向同一个 int 型一维数组的指针变量，intK 为 int 型变量，则不能正确执行的语句是（　　）。

A．intK=*pInt1+*pInt2;　　B．pInt2=intK;
C．pInt1=pInt2;　　D．intK=*pInt1*(*pInt2);

3. 执行以下程序段后，intM 的值为（　　）。

```
int intArray[2][3]={ {1,2,3},{4,5,6} };
int intM,*pInt; pInt=&intArray[0][0];
intM=(*pInt)*(*(pInt+2))*(*(pInt+4));
```

A．15　　B．14　　C．13　　D．12

4. 若有以下定义:

```
int intArray[ ]={1,2,3,4,5,6,7,8,9,10},*pInt= intArray;
```

则值为 3 的表达式是（　　）。

A．pInt+=2; *(pInt++);　　B．pInt+=2;*++pInt;
C．pInt+=3; *pInt++;　　D．pInt+=2;++*pInt;

5. 设有定义：char charArray[ ]={'1'，'2'，'3'}，*pChar= charArray;，下列不能计算出一个 char 型数据所占字节数的表达式是（　　）。

A．sizeof(charArray)　　B．sizeof(char)
C．sizeof(*pChar)　　D．sizeof(charArray [0])

6. 若有以下定义和语句：

```
int intArray[10]={1,2,3,4,5,6,7,8,9,10},*pInt= intArray;
```

则不能表示 intArray 数组元素的表达式是（　　）。

A．*pInt　　B．intArray [10]
C．* intArray　　D．intArray [pInt−intArray]

7. 有以下程序，程序的运行结果是（　　）。

```
#include <stdio.h>
main( )
{   int intArray[ ]={1,2,3,4},intA,*pInt=&intArray[3];
  --pInt;  intA=*pInt;  printf("intA=%d\n",intA);
}
```

A．intA=0　　B．intA=1

C．intA=2　　　　D．intA=3

8. 设有定义：double doubleArray[10]，*pDouble= doubleArray;，以下能给数组 doubleArray 下标为 6 的元素读入数据的正确语句是（　　）。

A．scanf("%f",& doubleArray [6]);　　　　B．scanf("%lf",*(doubleArray +6));

C．scanf("%lf",pDouble+6);　　　　D．scanf("%lf",pDouble[6]);

9. 以下程序运行后,输出结果是（　　）。

```
main ()
{   char *pChar="abcde";
   pChar+=2;
   printf ("%ld\n",pChar) ;
}
```

A．cde　　　　B．字符 c 的 ASCII 码值

C．字符 c 的地址　　　　D．出错

10. 下列程序的运行结果是（　　）。

```
void fun(int *pIntA,int *pIntB)
{  int * pInt;
   pInt=pIntA; pIntA=pIntB; pIntB=pInt;
}
main( )
{   int intA=3,intB=6,*pIntX=&intA,*pIntY=&intB;
    fun(pIntX,pIntY);
    printf("%d %d",intA,intB);
}
```

A. 6 3　　　　B. 3 6　　　　C．编译出错　　　　D. 0 0

11. 有如下程序，该程序的输出结果是（　　）。

```
#include <stdio.h>
void intSum(int intArr[ ])
{  intArr[0]=intArr[-1]+intArr[1];
}
main(  )
{  int intArr[10]={1,2,3,4,5,6,7,8,9,10};
   intSum(&intArr[2]);
   printf("%d\n",intArr[2]);
}
```

A. 6　　　　B. 7　　　　C. 5　　　　D. 9

二、填空题

1. 下面函数用来求出两个整数之和,并通过形参传回两数相加之和值,请填空。

```
int add(int intX,int intY,_______)
{ _______ =intX+intY;}
```

2. 若有以下定义：char charStr[20]="programming"，*pChar=charStr;则*(pChar+3)的值是________。

3. 程序在计算机运行的时候，所有数据都存放在内存中，而内存以________为存储单元

存放数据。

4. 计算机系统为每个内存单元进行编号，内存单元的编号也叫做________。

5. 通过变量名访问数据时，系统自动完成变量名与存储地址的转换，这种访问形式称为________。

6. C 语言有一种称为________的形式，它将变量的存储地址存入另一个变量中，这个变量称为________变量，然后通过它去访问先前的变量。

7. 引用一个数组元素可以用________和________。

8. 变量名其实是给变量数据存储区域所取的名字，计算机内存的每个存储位置都对应唯一的________。

9. pInt 为一个指针变量，试写出表达式________，用以实现：取 pInt 所指向单元的数据作为表达式的值，然后使 pInt 指向后一个单元。

10. 设有变量定义：int intArray[ ]={1,2,3,4,5,6},*pInt=intArray+2，计算表达式*(pInt+2)的值是________。

三、程序填空题

1. 以下程序的功能是借助指针变量找出数组元素中最大值所在的位置并输出该最大值。请填空。

```
main( )
{
    int intArray[10] ,*pInt1,*pInt2;
    for (pInt1= intArray;pInt1- intArray <10;pInt1++)
       scanf ("%d",__________) ;
    for (pInt1= intArray,pInt2= intArray;pInt1- intArray <10;pInt1++)
       if (*pInt1>*pInt2) __________;
    printf ("max=%d\n",__________) ;
}
```

2. 以下程序的功能是使用指针变量指向元素的方法，输出数组的元素。请填空。

```
main( )
{
    int intArray[10],intI;
    int *pInt;
    __________;
    for(intI=0;intI<10;intI++)
       *pInt++=intI;
    __________;
    for(intI=0;intI<10;intI++)
       printf("intArray[%d]=%d\n",intI,__________);
}
```

3. 以下程序的功能是计算字符串的长度。请填空。

```
int getStrLength(char *charStr)
{
    char *pChar=charStr;
    int intI=0;
```

```
    while(*pChar++!='________')
        ________;
        return intI;
}
main( )
{
    char * charStr="asdfghj";
    printf("%d\n",getStrLength(________));
}
```

4. 以下函数的功能是把 charStrB 字符串连接到 charStrA 字符串的后面,并返回 charStrA 中新字符串的长度。请填空。

```
strcen(char charStrA[ ],char charStrB[ ])
{
    int intNum=0,intN=0;
    while(*(charStrA+intNum)!= ________)
        intNum++;
    while(charStrB[intN])
    {
        *(charStrA+intNum)= charStrB[intN];
        intNum++;
        ________;}
    return(________);
}
```

四、阅读程序题

1. 有以下程序，输出结果是________。

```
int fun(int intX,int intY,int *pInt1,int *pInt2)
{ *pInt1=intX+intY; *pInt2=intX-intY; }
main( )
{
    int intA,intB,intC,intD;
    intA=30; intB=50;
    fun(intA,intB,&intC,&intD);
    printf("%d,%d\n",intC,intD);
}
```

2. 以下程序的输出结果是________。

```
main( )
  {
char *pChar="abcdefgh",*pCharR;
long *pLong;
    pLong=(long*)pChar;
    pLong++;
    pCharR=(char*)pLong;
    printf("%s\n",pCharR);
}
```

3. 有以下程序，执行后输出的结果是________。

```
void f( int intY,int *pIntX)
```

```
{  intY=intY+*pIntX;  *pIntX=*pIntX+intY;}
main( )
{  int intX=2,intY=4;
   f(intY,&intX);
   printf("%d,%d\n",intX,intY);
}
```

4. 有以下程序,程序运行后的输出结果是________。

```
void fun(char *pChar,int intD)
{  *pChar=*pChar+1; intD=intD+1;
   printf("%c,%c,",*pChar,intD);
}
main( )
{  char charA='A',charB='a';
   fun(&charB,charA); printf("%c,%c\n",charA,charB);
}
```

5. 有以下程序，程序运行后的输出结果是________。

```
#include <stdio.h>
int charB=2;
int fun(int *pInt)
{
   charB=*pInt+charB;
   return(charB);
}

main( )
{  int intArray[10]={1,2,3,4,5,6,7,8},intI;
   for(intI=2;intI<4;intI++)
   {
      charB=fun(&intArray[intI])+charB;
       printf("%d ",charB);
   }
   printf("\n");
}
```

五、编程题

1. 编写程序，从键盘输入 intA 和 intB 两个整数，按先大后小的顺序输出 intA 和 intB。编程要求：使用指针变量输出结果。

2. 编写程序，使用指针实现将键盘输入的一维数组的元素输出。

3. 编写程序，用户在输入用户名和密码时，如果输入一些特殊符号可能会影响系统安全。因此，需要将用户输入的用户名和密码进行字符替换，将危险字符替换掉。

编程要求：使用指针变量访问字符数组，编写程序实现将字符串中的“'”全部替换为字母“A”。

4. 编写程序，将两个整数放到变量 intA、intB 中，编写函数交换这两个变量。

编程要求：函数原型为 void swap(int *pInt1,int *pInt2)，在主函数中输入 intA、intB 的值，调用函数 swap 交换数字 intA、intB，在主函数中输出结果。

5．编写程序，编写函数将一维数组元素反置。

编程要求：函数原型为 void inv(int intArray[ ],int intN)，在主函数中定义一维数组 intArrayData[10]={1,2,3,4,5,6,7,8,9,10}，调用函数 inv 实现数组反置（与原始数组元素排列顺序相反，变为 intArrayData[10]={10,9,8,7,6,5,4,3,2,1}），在主函数中输出该数组反置前后的结果。

模块6 组 合 数 据 类 型

任务1 结　构　体

学习目标

掌握结构体类型的说明、结构体变量的定义及初始化方法，掌握结构体变量成员的引用、结构体数组的使用，领会存储动态分配和释放。

6.1.1 案例讲解

案例1 学生信息的描述

1. 问题描述

假定一个学生的信息包括学号、姓名、性别、成绩，在数据处理中，我们通常把一个学生的信息作为整体，编程构造一个学生类型，并实现其输入、输出。

2. 编程分析

（1）C 语言中的结构体类型可以将不同类型的信息组织成一个整体，构造出一种新的类型，这里我们可以构造学生类型，学生是我们处理信息的基本单位。

（2）新构造的类型没有对应的输入、输出格式控制符，需要把学生类型包含的各个成员分别输出，可以定义函数来实现学生信息的输入和输出。

3. 编写源程序

```
#include <stdio.h>
struct student
{
   int intNumber;
   char charName[10];
   float floatScore;
};
void printStu(struct student *pStudentA);
struct student inputStu( );
main( )
{
   struct student studentA;
   printf("请输入一个学生的信息（学号 姓名  成绩）\n");
   studentA=inputStu( );
   printf("结构体变量中的内容是:\n");
   printStu(&studentA);
}

void printStu(struct student *pStudentA)
{
```

```
    printf("%d %s %f\n",pStudentA->intNumber,pStudentA->charName,pStudentA->
floatScore);
   }
   struct student inputStu( )
   {
       struct student studentA;
scanf("%d%s%f",&studentA.intNumber,studentA.charName,&studentA.floatScore);
       return studentA;
   }
```

4. 运行结果

程序运行结果如图 6-1 所示。

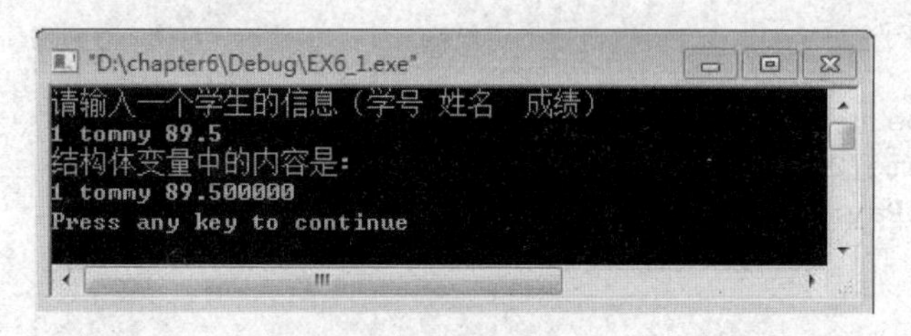

图 6-1 案例 1 运行结果

5. 归纳分析

（1）结构体类型定义在函数外面，它的使用范围是全局的，以便所有的函数都可以使用。

（2）studentA 是结构体变量，它的类型是 struct student，studentA，包含 3 个成员：学号、姓名、成绩，变量占用的存储空间大小 sizeof(studentA)= sizeof(intNumber) +sizeof(charName) +sizeof(floatScore)，若要表示这个学生的成绩是 90 分，可以写成：studentA.floatScore=90，"." 在这里是一个运算符。

（3）程序中还用到了结构体指针：struct student *pStudentA，并且这个指针作为函数的参数，根据参数的传递，pStudentA =&studentA，使用指针操作结构体变量中的成员有两种写法：pStudentA->floatScore 或(*pStudentA).floatScore，它们的值与 studentA.floatScore 相等。

案例 2 职工信息的查询

1. 问题描述

有 6 个职工的信息，其中每个职工信息包括编号、姓名、工资，请找到工资最高的职工并输出其信息。

2. 编程分析

（1）把编号、姓名、工资组合成一个整体，作为新的数据类型，用这个类型定义长度为 6 的数组，再利用数组中查找最大值的算法来解决问题。

（2）伪代码如下：

```
定义结构体：职工
main( )
{
    定义结构体数组用于保存 6 个职工信息;
    定义变量 i 用于控制循环次数;
```

```
    定义变量 k 记录工资最高的职工;
    循环输入 6 个职工的信息;
    设 k 的初值为 0（从第 0 位职工开始找）;
    循环变量 i=1;
    循环比较大小:
    { 如果第 i 个职工的工资大于第 k 个职工的工资
          k=i;
    }
    输出第 k 个（即工资最高的）职工的信息;
}
```

3. 编写源程序

```
#include <stdio.h>
struct worker
{
  int intNumber;
  char charName[20];
  float floatPay;
};
main( )
{
  struct worker workerS[6];
  int intI,intK;
  printf("输入 6 个员工信息\n");
  printf("编号 姓名 工资\n");
  for(intI=0;intI<6;intI++)
  {
    scanf("%d%s%f",&workerS[intI].intNumber,workerS[intI].charName,&workerS
[intI].floatPay);
  }
  intK=0;
  intI=1;
  while(intI<6)
  {
    if(workerS[intI].floatPay>workerS[intK].floatPay)  intK=intI;
    intI++;
  }
  printf("工资最高的人员信息是: \n");
  printf("%d\t%s\t%f\n"    ,workerS[intK].intNumber,workerS[intK].charName,
workerS[intK].floatPay);
}
```

4. 运行结果

程序运行结果如图 6-2 所示。

5. 归纳分析

（1）结构体类型的名称是 struct worker，用结构体类型来定义结构体变量或结构体数组。

workerS 是长度为 6 的数组，存放 6 个员工的信息，那么第一个员工就是 workerS[0]，第六个员工就是 workerS[5]，第一个员工的工资表示为 workerS[0].floatPay，第一个员工的姓名是 workerS[0].charName。

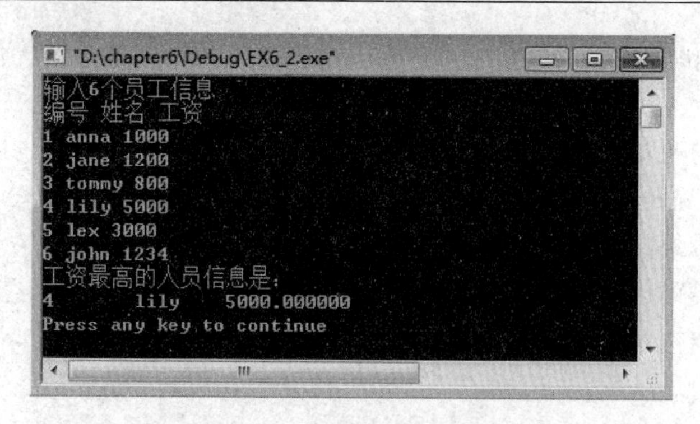

图 6-2 案例 2 运行结果

（2）输入或输出第 intI 个员工的信息时，不能对 workerS [intI]整体进行操作，用格式控制符%d 对应 workerS[intI].intNumber，%s 对应 workerS[intI].charName，%f 对应 workerS[intI].floatPay，因为 intNumber 是 int 型的，charName 是字符串，floatPay 是 float 型数据。

（3）查找最大值时，第 intK 个员工就是工资最高的人员，如果有人的工资比第 intK 个员工的还高，那么更新最高纪录 intK，这使得 intK 始终是工资高的员工的下标。

6.1.2 基础理论

在前面学习的各种数据类型包括数组在内，都只能存放同类型的数据。而在日常的数据处理中，我们经常需要将若干不同类型的数据组合起来，作为一个整体进行处理。例如，一个学生的数据信息有学号、姓名、性别、成绩、家庭住址等，这些信息分别具有整型、字符型、实型等不同的类型。C 语言提供的结构体（structure）或称之为结构类型，就可将这些不同类型的信息组织成一个整体。结构体是由若干成员（数据信息）组成的一种构造类型。每一个成员可以是一个基本数据类型或者又是一个构造类型，结构体就是一种构造而成的数据类型。

1. 结构体类型的定义

结构体类型定义的一般形式：

```
struct <结构体名>
{
<成员表列>
};
```

其中，struct 是定义结构体类型的关键字，<结构体名>由用户根据标识符的命名规则进行命名，成员表列由结构体中各个成员组成。例如：

```
struct student
{   long longNum;          /*学生的学号*/
    char charName[20];     /*学生的名字*/
    char charSex;          /*性别*/
    float floatScore;      /*成绩*/
};
```

在这个结构体定义中，结构体名为 student，该结构体由 4 个成员组成。第一个成员 longNum 为整型变量；第二个成员 charName 为字符数组；第三个成员 charSex 为字符变量；

第四个成员 floatScore 为实型变量。这 4 个成员组成的成员表列就是结构体 struct student 的成员信息。

定义结构体时的注意事项：

（1）结构体名字符合标识符的规则，尽量取有实际意义的标识符。

（2）注意大括号外的分号，不能少。

（3）结构体成员可以是任何的基本数据类型变量，也可以是数组、指针类型的变量，还允许是其他类型的结构体变量。例如：

```
struct data
{   int intYear;                    /*年*/
    int intMonth;                   /*月*/
    int intDay;                     /*日*/
};
struct student
{   long longNum;              /*学生的学号*/
    char charName[20];         /*学生的名字*/
    char charSex;                   /*性别*/
    struct data dataBirthday;
    float floatScore;          /*成绩*/
};
```

在 struct student 这个结构体中又包含了 dataBirthday 这个结构体变量，形成了结构体的嵌套定义形式。

2. 结构体变量的说明

和其他类型的变量一样，结构体类型的变量也须先说明。结构体变量的说明有四种方法。

（1）先定义结构体类型，再说明结构体变量。其一般形式为

```
struct 结构体名  变量名表列;
```

例如：

```
struct student                              /*定义结构体类型*/
{   long longNum;
    char charName[20];
    char charSex;
    float floatScore;
};
struct student  student1,student2;  /*说明结构体变量*/
```

在本例中说明了两个 struct student 类型的结构体变量 student1,student2。变量名之间用逗号隔开。注意在定义结构体时，系统，没有为其分配内存空间，只有在进行具体的变量说明时才为变量分配内存空间。即在本例中，系统不为结构体 struct student 分配内存空间，只为变量 student1 和 student2 分配空间，如图 6-3 所示。

student1:	2003001	LiPing	M	91.5
student2:	2003002	ZhaoQiang	F	89.0

图 6-3　结构体变量

（2）在定义结构体的同时说明结构体变量。其一般形式为

```
struct 结构体名
{
    成员表列
}变量名表列;
```

例如：

```
struct student
{  long longNum;
   char charName[20];
   char charSex;
   float floatScore;
}student1,student2;
```

（3）利用无名结构说明结构体变量。其一般形式为

```
struct
{
    成员表列;
}变量名表列;
```

例如：

```
struct
{   long longNum;
    char charName[20];
    char charSex;
    float floatScore;
}student1,student2;
```

这种方法同样说明了两个结构体变量 student1 和 student2,但在程序的其他地方（如在函数内部）不可以使用这种结构体来说明其他的变量，因此这种方法使用的比较少。

（4）利用重命名类型（typedef）说明结构体。在 C 语言中，允许用户自己定义类型说明符，即利用类型定义符 typedef 为数据类型取“别名”。其一般形式为

```
typedef  已定义的类型标识符  新标识符;
```

作用：利用新标识符代替原来已定义的类型标识符。

例如：

```
typedef int INTEGER;
typedef float REAL;
```

分别用 INTEGER 和 REAL 代替系统中已存在的 int 和 float 类型，就可以利用它们说明新的变量。例如：

```
INTEGER integerA,integerB;
REAL  realC,realD;
```

下面利用 typedef 说明结构体，例如：

先定义新类型名：

```
typedef struct
{
```

```
    long longNum;
    char charName[20];
    char charSex;
    float floatScore;
}stud;
```

说明新的结构体变量：

```
stud studA,studB;
```

关于typedef需要注意的是它不是创建新的类型，只是为标识符取一个别名，使以后的使用更加灵活方便。

3. 结构体的引用与初始化

结构体被说明后就可以在程序中引用它，对结构体变量的使用是通过对其成员的引用来实现的。引用结构体变量的常用方式是利用“.”（成员分量）运算符，一般形式为

```
<结构体变量名>.<成员名>
```

例如下列语句：

```
student1.longNum=2003001;
strcpy(student1.charName,"LiPing ");  /*不能用 student1.charName="LiPing";*/
student1.charSex='M';
student1.floatScore=91.5;
```

通过成员的引用，完成了对结构体变量student1的赋值。

如果结构体成员又是一个结构体，需要利用若干个“.”，一级一级地找到最低层的成员，对其进行操作。例如：

```
student1.intBirthday.intYear=2003;
```

结构体变量和其他变量一样，可以在定义的时候给它赋初始值，即初始化。和前面四种形式对应它们的初始化情况如下：

第一种形式的初始化：

```
struct student
{
    long longNum;
    char charName[20];
    char charSex;
    float floatScore;
};
struct student  student1={2003001,"LiPing",'M',91.5};
```

第二种形式的初始化：

```
struct student
{
long longNum;
    char charName[20];
    char charSex;
    float floatScore;
}student1={2003001," LiPing",'M',91.5};
```

第三种形式的初始化：

```
struct
{
long longNum;
    char charName[20];
    char charSex;
    float floatScore;
}student1={2003001,"LiPing",'M',91.5};
```

第四种形式的初始化：

```
typedef struct
{
long longNum;
    char charName[20];
    char charSex;
    float floatScore;
}STUD;
STUD  student1={2003001,"LiPing",'M',91.5};
```

4. 结构体数组

在前面的学习中知道相同的数据类型可以存放在一个数组中，同样，多个属于同一类型结构体的数据信息也可以存放在同一个数组中，构成结构体数组。例如，利用以前定义的结构体类型说明结构体数组：

```
struct student studentS[3];
```

在本例中定义了一个数组 studentS，由 3 个 struct student 类型的数组元素组成。对于结构体数组的初始化，和以前的结构体及数组的初始化的方法类似，结构体数组初始化的基本形式为

定义的结构体数组={初值表列}；

例如：

```
struct student studentS[3]={  {2003001,"Liguohua",'M',89.5},
                              {2003002,"Zhangpiang",'F',90},
                              {2003003,"Liujun",'M',87}};
```

当对全部元素作初始化赋值时，也可不给出数组长度。

5. 结构体指针

在前面学习了不同用途的指针，如指向数组的指针、指向指针数组的指针和指向函数的指针等，对于结构体数据同样也可以使用指针。把这种指向结构体的指针称为结构体指针。结构体指针和前面学习的指针在特性上完全相像，指针变量也可以指向结构体数组。指针变量的值是结构体变量的起始地址。

指向结构体变量的指针的一般形式：

```
<结构体类型名>  *<指针变量名>;
```

6. 动态空间管理

C 语言为用户提供了一些内存管理函数，这些内存管理函数可以按需要动态地分配内存

空间，也可把不再使用的空间回收待用，为有效地利用内存资源提供了手段。常用的内存管理函数有以下两个：

（1）分配内存空间函数 malloc。

函数原型：void * malloc (unsigned int intSize)；

作用：在内存的动态存储区中分配一块长度为 intSize 个字节的连续区域。函数的返回值为该区域的起始地址的指针。若分配不成功，返回 NULL。

调用形式：

```
(<类型说明符>*) malloc (intSize)
```

<类型说明符>表示把该区域用于存放何种类型的数据，(<类型说明符>*)表示把返回值强制转换为该类型的指针。

例如：

```
#define LEN sizeof(struct student)
     struct student *pStudent;
pStudent=(struct student *)malloc(LEN);
```

表示分配 29 个字节（struct student 类型的大小）的内存空间，并把函数的返回值强制转换为 struct student 类型的指针后赋予指针变量 pStudent。

（2）释放内存空间函数 free。

函数原型：void free(void *block);

作用：释放 block 所指向的一块内存空间，block 是一个任意类型的指针变量，它指向被释放区域的首地址。被释放区应是由 malloc 函数所分配的区域。

调用形式：

```
free(pStudent);          /* pStudent 是指向被释放区域的指针*/
```

注意，使用这两个函数需要引用两个头文件“stdio.h”和“alloc.h”。

6.1.3 技能训练

【实验 6-1】 有一个结构体变量 student，包含学号和 3 门课的成绩。要求编写一个输入函数进行赋值，并编写一个输出函数进行输出操作。

指 导

1. 编程分析

（1）结构体中的 3 个成绩可以定义成数组。

（2）整个程序需要 3 个函数：输入函数、输出函数、主函数。

（3）注意函数的参数是结构体变量。

2. 编写源程序

```
#include <stdio.h>
typedef struct student
{   int intNum;
    float floatScore[3];
}STUDENT;
```

```
STUDENT indata( )
{   STUDENT studentA;
    scanf("%d",&studentA.intNum);
scanf("%f%f%f",&studentA.floatScore[0],&studentA.floatScore[1],&studentA.
floatScore[2]);
     return(studentA);
}
void print(STUDENT studentA)
{    printf("学号=%d\n",studentA.intNum);
     printf("成绩 1=%f\n",studentA.floatScore[0]);
     printf("成绩 2=%f\n",studentA.floatScore[1]);
     printf("成绩 3=%f\n",studentA.floatScore[2]);
}
main( )
{    STUDENT studentA;
     printf("请输入学号和 3 门成绩\n");
     studentA=indata( );
     printf("这个学生的信息是:\n");
     print(studentA);
}
```

3. 运行结果

程序的执行结果如图 6-4 所示。

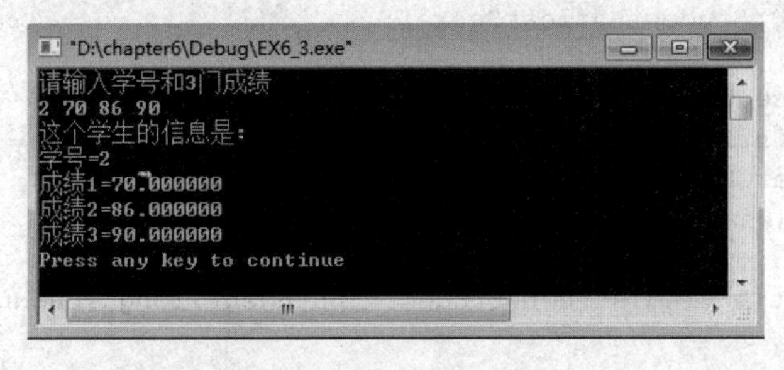

图 6-4　实验 6-1 运行结果

在此例中，使用了结构体函数和使用结构体变量在函数间传递数据。在主函数中说明了结构体变量 studentA 并通过调用结构体函数 indata( ) 进行赋值，并将 studentA 作为函数实参调用 print（）函数输出数据。

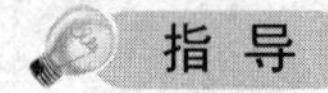【实验 6-2】根据学生的学号查找学生的信息（要求利用函数实现）。

指 导

1. 编程分析

（1）先定义结构体数组，初始化 intN 个学生的信息。

（2）输入学生的学号，输出查找到的结果，在主函数中实现。

（3）因此，需定义查找函数，函数的参数是学号和数组，函数的返回值是找到的学生信息的地址。

2. 编写源程序

```
#include <stdio.h>
```

```
struct student
{
long longNum;
   char charName[20];
   char charSex;
   float floatScore;
};
struct student studentS[]={{2003101,"Wangling",'M',94},{2003102,"Liping", 'F',87},
{2003103,"Zhengjiujuan",'F',93},{0,"\0",'\0',0}};
struct student * find(struct student *pStudent,long longNumber);
main( )
{  struct student * pStudent;
   long longNumber;
   char charCh;
   do
{
      printf("请输入学号: ");
      scanf("%ld",&longNumber);
      pStudent=find(studentS,longNumber);
        if(pStudent!=0)
         {
           printf("学号    姓名         性别     成绩:\n");
          printf("%-10ld%-16s%c%8.1f\n",pStudent->longNum,pStudent->charName,
pStudent->charSex,pStudent->floatScore);
         }
          else printf("没有找到\n");
          printf("\n 请输入'Y' or 'y' 继续查找:");
          charCh=getchar( );
      }while(charCh=='Y'||charCh=='y');
 }
struct student * find(struct student *pStudent,long longNumber)
{
   while(pStudent->longNum!=longNumber&&pStudent->longNum!=0)
      pStudent++;
   if(pStudent->longNum!=0)
      return pStudent;
   else return 0;
}
```

3. 运行结果

程序的执行结果如图 6-5 所示。

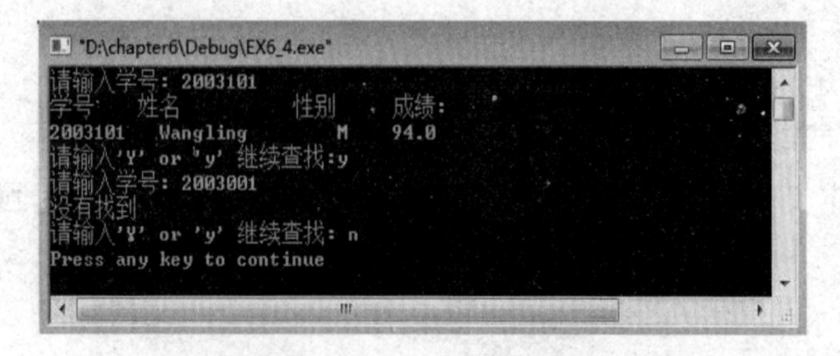

图 6-5 实验 6-2 运行结果

在此程序中，利用结构体类型的指针 pStudent 指向 struct student 类型数组 studentS[]的首地址，在调用 find( )函数时，必须使用结构体数组 studentS[]的起始地址 studentS 作为实参，传给形参 pStudent,pStudent 指向 studentS。在 find 函数中，利用 pStudent 对其进行操作，查找到后，返回 pStudent。

【实验 6-3】计算学生的平均成绩和不及格的人数。

指 导

1. 编程分析

（1）首先需定义学生类型的结构体，并定义结构体数组，保存学生的成绩信息。

（2）假定数组的长度为 N，则用 for 语句循环 N 次，累加出学生的总成绩，最后除以 N 得到平均成绩。

（3）累加的同时判断这个成绩是否小于 60，小则不及格人数加一。

2. 伪代码

```
定义结构体 struct student
定义结构体数组并初始化数据
main( )
{
  定义变量：用于保存循环控制变量,不及格人数,总分,平均分
  循环：
{ 累加求和
    if（成绩<60） 不及格人数++
}
输出结果
}
```

3. 编写源程序

```
#include <stdio.h>
struct student
{
    long longNum;
    char charName[20];
    char charSex;
    float floatScore;
}studentS[5]={
        {2003101,"Liping",'M',45},
        {2003102,"Zhangping",'M',62.5},
        {2003103,"Hefang",'F',92.5},
        {2003104,"Cheng ling",'F',87},
        {2003105,"Wang ming",'M',58},
      };
main( )
{   int intI,intC=0;
    float floatAve,floatSum=0;
    for(intI=0;intI<5;intI++)
    {
```

```
        floatSum+=studentS [intI].floatScore;
        if(studentS [intI].floatScore<60) intC+=1;
      }
      floatAve=floatSum/5;
      printf("平均成绩=%f\n 不及格人数=%d\n",floatAve,intC);
  }
```

本例程序中，定义了一个外部结构体数组 studentS，共 5 个元素，并作了初始化赋值。在 main 函数中用 for 语句逐个累加各元素的 floatScore ，成员的和值存于 floatSum 之中，如 floatScore 的值小于 60（不及格），即计数器 intC 加 1，循环完毕后计算平均成绩，并输出平均分及不及格人数。

4. 运行结果

运行情况如图 6-6 所示。

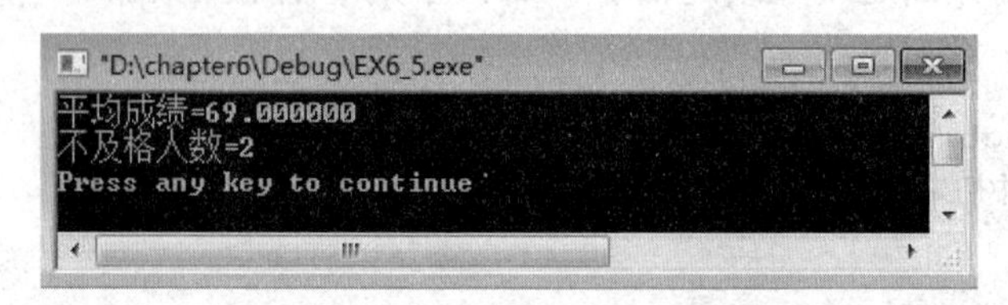

图 6-6　实验 6-3 运行结果

6.1.4　拓展与练习

【练习 1】定义一个结构体类型，成员包括姓名、电子信箱和 QQ 号码。编写 input 函数输入 5 个成员的记录，并编写一个函数 print 输出这些数据。

【练习 2】编写程序，由键盘输入某商场的各商品的商品名、价格、销售量，计算各商品的销售额，并输出销售额前 10 名的商品信息。

【练习 3】structA 和 structB 是按学号升序有序的结构体数组，结构体类型包括学号和成绩两个成员，把这两个数组合并成一个按学号升序有序的数组 structC。

6.1.5　常见错误

（1）不能将结构变量作为一个整体进行输入和输出。例如：

```
printf("Number=%ld\nName=%s\nSex=%c\nScore=%.2f\n",student);
```

是错误的，应该是

```
printf("Number=%ld\nName=%s\nSex=%c\nScore=%.2f\n",student.longNumber,stu
dent.charName,student.charSex,student.floatScore);
```

（2）成员可以是任意类型，如果成员本身又属于一个结构体类型，要一级一级地找到最低一级的成员。例如，student 结构体变量 student1，访问学生的生日：student1.dataBirthday.intMonth，不能使用 student1.dataBirthday，因为 dataBirthday 本身是一个结构体。

（3）结构体是一个类型，而不是变量，定义变量时关键字 struct 不能省略，如定义一个学生：struct student student1，通常用 typedef struct student STU，这时可以用 STU 来定义变量，如 STU student1。

任务2 共 用 体

掌握共用体类型的说明、共用体变量的定义及初始化方法，掌握共用体变量成员的引用。

6.2.1 案例讲解

1. 问题描述

有一个 unsigned long 型整数，分别将前 2 字节和后 2 字节作为两个 unsigned int 型输出。

2. 编程分析

unsigned long 类型占用 4 字节，取其中的两个字节需要定义 unsigned int 型变量。

方法一：定义 unsigned int 型指针 p，则*p 和*(p+1)是前 2 字节和后 2 字节。

方法二：定义两个 unsigned short 变量，并与 unsigned long 变量使用同一个地址空间，即定义共用体。

3. 编写源程序

```
#include <stdio.h>
union data
{   unsigned long longUl;
    unsigned short shortUa[2];
};
main( )
{   union data dataW;
    unsigned highbyte,lowbyte;
    dataW.longUl=0x12345678;
    highbyte=dataW. shortUa[1]; lowbyte=dataW. shortUa[0];
    printf("整型变量的值是 %lx\n",dataW.longUl);
    printf("前两个字节是 %x ,后两个字节是 %x\n ",highbyte,lowbyte);
}
```

4. 运行结果

程序运行结果如图 6-7 所示。

图 6-7 运行结果

5. 归纳分析

（1）程序中& longUl 和 shortUa 是相等的，longUl 和 shortUa 共用同一块存储空间，即 sizeof(dataW)=4。

（2）公用体与结构体的使用形式类似，但含义不同，如果把 dataW 定义成 struct data，则

sizeof(dataW)=4+2+2=8，它可以存储一个长整型数据“和”两个整型数据，现在 dataW 是 union data，它可以存储一个长整型数据“或”两个整型数据，两者选一，因为它们共用一个存储空间。

（3）printf 语句中，%lx 是以 16 进制输出长整型。可以看到，长整型中的高 16 位 0x1234 放在高的地址空间了，低 16 位放在低的地址空间里。

6.2.2　基础理论

1. 共用体类型的定义

有时需要使不同的数据使用共同的存储区域，在 C 语言中利用共用体类型（又称联合体）来实现。共用体也是一种构造数据类型，它的类型定义、变量说明和引用在形式上类似于结构体，二者本质区别是存储方式的不同。

共用体的定义的一般形式：

```
union 〈共用体名〉
{
   〈成员列表〉
}变量列表;
```

例如，定义把一个整型变量、一个字符型变量、一个实型变量放在同一个地址开始的内存单元。

```
union data
{  int intI;
   char charCh;
   float floatF;
};
```

整型	变量i		
字符变量ch			
实型	变	量	f

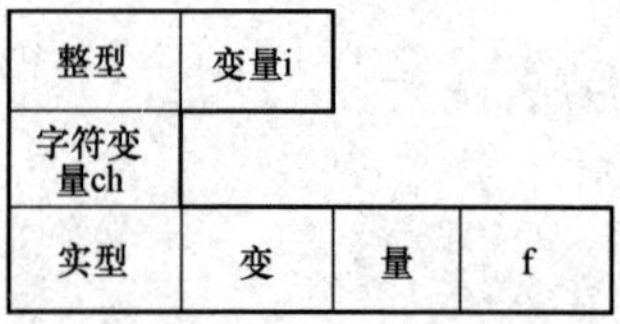

图 6-8　共用体存储示意图

设内存单元地址为 1200，则它们的分配示意如图 6-8 所示，三者需要的内存空间不一样，但都从 1200 单元开始分配，分配多大的空间呢？如果上例使用的是结构，则内存为结构体分配：2+1+4=7 字节的空间，但在共用体中因为每次只使用共用体中的一个变量，所以分配的空间长度是最长的成员的长度，在本例中是 4 字节，这就是共用体和结构体的本质区别。

2. 共用体变量的说明和引用

和结构体的说明对应，共用体的变量说明有四种方式：

```
(1)union 〈共用体名〉
      {
          〈成员列表〉
      } 变量列表;
```

例如：
```
union data
      {  int  intI;
         char  charCh;
           float  floatF;
      }dataA,dataB,dataC;
```

说明了三个共用体变量 dataA、dataB 和 dataC。

```
(2) union 〈共用体名〉
      {
         〈成员列表〉
      };
   union 共用体名  变量列表;
```

例如：

```
union data
      {  int  intI;
         char  charCh;
           float  floatF;
       };
       union data dataA,dataB,dataC;
```

```
(3) union
      {
        〈成员列表〉
      }变量列表;
```

```
(4) typedef  union
      {
         〈成员列表〉
      } 共用体类型名;
共用体类型名  变量列表;
```

例如：

```
typedef  union
     {  int  intI;
         char  charCh;
           float  floatF;
     }DATA;
     DATA dataA,dataB,dataC;
```

共用体变量的引用和结构体、数组一样，只能引用共用体变量的成员。例如，前面定义的三个共用体变量 dataA，dataB，dataC，可以这样引用：

```
dataA.intI;          /*引用共用体变量中的整型变量 intI  */
dataA.charCh;        /*引用共用体变量中的字符变量 charCh */
dataA.floatF;        /*引用共用体变量中的实型变量 floatF */
```

共用体类型数据有如下的特点：

（1）共用体的内存段可以存放几种类型的数据，但一次只能存放一个类型成员，且共用体变量中的值是最后一次存放的成员的值。例如：

```
dataA.intI = 1;
dataA.charCh ='a';
dataA.floatF = 1.5;
```

完成以上三个赋值语句后，共用体变量的值是 1.5，而 dataA.intI=1 和 dataA.charCh='a' 已无意义。

（2）共用体变量不能初始化。例如：

```
union data
{  int intI;
   char charCh;
   float floatF;
```

```
}dataA={1,'a',1.5};
```

（3）可以使用共用体指针，同样可以用指针形式来使用共用体成员。例如：

定义指针变量 pData：

```
DATA *pData;
pData =&dataA;
```

则可以用下面的方式使用共用体的成员：

```
pData ->intI = 1;
pData ->charCh = 'a';
pData ->floatF = 1.5;
```

C 语言最初引入共用体的目的：一个是节省内存空间，另一个是可以将一种类型的数据转换为另一种类型的数据使用。

6.2.3 技能训练

【实验 6-4】 设有若干个人员的数据，其中有学生和教师。学生的数据包括姓名、学码、性别、专业、班级。教师的数据包括姓名、工号、性别、职业、职务。可以看出，学生和教师所包含的数据是不同的，现要求把他们放在同一个表格中，如表 6-1 所示。如果“job”项为“s”（学生），则第五项为 class（班级）。如果“job”项为“t”（教师），则第五项为 position（职务）。

表 6-1 人 员 结 构 表

num	name	sex	job	class / position
101	Li	f	s	501
102	Wang	m	t	prof

指 导

1. 编程分析

（1）定义一个结构体解决此问题，不同的部分（class 和 position）可以定义成共用体，即一个结构体类型中包含一个共用体成员。

（2）程序中，当 job 的值是‘s'时，使用共用体中的 class 成员，当 job 的值是‘t'时，使用 position 成员。

2. 编写源程序

```
#include <stdio.h>
struct
{
    int intNum;
    char charName[10];
    char charSex;
    char charJob;
    union
    {
        int intClass;
```

```
        char charPosition[10];
     }category;
  }person[2];
  main( )
  {
     int intI;
     for(intI=0;intI<2;intI++)
     {
        scanf("%d%s%c%c",&person[intI].intNum,person[intI].charName,
        &person[intI].charSex,&person[intI].charJob);
        if(person[intI].charJob=='s') scanf("%d",&person[intI].category.intClass);
        else if(person[intI].charJob=='t') scanf("%s",person[intI].category.
charPosition);
        else printf("input error!");
        printf("\n");
        printf("No.    Name    sex    job    class/position\n");
        for(intI=0;intI<2;intI++)
            {
               if(person[intI].charJob=='s')
               printf("%-6d%-10s%-3c%-3c%-6d\n",person[intI].intNum,
               person[intI].charName,person[intI].charSex,person[intI].charJob,
               person[intI].category.intClass);
           else  printf("%-6d%-10s%-3c%-3c%-6s\n",person[intI].intNum,
               person[intI].charName,person[intI].charSex,person[intI].charJob,
               person[intI].category.charPosition);
            }
        }
  }
```

6.2.4 拓展与练习

【练习 1】有以下定义和语句,则 sizeof(dateA)的值是________，而 sizeof(dateA.unionShare)的值是________。

```
  struct date
  {
     int intDay;
     int intMonth;
     int intYear;
     union
     {  int intShare1
     float floatShare2;
     }unionShare;
  }dateA;
```

【练习 2】长整型在内存中占 4 字节，请编写一个程序，将 4 个字符（char）拼成一个长整型（long）数据。编写一个函数将 4 字节的内容作为一个 long 型数据输出。

6.2.5 编程规范与常见错误

（1）理解共用体的含义，某一时刻只有一个成员的数据是有效的。例如定义共用体：

```
union data
{   int intI;
    char charCh;
    float floatF;
}unionDataA;
```

那么执行语句 unionDataA.intI=500; unionDataA.charCh='a'; printf("%d", unionDataA.intI); 结果不是 500。

（2）注意结构体与共用体的区别，假如有如下定义：

```
union data                              struct data
{  int intI;                            {  int intI;
   char charCh;                            char charCh;
   float floatF;                           float floatF;
} unionDataA;                           } structDataB;
```

那么，sizeof(unionDataA)=max(sizeof(intI),sizeof(charCh),sizeof(floatF))=4;sizeof(structDataB)= sizeof(sizeof(intI))+sizeof(charCh)+sizeof(floatF)=2+1+4=7;。因为 unionDataA 中某一时刻只有一个数据，所以 4 字节足够了，而 structDataB 中 3 个成员都占用空间，需要 7 字节。

任务 3　枚　　举

学习目标

领会枚举类型的作用，枚举类型变量的定义、使用。

6.3.1　案例讲解

1. 问题描述

一个口袋里有红、黄、蓝、白、黑五种颜色的球若干个，依次从口袋中取出三个球，问：三个球的颜色正好都不相同的情况有几种？输出所有可能的排列组合。

2. 编程分析

设取出的球为 intI、intJ、intK,根据题意 intI、intJ、intK 分别为 5 种颜色之一，并且 intI ≠intJ≠intK，可以用穷举法，一一测试，看哪组符合条件，就输出它。

伪代码如下：

```
定义五种颜色;
main( )
{
    定义颜色变量 intI,intJ,intK;
    定义整数变量 intN 累计总的次数;
    外循环：第一个球 intI 从 red 到 black
    中循环：第二个球 intJ 从 red 到 black
    如果 intI 与 intJ 颜色相同则不取
    当 intI 与 intJ 不相同时,进入内循环：
        第三个球 intK 也有五种可能
        当 intK 与 intI 不同并且与 intJ 也不同时
        {   输出次数 intN;
```

```
            输出三个球的颜色;
            输出换行;
        }
    最后输出方案总数 intN;
}
```

3. 编写源程序

```
#include <stdio.h>
enum color{red,yellow,blue,white,black};
void printcolor(enum color colorK);
main( )
{
    enum color colorI,colorJ,colorK;
    int intN;
    intN=0;
    for(colorI=red;colorI<=black;colorI++)
    for(colorJ=red;colorJ<=black;colorJ++)
    if(colorI!=colorJ)
    {
       for(colorK=red;colorK<=black;colorK++)
       if((colorK!=colorI)&&(colorK!=colorJ))
       {
            intN++;
            printf("%-4d",intN);
            printcolor(colorI);
            printcolor(colorJ);
            printcolor(colorK);
            printf("\n");
       }
    }
printf("\ntotal:%5d\n",intN);
}
void printcolor(enum color colorK)
{
    switch(colorK)
    {
        case red: printf("%-10s","red");break;
        case yellow: printf("%-10s","yellow");break;
        case blue: printf("%-10s","blue");break;
        case white: printf("%-10s","white");break;
        case black: printf("%-10s","black");break;
        default: break;
    }
}
```

4. 运行结果

程序运行结果如图 6-9 所示。

5. 归纳分析

（1）因为颜色一共有五种，可以一一例举出来，可以定义成枚举类型。

（2）枚举常量与整数有对应关系，red 是 0，yellow 是 1，依此类推。因此，colorI、colorJ、

colorK 可以循环地加一，也可以比较大小。

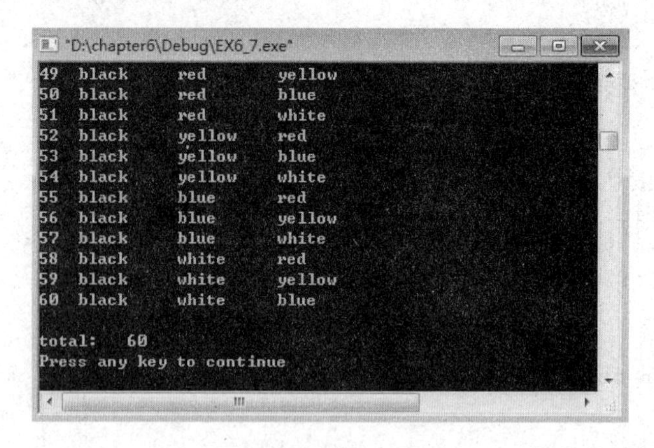

图 6-9 运行结果

（3）如果直接输出 colorI、colorJ、colorK，则只能输出对应的整数，如 printf（"%d",red）结果是 0，因此用函数 printcolor 处理一下，colorI=red 则输出 printf("%-10s","red")。

6.3.2 基础理论

如果一个变量只有几种可能的值，可以将所有的值列举出来，在 C 语言中，将这种结构定义为枚举类型。“枚举”就是将变量可能的值一一列举出来的含义。变量的值只能取列举出来的值之一。

1. 枚举类型的定义

枚举类型定义的一般形式为

```
enum 〈枚举类型名〉{ 枚举值表};
```

例如，“`enum week{SUN,MON, TUES, WED, THUR, FRI, SAT};`”定义了一个 week 是枚举类型名，有 7 个数据（称为“枚举元素”或“枚举常量”），但它的值是 SUN 到 SAT 之一，并不是 7 个值，列出的 7 个数据是它的取值范围。

2. 枚举变量的说明与使用

枚举变量也可用不同的方式说明，即先定义后说明，同时定义说明或直接说明。枚举变量说明的三种方法：

（1）先定义枚举类型，然后说明枚举变量。例如：

```
enum colour{red,green,blue,yellow,white};
enum colour  colourChange,colourSelect;
```

（2）在定义枚举类型的同时，说明枚举变量。例如：

```
enum colour{red,green,blue,yellow,white} colourChange,colourSelect;
```

（3）直接定义枚举变量。例如：

```
enum{red,green,blue,yellow,white}colourChange,colourSelect;
```

说明：

（1）枚举元素是常量。在 C 编译器中，按定义的顺序取值 0、1、2、…。例如：

```
colourChange = green;
printf("%d",colourChange);
```

输出整数 1。

（2）枚举元素是常量，不是变量，因此不能赋值。

```
red = 0;colour = 1;
```

但在定义枚举类型时，可以指定枚举常量的值。例如：

```
enum colour{red=1,green=2,blue,yellow,white};
```

此时，red,green,blue,...的值从 red 的值顺序加 1，例如 yellow=4。

（3）枚举值可以作判断比较的条件，例如：

```
if (colourChange == red)  …
if (colourSelect > green)  …
```

（4）整型与枚举类型是不同的数据类型，不能直接赋值。例如：

```
enum week {sun=7,mon=1,tue,wed,thu,fri,sat}weekday;
weekday=1;
```

但可以通过强制类型转换赋值，如“weekday = (enum week)2;”。

6.3.3 技能训练

【实验 6-5】设某月的第一天是 Sunday，请给出其他的日期是星期几。

指 导

1. 编程分析

（1）用标识符 sun，mon,…，sat 表示星期，这比用数字 1，2，…，7 来表示要清晰，所以使用枚举可以提高程序的可读性。

（2）定义枚举类型表示星期（week），假定一个月是 30 天，定义数组(weekday)保存每一天是星期几，数组的长度是 31、0 号元素不用，数组的类型是 week，那么，weekday[1]=sunday，表示 1 号是星期天。

（3）枚举型与整型有对应关系，sunday +1 就是 monday，当到了周末 saturday（对应整数 6），下一天就应该是 sunday（对应整数 0）。

2. 编写源程序

```
#include <stdio.h>
main( )
 {     enum week{sun,mon,tue,wed,thu,fri,sat}weekday[31],weekJ;
     int intI;
     weekJ=sun;
     for(intI=1;intI<=30;intI++)
   {     weekday[intI]=weekJ;
       weekJ++;
       if(weekJ>sat) weekJ=sun;
   }
```

```
for(intI=1;intI<=30;intI++)
{       switch(weekday[intI])
        {    case sun:printf("%3d Sunday",intI);break;
             case mon:printf("%3d Monday",intI);break;
             case tue:printf("%3d Tuesday",intI);break;
             case wed:printf("%3d Wednesday",intI);break;
             case thu:printf("%3d Thursday",intI);break;
             case fri:printf("%3d Friday",intI);break;
             case sat:printf("%3d Saturday\n",intI);break;
        }
 }
  printf("\n");
}
```

6.3.4 拓展与练习

【练习1】假设有如下定义：

```
enum data  {MIN,first=15,last=20,total,num=50,max=1000};
```

请指出各个枚举常量的值。

【练习2】以下对枚举类型名的定义中正确的是（　　）。

A. enum data={one,two,three};　　B. enum data {one=9,two=-1,three};

C. enum data={"one","two","three"};　　D. enum data {"one","two","three"};

6.3.5 编程规范与常见错误

（1）枚举类型和枚举值的命名尽量体现所描述的对象，增加程序的可读性。

（2）只能把枚举值赋予枚举变量，不能把元素的数值直接赋予枚举变量。例如，“enum week weekToday;weekToday=sun”是正确的，而“weekToday=0”是错误的。

（3）枚举元素不是字符常量也不是字符串常量，使用时不要加单、双引号。

6.3.6 贯通案例——之七

1. 问题描述

（1）定义学生记录类型的结构体数组，来存放学生的学号、姓名、各科成绩、总成绩和平均成绩等信息，改写贯通案例五、六中的程序。

（2）实现查询学生成绩和修改学生记录。

2. 编写源程序

```
#include <stdio.h>
#include <string.h>
#include <ctype.h>
#include <stdlib.h>
#define STU_NUM 40                          /* 最多的学生人数 */
#define COURSE_NUM 10                       /* 最多的考试科目 */
struct student
{
```

```
    int intNumber;                      /* 每个学生的学号 */
    char charName[10];                  /* 每个学生的姓名 */
    int intScore[COURSE_NUM];           /* 每个学生 M 门功课的成绩 */
    int intSum;                         /* 每个学生的总成绩 */
    float floatAverage;                 /* 每个学生的平均成绩 */
};
typedef struct student STU;
/*  函数功能：向链表的末尾添加从键盘输入学生的学号、姓名和成绩等信息
    函数参数：结构体指针 pStuHead,指向存储学生信息的结构体数组的首地址
              整型变量 n,表示学生人数
              整型变量 m,表示考试科目
    函数返回值：无
*/
int AppendScore(STU *pStuHead,int intN,int intM)
{
    int intJ;
    STU *pSTU;
    char charCh ;

    for (pSTU=pStuHead+intN; pSTU<pStuHead+STU_NUM; pSTU++)
    {
        printf("\nInput number:");
        scanf("%d",&pSTU->intNumber);
        printf("Input name:");
        scanf("%s",pSTU->charName);
        for (intJ=0; intJ<intM; intJ++)
        {
            printf("Input score%d:",intJ+1);
            scanf("%d",pSTU->intScore+intJ);
        }
        intN++ ;
        printf("Do you want to append a new node(Y/N)?");
        scanf(" %c",&charCh) ;
        if(charCh == 'n' || charCh == 'N' ) return intN ;
    }

}
/*  函数功能：输出 n 个学生的学号、姓名和成绩等信息
    函数参数：结构体指针 pStuHead,指向存储学生信息的结构体数组的首地址
              整型变量 intN,表示学生人数
              整型变量 intM,表示考试科目
    函数返回值：无
*/
void PrintScore(STU *pStuHead,int intN,int intM)
{
    STU *pStu;
    int intI;
    char charStr[100] = {'\0'},charTemp[3];

    strcat(charStr,"Number    Name  ");
    for (intI=1; intI<= intM; intI++)
    {
```

```
        strcat(charStr,"Score");
        itoa(intI,charTemp,10);
        strcat(charStr,charTemp);
        strcat(charStr," ");
    }
    strcat(charStr,"    sum  average");
    printf("%s",charStr);                          /* 输出表头 */
    for (pStu=pStuHead; pStu<pStuHead+intN; pStu++) /* 输出 n 个学生的信息 */
    {
        printf("\nNo.%3d%8s",pStu->intNumber,pStu->charName);
        for (intI=0; intI< intM; intI++)
        {
            printf("%7d",pStu->intScore[intI]);
        }
        printf("%11d%9.2f\n",pStu->intSum,pStu->floatAverage);
    }
}
/*  函数功能：计算每个学生的 m 门功课的总成绩和平均成绩
    函数参数：结构体指针 pStuHead,指向存储学生信息的结构体数组的首地址
              整型变量 intN,表示学生人数
              整型变量 intM,表示考试科目
    函数返回值：无
*/
void TotalScore(STU *pStuHead,int intN,int intM)
{
    STU *pStu;
    int intI;

    for (pStu=pStuHead; pStu<pStuHead+intN; pStu++)
    {
        pStu->intSum = 0;
        for (intI=0; intI< intM; intI++)
        {
            pStu->intSum = pStu->intSum + pStu->intScore[intI];
        }
        pStu->floatAverage = (float)pStu->intSum/intM;
    }
}

/*  函数功能：用选择法按总成绩由高到低排序
    函数参数：结构体指针 pStuHead,指向存储学生信息的结构体数组的首地址
              整型变量 intN,表示学生人数
    函数返回值：无
*/
void SortScore(STU *pStuHead,int intN)
{
    int intI,intJ,intK;
    STU stuTemp;

    for (intI=0; intI< intN -1; intI++)
    {
        intK = intI;
        for (intJ=intI; intJ<intN; intJ++)
```

```
        {
            if ((pStuHead+intJ)->intSum > (pStuHead+intK)->intSum)
            {
                intK = intJ;
            }
        }
        if (intK!= intI)
        {
            stuTemp = *(pStuHead+ intK);
            *(pStuHead+intK) = *(pStuHead+intI);
            *(pStuHead+intI) = stuTemp;
        }
    }
}

/*  函数功能：查找学生的学号
    函数参数：结构体指针 pStuHead,指向存储学生信息的结构体数组的首地址
              整型变量 intNum,表示要查找的学号
              整型变量 intN,表示学生人数
    函数返回值：如果找到学号,则返回它在结构体数组中的位置,否则返回-1
*/
int SearchNum(STU *pStuHead,int intNum,int intN)
{
    int intI;
    for (intI=0; intI<intN; intI++)
    {
        if ((pStuHead+intI)->intNumber == intNum)    return intI;
    }
    return -1;
}

/*  函数功能：按学号查找学生成绩并显示查找结果
    函数参数：结构体指针 pStuHead,指向存储学生信息的结构体数组的首地址
              整型变量 intN,表示学生人数
              整型变量 intM,表示考试科目
    函数返回值：无
*/
void SearchScore(STU *pStuHead,int intN,int intM)
{
    int intNumber,intFindNo;
    printf("Please Input the number you want to search:");
    scanf("%d",&intNumber);
    intFindNo = SearchNum(pStuHead,intNumber,intN);
    if (intFindNo == -1)
    {
        printf("\nNot found!\n");
    }
    else
    {
        PrintScore(pStuHead+intFindNo,1,intM);
    }
}
```

```
/*  函数功能：显示菜单并获得用户键盘输入的选项
    函数参数：无
    函数返回值：用户输入的选项
*/
char Menu(void)
{
    char charCh;
    printf("#======================================================#\n");
    printf("#                  学生成绩管理系统                      #\n");
    printf("#------------------------------------------------------#\n");
    printf("#                copyright @ 2009-10-1                 #\n");
    printf("#======================================================#\n");
    printf("#                  1.加载文件                           #\n");
    printf("#                  2.增加学生成绩                        #\n");
    printf("#                  3.显示学生成绩                        #\n");
    printf("#                  4.删除学生成绩                        #\n");
    printf("#                  5.修改学生成绩                        #\n");
    printf("#                  6.查询学生成绩                        #\n");
    printf("#                  7.学生成绩排序                        #\n");
    printf("#                  8.保存文件                           #\n");
    printf("#                  0.退出系统                           #\n");
    printf("#======================================================#\n");
    printf("请按 0-8 选择菜单项:");
    scanf(" %c",&charCh);       /*在%c 前面加一个空格,将存于缓冲区中的回车符读入*/
    return charCh;
}
void ModifyScore(STU *pStuHead,int intN,int intM)
{
    int intI,intJ,intNum ;
    STU *pStu;
    printf("Please input the number to modify:\n" ) ;
    scanf("%d",&intNum ) ;
    intI = SearchNum( pStuHead,intNum ,intM) ;
    if ( intI == -1 )
    {
       printf("Number not found\n") ;
       return ;
    }
    pStu = pStuHead + intI ;
    printf("Number: %d\n",pStu->intNumber ) ;
    printf("Input name:");
    scanf("%s",pStu->charName);
    for (intJ=0; intJ<intM; intJ++)
    {
       printf("Input score%d:",intJ+1);
       scanf("%d",pStu->intScore+intJ);
    }
    TotalScore(pStuHead,intN,intM) ;
}
/*  函数功能：删除一个指定学号的学生的记录
    函数参数：结构体指针 pStuHead,指向存储学生信息的结构体数组的首地址
              整型变量 intN,表示学生人数
              整型变量 intM,表示考试科目
```

```
    函数返回值：学生人数 intN
*/
int DeleteScore(STU *pStuHead,int intN,int intM )
{
    int intI,intNum ;
    STU *pStu;
    printf("Please input the number to Delete:" ) ;
    scanf("%d",&intNum ) ;
    intI = SearchNum( pStuHead,intNum,intN) ;
    if ( intI == -1 )
    {
        printf("Number not found\n") ;
        return intN ;
    }
    for( pStu=pStuHead+intI; pStu<=pStuHead+intN; pStu++)
    {
        memcpy(pStu,pStu+1,sizeof( struct student) );
        memset( pStu+1,0,sizeof( struct student) );
    }
    intN-- ;
    return intN;
}

main( )
{
    char charCh;
    int intM=3,intN=0;
    STU stuStudents[STU_NUM];
    while (1)
    {
        charCh = Menu( );                          /* 显示菜单,并读取用户输入 */
        switch (charCh)
        {
            case '1': //LoadScoreFile( stuStudents,&intN,&intM );
                     break;
            case '2': intN = AppendScore(stuStudents,intN,intM);/* 调用成绩添加模块 */
                    TotalScore(stuStudents,intN,intM);
                     break;
            case '3':PrintScore(stuStudents,intN,intM); /* 调用成绩显示模块 */
                     break;
            case '4':intN = DeleteScore(stuStudents,intN,intM); /* 调用成绩删除模块 */
                     PrintScore(stuStudents,intN,intM);
                     break;
            case '5':ModifyScore(stuStudents,intN,intM); /* 调用成绩修改模块 */
                     PrintScore(stuStudents,intN,intM);
                     break;
            case '6':SearchScore(stuStudents,intN,intM);/* 调用按学号查找模块
*/
                     break;
            case '7':SortScore(stuStudents,intN);         /* 调用成绩排序模块 */
                     printf("\nSorted result\n");
                     PrintScore(stuStudents,intN,intM);    /* 显示成绩排序结果 */
                     break;
```

```
        case '8'://SaveScoreFile(stuStudents,intN,intM); /* 保存成绩文件 */
             break ;
        case '0':exit(0);                                /* 退出程序 */
             printf("End of program!");
            break;
        default:printf("Input error!");
             break;
      }
   }
}
```

3. 运行结果

运行结果如图 6-10 和图 6-11 所示。

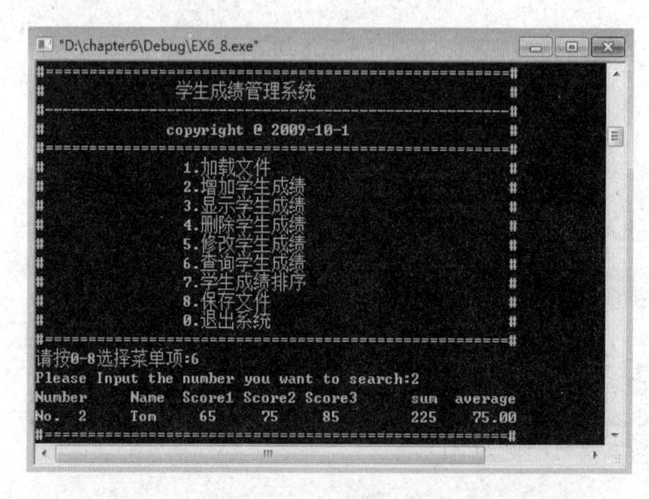

图 6-10　查询学生成绩

图 6-11　修改学生成绩

自测题

一、选择题

1. 有如下定义，根据定义，能输出字母 M 的语句是（　　）。

```
struct person{char charName[9]; int intAge;};
strict person personClass[10]={"Johu",17,"Paul",19,"Mary",18,"Adam,16};
```

A. prinft("%c\n"，personClass [3].charName);

B. pfintf("%c\n"，personClass [3].charName[1]);

C. prinft("%c\n"，personClass [2].charName[1]);

D. printf("%c\n"，personClass [2].charName[0]);

2. 设有以下说明语句，则下面叙述中正确的是（　　）。

```
typedef struct
{  int intN;
   char  charCh[8];
}PER;
```

A. PER 是结构体变量名　　B. PER 是结构体类型名

C. typedef　struct 是结构体类型　　D. struct 是结构体类型名

3. 有以下程序，程序的运行结果是（　　）。

```
#include<stdio.h>
struct stu
{ int intNum;
   char charName[10];
   int intAge;
};
void fun(struct stu *pStu)
{ printf("%s\n",(*pStu).charName); }
main( )
{ struct stu stuD[3]={ {9801,"Zhang",20},{9802,"Wang",19},{9803,"Zhao",18}};
  fun(stuD+2);
}
```

A. Zhang　　B. Zhao　　C. Wang　　D. 18

4. 有以下程序，程序的运行结果是（　　）。

```
#include <stdlib.h>
struct NODE
{  int intNum; struct NODE *pNodeNext; }
main( )
{  struct NODE *pNode,*qNode,*rNode;
   pNode =(struct NODE *)malloc(sizeof(struct NODE));
   qNode =(struct NODE *)malloc(sizeof(struct NODE));
   rNode =(struct NODE *)malloc(sizeof(struct NODE));
   pNode->intNum =10; qNode->intNum =20; rNode->intNum =30;
   pNode->next=qNode; qNode->next=rNode;
```

```
    printf("%d\n ",pNode->intNum+ qNode->pNodeNext->intNum);
}
```

A. 10　　B. 20　　C. 30　　D. 40

5. 设有如下定义,下面各输入语句中错误的是（　　）。

```
struct student
{   char charName[10];
    int intAge;
    char charSex;
} studentS[3],*pStudent=studentS;
```

A. scanf("%d",&(* pStudent).intAge);　　B. scanf("%s",&studentS.charName);

C. scanf("%c",&studentS[0].charSex);　　D. scanf("%c",&(pStudent ->charSex));

二、填空题

1. 设有定义：

```
struct person
{  int intId;char charName[12];}personA;
```

请将 `scanf("%d",________);`语句补充完整,使其能够为结构体变量 personA 的成员 intId 正确读入数据。

2. 设有说明：

```
struct DATE{int intYear;int intMonth;int intDay;};
```

请写出一条定义语句，该语句定义 dateD 为上述结构体类型变量，并同时为其成员 intYear、

intMonth、intDay 依次赋初值 2006、10、1：________。

3. 设 int 占 2 字节，char 占 1 字节，若有以下定义和语句，则 a 占用字节数是________，而 b 占用字节数是________。

```
struct { int intDay; char charMonth; int intYear;}structA;*pStruct;
pStruct=&structA;
```

4. C 语言提供的________类型，可以将不同类型的信息组织成一个整体。

5. 有时需要使不同的数据使用共同的存储区域，在 C 语言中，利用________类，型来实现。

6. 如果一个变量只有几种可能的值，可以将所有的值列举出来，在 C 语言中，将这种结构定义为________类型。

7. 由整型、实型、字符型这些基本数据组合而成的数据为________数据。

8. 对结构体类型变量初始化时，初始化数据和结构体成员在类型、________和________上必须保持一致。

9. 设 student 类型的指针变量 pStudent 已经指向结构体变量 studentA，则________或________等价于 studentA.intNumber。

10. 已知有职工结构体定义：

```
struct employee
{
  int intNum;                  /*工号*/
```

```
    char charName[20];        /*姓名*/
} *pEmployee={101,"wangfei"};
```

用 printf 函数输出指针 pEmployee 所指向职工姓名的语句为________。

三、阅读程序题

1. 有以下程序，写出程序的输出结果。

```
#include <stdio.h>
#include <string.h>
typedef struct student
{
     char charName[10];
     long longSno;
     float floatScore;
}STU;
main( )
{   STU stuA ={"zhangsan",2001,95},stuB={"Shangxian",2002,90}, stuC={"Anhua",
2003,95},stuD,*pStu=&stuD;
    stuD= stuA;
    if(strcmp(stuA.charName,stuB.charName)>0)   stuD =stuB;
    if(strcmp(stuC.charName,stuD.charName)>0)   stuD =stuC;
    printf("%ld%s\n",stuD.longSno,pStu->charName);
}
```

2. 写出下面程序的运行结果。

```
typedef union student
{   char charName[10];
    long longSno;
    char charSex;
    float floatScore[4];
}STU;
main( )
{   STU stuA[5];
    printf("%d\n",sizeof(stuA));
}
```

四、编程题

统计全班20人的成绩，统计项目包括姓名、学号、五门功课成绩（语文、数学、英语、政治、物理）。求出每个人的平均分和全班的平均分。

模块7　位运算与文件

任务1　位　运　算

掌握六种位运算的运算符、格式与运算规则。

7.1.1　案例讲解

案例1　实现对指定整数的二进制循环移位

1. 问题描述

实现二进制的循环移位。设待移位的数为unsignedA，移位情况如图7-1所示，设系统中2字节存放一个整数。

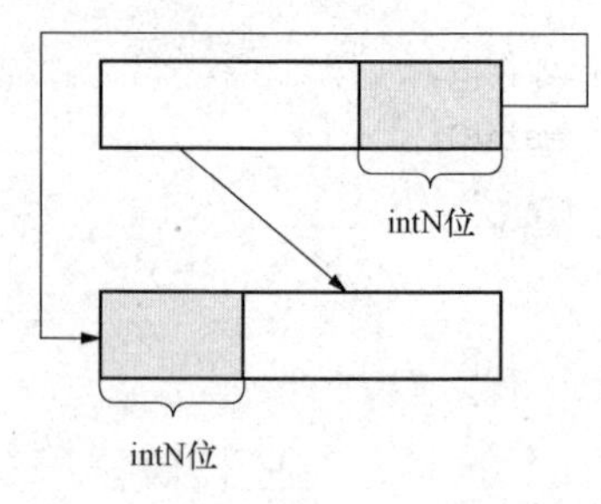

图7-1　二进制的循环移位图解

2. 编程分析

该问题的要求，在于将待移位数unsignedA分成两部分，然后交换这两部分的位置。从而可知，需要增加两个变量存储变量unsignedA的两部分的值，而这些操作都需要求助于位运算。程序描述如下：

```
main( )
{
    定义无符号整型变量 unsignedA,unsignedB,
    unsigned;
    定义整型变量 n;
    输入待移位数 unsignedA 和所移动位数 intN;
    对数 unsignedA 左移 16- intN 位后的结果给变量 unsignedB;
    对数 unsignedA 右移 intN 位后的结果给变量 unsignedC;
    对变量 unsignedB,unsignedC 做按位或运算,计算结果给变量 unsignedC;
    输出变量 unsignedA 和 unsignedC;
}
```

3. 编写源程序

```
/* EX7_1.CPP */
#include <stdlib.h>
#include <stdio.h>
main( )
{
    unsigned short unsignedA,unsignedB,unsignedC;
    int intN;
    char string[16];
    printf("请输入一个无符号整型变量 unsignedA 的值: ");
    scanf("%u",& unsignedA);
```

```
    printf("请输入移位位数 intN 的值：");
    scanf("%d",& intN);
    unsignedB = unsignedA <<(16-intN);
    unsignedC = unsignedA >> intN;
    unsignedC = unsignedC | unsignedB;
    itoa(unsignedA,string,2);
    printf("%016s\n",string);
    itoa(unsignedC,string,2);
    printf("%016s\n",string);
}
```

4. 运行结果

运行结果如图 7-2 所示。

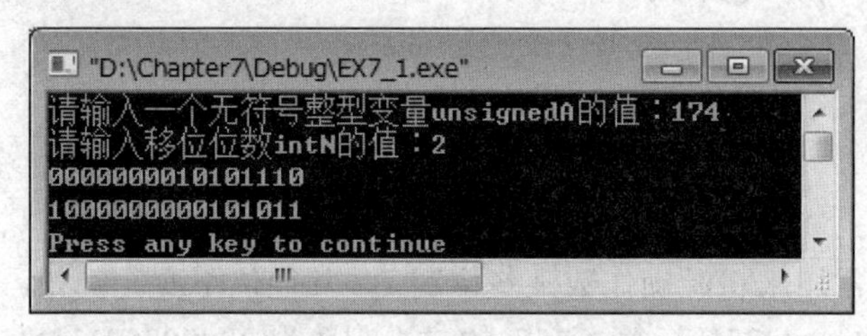

图 7-2 案例 1 运行结果

5. 归纳分析

在本案例中，使用了左移位运算、右移位运算和按位或运算相配合，实现二进制的循环移位。此外，为了能使用函数 itoa( )，引入了头文件 stdlib.h，该函数的原型为 char *itoa(int value，char *string,int radix)，功能：将任意类型的数字转换为字符串。原型说明：value 为欲转换的数据。string 为目标字符串的地址。radix 为转换后的进制数，可以是 2 进制、8 进制、10 进制等。

该程序运行的一个实例，输入 unsignedA 的值为 174，移动位数 intN 的值为 2，则运行结果如图 7-2 所示。其中，十进制数 174（即为八进制数 256）的二进制数为 0000000010101110（按题设要求为 2 字节），循环移动 2 位，则循环移位后的二进制结果为 1000000000101011（即为八进制数 100053）。

7.1.2 基础理论

C 语言中提供给开发人员一种位的运算，这种位的运算常用在检测和控制、密码处理、图像处理等领域中，因此，C 语言具有高级语言的特点和低级语言的功能，能完成一些汇编语言所能完成的功能，给开发人员提供了一定的便利。

C 语言提供了六种位运算，下面分别介绍。

1. 按位与运算(&)

（1）格式：`intX & intY`

（2）规则：按位与运算符“&”是双目运算符。其功能是参加运算的两数各对应的二进位相与。只有对应的两个二进位均为 1 时，结果位才为 1 ，否则为 0。参加运算的数以补码方式出现。例如，9&5 可写算式如下：

00001001

&00000101

00000001

结果为 9&5=1。

（3）主要用途：用来对某些位清 0 或保留某些位。例如，把 intA 的高八位清 0，保留低八位，可作 intA&255 运算（255 的二进制数为 0000000011111111）。

2. 按位或运算符(|)

（1）格式：`intX | intY`

（2）规则：按位或运算符“|”是双目运算符。其功能是参加运算的两数各对应的二进位相或。只要对应的两个二进位有一个为 1 时，结果位就为 1。参加运算的两个数均以补码方式出现。例如，9|5 可写算式如下：

00001001

|00000101

00001101

结果为 9|5=13。

（3）主要用途：常用来将源操作数某些位置 1，其他位不变。例如，把 intA 的低八位置 1，保留高八位，可作 intA|255 运算（255 的二进制数为 0000000011111111）。

3. 按位异或运算(^)

（1）格式：`intX ^intY`

（2）规则：按位异或运算符“^”是双目运算符。其功能是参加运算的两数各对应的二进位相异或，当两对应的二进位相异时，结果为 1。参加运算数仍以补码方式出现。例如，9^5 可写成算式如下：

00001001

^00000101

00001100

结果为 9^5=12。

（3）主要用途：常用来将源操作数某些特定位的值取反，其他位不变。例如，把 intA 的低八位取反，保留高八位，可作 intA^255 运算（255 的二进制数为 0000000011111111）。

4. 求反运算(~)

（1）格式：`~ intX`

（2）规则：求反运算符“～”为单目运算符，具备右结合性。其功能是对参加运算的数的各二进位按位求反。例如，～9 可写成算式如下：

～0000000000001001

1111111111110110

结果为～9=−10。

5. 左移运算（<<）

（1）格式：`intX<<位数`

（2）规则：左移运算符“<<”是双目运算符。其功能是把“<<”左边的运算数的各二进位全部左移若干位，“<<”右边的数指定移动的位数。低位补 0，高位溢出。

例如：设 intA=15，intA<<2 表示把 000001111 左移为 00111100（十进制 60）。

6. 位右移（>>）

（1）格式：intX>>位数

（2）规则：使操作数的各位右移，高位补 0，低位溢出。

例如：5>>2=1。

00000101 右移两位→00000001。

对 C 语言中位运算的一点补充（位数不同的运算数之间的运算规则），由于位运算的对象可以是整型和字符型数据（其中整型数据可以直接转化成二进制数，字符型数据在内存中以它的 ASCII 码值存放，也可以转化成二进制数），因此，当两个运算数类型不同时，位数亦会不同。如果遇到这种情况，系统将自动进行如下处理：

（1）将两个运算数右端对齐。

（2）再将位数短的一个运算数往高位扩充，即无符号数和正整数左侧用 0 补全；负数左侧用 1 补全；然后对位数相等的两个运算数，按位进行运算。

7.1.3 技能训练

【实验 7-1】运行下面的程序，分析运行结果。

```
/*EX7_2.CPP*/
#include <stdlib.h>
#include<stdio.h>
main( )
{
    int intA=0x36,intB=0xc0;
    char stringA[16],stringB[16];
    itoa(intA,stringA,2);
    printf(" intA =%016s\n",stringA);
    itoa(intB,stringB,2);
    printf("&intB =%016s\n",stringB);
    intA = intA & intB;
    printf("___________________\n");
    itoa(intA,stringA,2);
    printf(" intA =%016s\n",stringA);
}
```

该程序利用按位与运算，把变量 intA 的所有位清 0。其运行结果如图 7-3 所示。

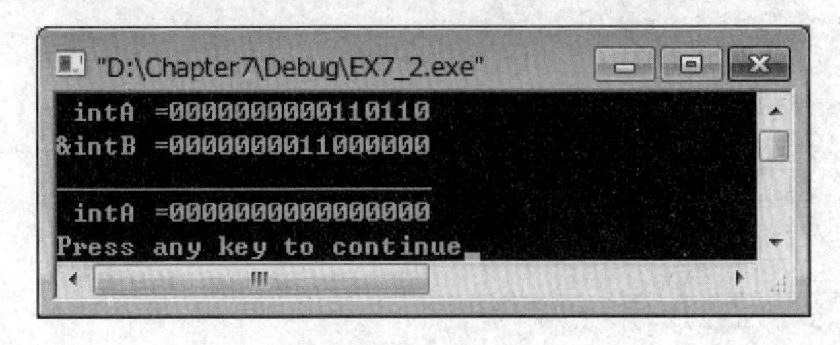

图 7-3 程序 EX7_2 运行结果

【实验 7-2】运行下面的程序，分析运行结果。

```
/*EX7_3.CPP*/
```

```
#include <stdlib.h>
#include <stdio.h>
main( )
{
    int intA,intB =255,intC;
    scanf("%d",& intA);
    char stringA[16],stringB[16];
    itoa(intA,stringA,2);
    printf(" intA =%016s\n",stringA);
    itoa(intB,stringB,2);
    printf("&intB =%016s\n",stringB);
    intA = intA & intB;
    printf("______________________\n");
    itoa(intA,stringA,2);
    printf(" intA =%016s\n",stringA);
}
```

该程序利用按位与运算，把变量 intA 的高八位清 0，保留低八位。假设输入变量 intA 的值为 12345，其运行结果如图 7-4 所示。

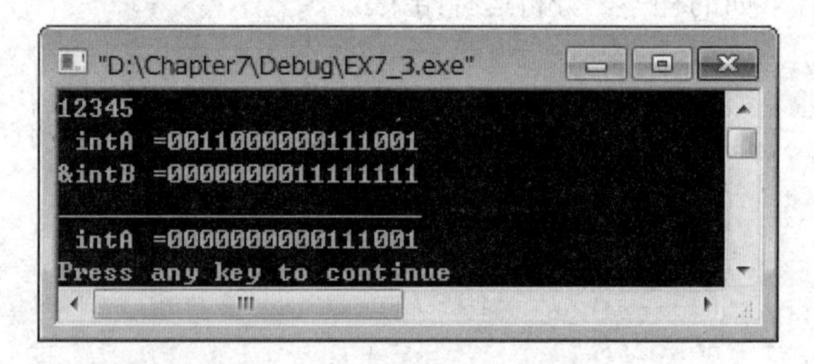

图 7-4　程序 EX7_3 运行结果

【实验 7-3】运行下面的程序，分析运行结果。

```
/*EX7_4.CPP*/
#include <stdlib.h>
#include <stdio.h>
void main( )
{
    int intA =0x71,intB =0xf;
    char stringA[16],stringB[16];
    itoa(intA,stringA,2);
    printf(" intA =%016s\n",stringA);
    itoa(intB,stringB,2);
    printf("^intB =%016s\n",stringB);
    intA = intA ^ intB;
    printf("______________________\n");
    itoa(intA,stringA,2);
    printf(" intA =%016s\n",stringA);
}
```

该程序利用按位异或运算，将变量 intA 的低 4 位取反，高 4 位保留原值。其运行结果如图 7-5 所示。

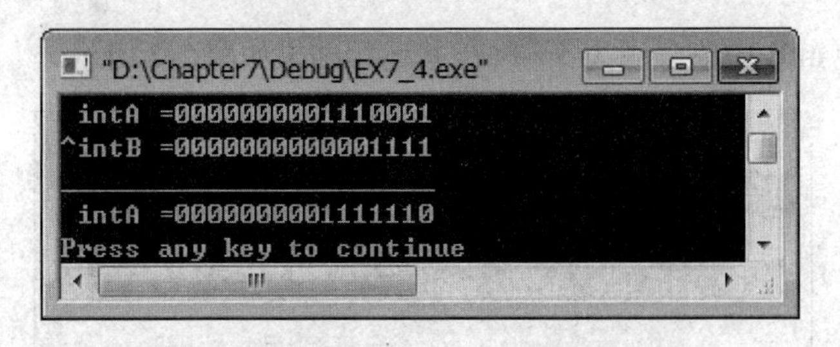

图 7-5 程序 EX7_4 运行结果

【实验 7-4】运行下面的程序，分析运行结果。

```
/*EX7_5.CPP*/
#include <stdio.h>
main( )
{
int intA,intB =1,intC;
scanf("%d",&intA);
intC = intA & intB;
if(intC)
   printf("%d 是奇数! \n",intA);
else
   printf("%d 是偶数! \n",intA);
}
```

该程序利用按位与运算，将变量 intA 的最低位取出，如果取出 1，则是奇数，否则为偶数。其运行结果如图 7-6 所示。

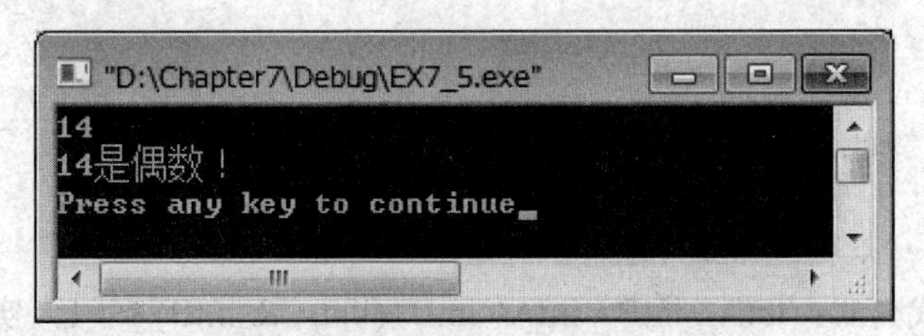

图 7-6 程序 EX7_5 运行结果

【实验 7-5】运行下面的程序，分析运行结果。

```
/*EX7_6.CPP*/
#include "stdio.h"
main( )
{
int intA,intB;
scanf("%d,%d",& intA,& intB);
printf("intA =%d,intB =%d\n",intA,intB);
intA = intA ^ intB;  intB = intB ^ intA;  intA = intA ^ intB;
printf("intA =%d,intB =%d\n",intA,intB);
}
```

该程序利用按位异或运算，将变量 intA 与变量 intB 的值交换，不使用临时变量。假设输入变量 intA 与变量 intB 的值分别为 5 和 6。其运行结果如图 7-7 所示。

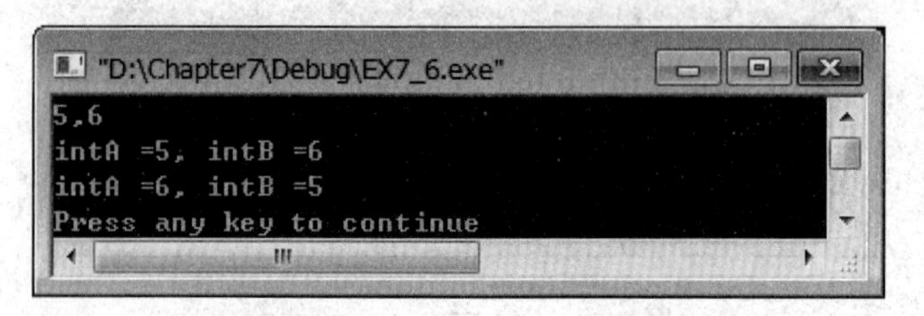

图 7-7　程序 EX7_6 运行结果

【实验 7-6】运行下面的程序，分析运行结果。

```
/*EX7_7.CPP*/
#include <stdio.h>
int add(int intA,int intB)
{
    int temp = 0;
    do{
        temp = intA;
        intA = intA & intB;
        intB = intB ^ temp;
        intA = intA << 1;
    }while(intA != 0);
    return intB;
}
main( )
{
    int intA,intB;
    scanf("%d %d",&intA,&intB);
    printf("%d + %d = %d\r\n",intA,intB,add(intA,intB));
}
```

该程序利用迭代公式：intA +intB= intA^ intB+(intA & intB) << 1，实现了两个整数的加法操作。程序主要功能在 add 函数内部的循环语句，每一次循环操作所执行 intA = intA & intB，获取两个加数对应位均为 1 的结果数，然后通过 intA = intA << 1，实现加法中的进位操作，称为进位补偿；通过 intB = intB ^ temp，实现不考虑进位时加法结果。利用循环实现迭代，每迭代一次，进位补偿右边就多一位 0，因此，最多需要加数二进制位长度次迭代，进位补偿就变为 0，这时运算结束。假设输入变量 intA 的值为 17，intA 的值为 21。其运行结果如图 7-8 所示。

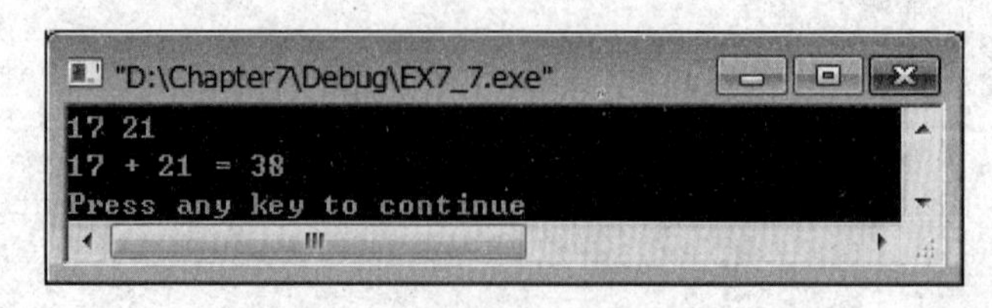

图 7-8　程序 EX7_7 运行结果

7.1.4 拓展与练习

【练习】试编制编写一个函数 getbits，从一个 16 位的单元中取出某几位（即该几位保留原值，其余为 0），函数调用形式为 getbits（value,n1,n2）。其中，value 为该 16 位中的数据值，n1 为要取出的起始位，n2 为要取出的结束位。

任务2 文　　件

掌握标准设备输入、输出函数的使用，掌握缓冲文件系统的使用。

7.2.1 案例讲解

案例1 读取指定文件内容

1. 问题描述

已知一个文本文件“c:\ text.txt”的内容如下：

```
#include<stdio.h>
main( )
{
    printf("hello world");
}
```

编写程序读取指定该文本文件的内容，并在屏幕上输出。

2. 编程分析

程序描述如下：

```
main( )
{
   定义文件指针 * fileP,定义字符变量 charC
   打开指定的文本文件
   判断指定的文本文件是否能打开,假如不能打开,显示提示信息,并结束程序
   使用循环读取该文本文件的每个字符,并依次在屏幕上输出
   关闭指定的文本文件
}
```

3. 编写源程序

```
/* EX7_8.CPP */
#include <stdio.h>
#include <conio.h>
#include <stdlib.h>
main( )
{
   FILE *fileP;
   char charC;
   if((fileP =fopen("c:\\text.txt","r"))==NULL)
```

```
    {
        printf("不能打开文件,按任意键退出!");
        getch( );
        exit(1);
    }
    while ((charC =fgetc(fileP))!=EOF)
        putchar(charC);
    fclose(fileP);
}
```

4. 运行结果

其运行结果如图 7-9 所示。

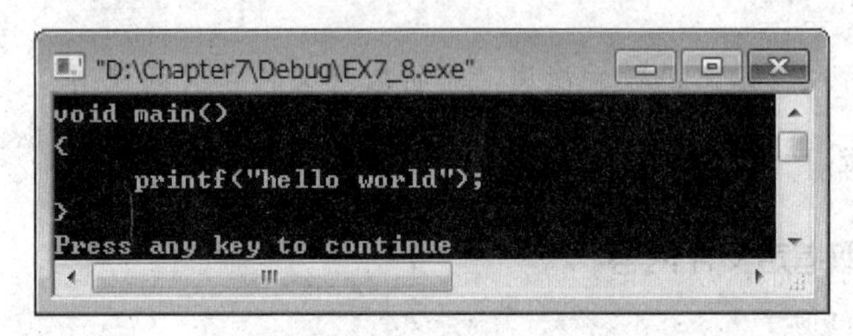

图 7-9　案例 1 运行结果

5. 归纳分析

本例程序的功能是从文件中逐个读取字符，在屏幕上显示。程序定义了文件指针 fileP，以读文本文件方式打开文件“text.txt”，并使 fileP 指向该文件。如打开文件出错，则给出提示并退出程序。While 循环中，每次读出一个字符，只要读出的字符不是文件结束标志（每个文件末有一个结束标志 EOF），就把该字符显示在屏幕上，然后再读入下一个字符。每读一次，文件内部的位置指针向后移动一个字符，文件结束时，该指针指向 EOF。

此外，为了能使用函数 getch( )，引入了头文件 conio.h。该函数的原型为“int getch(void);”，功能是从控制台读取一个字符，但不显示在屏幕上；返回值为读取的字符。

为了能使用函数 exit( )，引入了头文件 stdlib.h。该函数的原型为“void exit(int status);”功能为关闭所有文件，终止正在执行的程序；exit(x)（x 不为 0）都表示异常退出，exit（0）表示正常退出。

7.2.2　基础理论

1. 文件的概念

文件是指存储在外部介质上的数据集合体，是操作系统数据管理的单位。使用数据文件的目的有以下几种。

（1）数据文件的改动不引起程序的改动——程序与数据分离。

（2）不同程序可以访问同一个数据文件中的数据——数据共享。

（3）能长期保存程序运行的中间数据或结果数据。

2. 文件的分类

根据文件存储的内容的不同，文件可以分为程序文件和数据文件两种。程序文件是程序代码的集合体，而数据文件是指专门用来保存数据的文件。

根据文件存储介质的不同，文件又可以分为磁盘文件和设备文件两种。磁盘文件是指保存在磁盘或其他外部存储介质上的一个有序数据集，可以是C语言的源文件、目标文件、可执行程序，也可以是一组待输入处理的原始数据，或者是一组输出的结果。对于源文件、目标文件、可执行程序可以称为程序文件，对于输入输出数据可称为数据文件。设备文件是指与主机相联的各种外部设备，如显示器、打印机、磁盘等。C语言把外部设备也看作是一个文件来进行管理，把他们的输入、输出等同于对磁盘文件的读和写。通常把显示器定义为标准输出文件，键盘指定为标准的输入文件。

根据文件不同的组织形式，文件又可以分为ASCII码文件（也称为文本文件）和二进制码文件两种。ASCII码文件，每个字节存放一个字符的ASCII码。二进制码文件，数据按其在内存中的存储形式原样存放。例如：int型数10000，在内存中存储占用2字节，其中1的ASCII码为00110001,0的ASCII码为00110000,10000的二进制表示为10011100010000。如果分别存储到文本文件和二进制码文件中，其形式如图7-10所示。

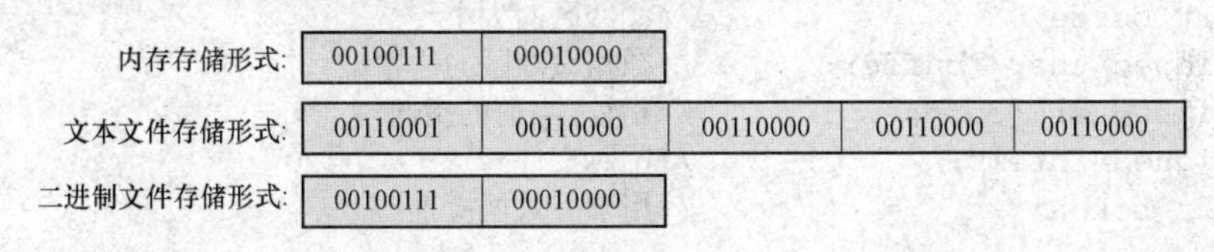

图7-10 数据存储示意图

从图7-10中可以看出来，ASCII码文件输入与字符一一对应，便于对字符进行逐个处理，也便于字符的输出，但一般占存储空间较多，而且花费二进制代码和ASCII码之间的转换时间较长。用二进制文件则可以节省外部存储空间和转换的时间，但处理过程比较复杂。因此，文本文件特点：存储量大、速度慢、便于对字符操作；二进制码文件特点：存储量小、速度快、便于存放中间结果。

3. 文件的处理

在C语言中，对文件的输入输出都是通过文件系统完成的，并不区分类型，都看成是字符或者是二进制流，按字节进行处理。输入输出数据流的开始和结束只由程序控制而不受物理符号（如换行符）的控制。因此，我们也把这种文件称作“流式文件”。

文件系统又分为缓冲文件系统和非缓冲文件系统。所谓缓冲文件系统是高级文件系统，系统自动地在内存区为每一个正在使用的文件名开辟一个缓冲区，数据的输入输出都是以这个缓冲区为中介的。所谓非缓冲文件系统是低级文件系统，指系统不自动开辟确定大小的缓冲区，而由程序为每个文件设定缓冲区。图7-11和图7-12分别是缓冲文件系统和非缓冲文件系统。

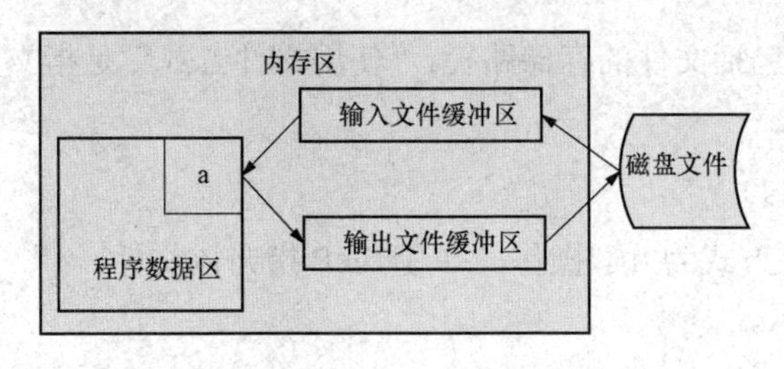

图7-11 缓冲文件系统

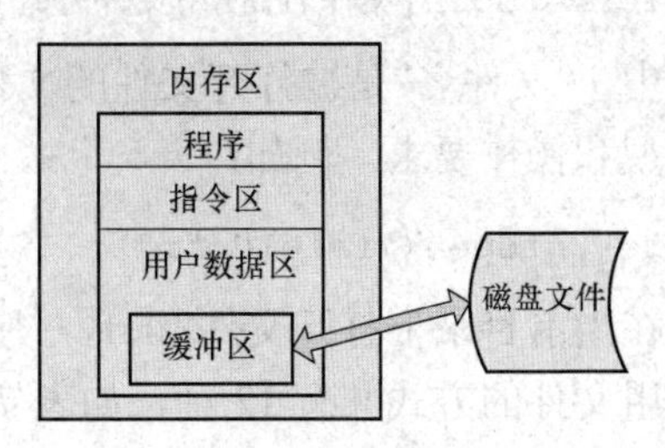

图7-12 非缓冲文件系统

标准 C 只采用缓冲文件系统，也就是既用缓冲文件系统处理文本文件，也用它来处理二进制文件。在 C 语言中没有输入输出语句，对文件的读写操作都是用标准的输入输出库函数来实现的。

4. 缓冲文件系统

FILE 类型和文件指针。在缓冲文件系统中，使用最多的概念就是“文件指针”。缓冲文件系统为每个使用的文件在内存中开辟一个缓冲区，用来存放文件的相关信息，这些信息被保存在 FILE 类型的变量中。在 stdio.h 文件中有 FILE 类型的定义：

```
typedef struct
{
    short level;                    /*缓冲区空或满的程度*/
    unsigned  flags;                /*文件状态标志*/
    char fd;                        /*文件描述符*/
    unsigned char hold;             /*如无缓冲区则不读取字符*/
    short bsize;                    /*缓冲区的大小*/
    unsigned char *buffer;          /*数据缓冲区的位置*/
    unsigned ar *curp;              /*指针,当前的指向*/
    unsigned istemp;                /*临时文件*/
    short token;                    /*用于有效性检查*/
}FILE;
```

对于普通用户而言，不必了解 FILE 类型的结构内容，只要知道，每个文件都对应一个唯一的文件型指针变量，通过文件指针，我们可以对它所指的文件进行各种操作。定义文件型指针变量的一般形式为

```
FILE  *指针变量名;
```

例如：FILE *fileP; fileP 是指向 FILE 类型结构体的指针变量，通过 fileP 即可查找存放某个文件信息的结构变量，然后按结构变量提供的信息可以访问该文件，实施对文件的操作。习惯上也笼统地把 fileP 称为指向一个文件的指针。

5. 文件的操作

对文件的基本操作有两种，一种是输入操作，另一种是输出操作。在访问文件之前，要先打开文件，然后才能访问该文件，对文件操作结束后，还要关闭该文件。因此，对文件的操作，必须遵守“先打开，再读写，后关闭”的规则，也就是说在进行读写操作之前要先打开文件，使用完毕后要关闭。

（1）文件的打开函数 fopen。fopen 函数用来实现打开一个文件，其调用的一般形式为

```
FILE  * fileP;
fileP =fopen(文件名,使用文件方式);
```

其中，“文件名”是被打开文件的文件名，包括文件的存储路径，“使用文件方式”是指文件的类型和操作要求。例如：

```
fileP =fopen("file1","r");
```

它表示在当前目录下打开文件 file1，使用文件方式为“读”操作，并使 fileP 指向该文件。

使用文件的方式共有 12 种，如表 7-1 所示。

表 7-1　文件使用方式表

文件使用方式	含　义
"r"（只读）	打开一个文本文件，只允许读数据
"w"（只写）	打开或建立一个文本文件，只允许写数据
"a"（追加）	打开一个文本文件，并在文件末尾增加数据
"rb"（只读）	打开一个二进制文件，只允许读数据
"wb"（只写）	打开或建立一个二进制文件，只允许写数据
"ab"（追加）	打开一个二进制文件，并在文件末尾写数据
"r+"（读写）	打开一个文本文件，允许读和写
"w+"（读写）	建立一个文本文件，允许读和写
"a+"（读写）	打开一个文本文件，允许读，或在文件末追加数据
"rb+"（读写）	打开一个二进制文件，允许读和写
"wb+"（读写）	建立一个二进制文件，允许读和写
"ab+"（读写）	打开一个二进制文件，允许读，或在文件末追加数据

说明：

1）用"r"方式打开的文件，该文件必须已经存在，且只能从该文件读出数据。

2）用"w"方式打开的文件，只能向该文件写入数据。若打开的文件不存在，则以指定的文件名建立该文件；若打开的文件已经存在，则将该文件删去，重建一个新文件。

3）如果想向一个已存在的文件末尾添加新的信息（不删除原来的数据），则应该用"a"方式打开。但此时该文件必须是存在的，否则将会出错。

4）用"r+"、"w+"、"a+"方式打开的文件既可以用来写入数据，也可以用来读出文件中的数据。

如果不能打开一个文件，则 fopen 将返回一个空指针值 NULL。在程序中，可以用这一信息来判别是否完成打开文件的工作，并作相应的处理。因此，常用以下程序段打开文件：

```
if((fileP =fopen("file1","r")= =NULL)
{
    printf("\n 不能打开文件 file1\n");
    exit(0);
}
```

先检查打开的操作是否有错误，即判断返回的指针是否为空，如果有错，则给出提示信息“不能打开文件 file1”。exit(0)的作用是关闭所有文件，终止程序的执行。

文本文件读写操作时，要将 ASCII 码和二进制码之间进行转换，而对二进制文件的读写，不存在这种转换。

标准输入文件（键盘）、标准输出文件（显示器）、标准出错输出（出错信息）3 个文件是由系统自动打开的，我们可直接使用。

（2）文件关闭函数 fclose。文件一旦使用完毕，应该用关闭文件函数把文件关闭，以避免文件的数据丢失等错误。所谓关闭文件就是使文件指针变量不再指向该文件。调用的一般

形式是

```
fclose(文件指针);
```

例如：

```
fclose(fileP);
```

当顺利完成关闭文件操作时，fclose函数返回值为0，否则返回EOF（-1）。

6. 文件的读写和建立

文件打开以后，就可以对它进行读写操作了。

在C语言中，提供了多种文件读写的函数：

字符读写函数 ：fgetc和fputc。

字符串读写函数：fgets和fputs。

数据块读写函数：fread和fwrite。

格式化读写函数：fscanf和fprinf。

使用以上函数都要求包含头文件stdio.h。

（1）读字符函数fgetc。fgetc函数的功能是从指定的文件中读取一个字符，读取的文件必须是以读或读写方式打开的。调用的形式为

```
charC=fgetc(fileP);
```

fileP为文件型指针变量，charC为字符变量。其意义是从打开的文件fileP中读取一个字符并送入charC中。读字符时遇到文件结束符，函数返回一个文件结束标志EOF（-1）。EOF是在stdio.h文件中定义的符号常量，值为-1。

（2）写字符函数fputc。fputc函数的功能是把一个字符写入指定的文件中。调用的形式为

```
fputc(charC,fileP);
```

charC是要输出的字符，它可以是字符常量或者是字符变量。fileP为文件型指针变量。其意义是把字符charC写入fileP所指向的文件中。如果写入成功，则返回写入的字符；如果写入失败，则返回一个EOF（-1）。

（3）读字符串函数fgets。fgets函数的功能是从指定的文件中读取一个字符串到字符数组中。函数调用的形式为

```
fgets(stringS,intN,fileP);
```

intN是一个正整数，为要求得到的字符数，但从文件中读出的字符串只有intN-1个字符，然后在最后一个字符后加上串结束标志'\0'，因此得到的字符串共有intN个字符。把得到的字符串放在字符数组stringS里面。fileP为文件型指针变量。如果在读完intN-1个字符之前遇到换行符或EOF，读操作即结束。函数返回值为stringS的首地址。

（4）写字符串函数fputs。fputs函数的功能是向指定的文件写入一个字符串。函数的调用形式为

```
fputs(stringS,fileP)
```

stringS可以是字符串常量，也可以是字符数组名，或字符型指针变量。fileP为文件型指

针变量。字符串末尾的'0'不输出，若输出成功，函数值返回为0；败则为EOF。

7. 数据块读写函数 fread 和 fwrite

有时候需要读写一组数据，如一个数组的元素，一个结构变量的值等。这时候可以使用读写数据块函数，用来读写一个数据块。函数调用的一般形式为

```
fread(buffer,intSize,unsignedCount,fileP);
fwrite(buffer,intSize,unsignedCount,fileP);
```

其中，buffer 是一个指针，在 fread 函数中，它表示存放输入数据的首地址；在 fwrite 函数中，它表示存放输出数据的首地址。intSize 表示要读写的字节数。unsignedCount 表示要读写的数据块块数（即 unsignedCount 个 intSize 大的数据块）。fileP 表示文件指针。

8. 格式化读写函数 fscanf 和 fprintf

fscanf 函数、fprintf 函数与前面使用的 scanf 函数和 printf 函数的功能相似，都是格式化读写函数。不同之处在于 fscanf 函数和 fprintf 函数的读写对象不是键盘和显示器，而是磁盘文件。函数的调用格式为

```
fscanf(文件指针,格式字符串,输入表列);
fprintf(文件指针,格式字符串,输出表列);
```

要注意的是，当在内存和磁盘频繁交换数据的情况下，最好不使用这两个函数，而使用 fread 函数和 fwrite 函数。

9. 文件的定位和测试

（1）文件的定位。上一节介绍的对文件的读写方式都是顺序读写，即读写文件只能从头开始，顺序读写各个数据。但在实际问题中常要求只读写文件中某一个指定的部分，也就是移动文件指针到需要读写的位置，再进行读写，这种读写称为随机读写。实现随机读写的关键是按要求移动文件指针，这称为文件的定位。

1）rewind 函数。其调用形式为

```
rewind(文件指针);
```

它的功能是把文件指针重新移到文件的开头。此函数没有返回值。

2）fseek 函数。fseek 函数用来移动文件指针，其调用形式为

```
fseek(文件指针,位移量,起始点);
```

其中，文件指针指向被移动的文件。位移量是指以起始点为基点，向前移动的字节数。要求位移量是 long 型数据，以便在文件的长度大于 64K 时不会出问题。当用常量表示位移量时，直接在末尾加后缀“L”。起始点表示从文件的什么位置开始计算位移量，规定的起始点有三种：文件首，当前位置和文件尾。其表示方法如表 7-2 所示。

表 7-2　文件指针三种起始点

起始点	表示符号	数字表示
文件首	SEEK_SET	0
当前位置	SEEK_CUR	1
文件末尾	SEEK_END	2

fseek 函数一般用于二进制文件，这是因为文本文件要进行转换，在计算位置的时候会出现错误。

（2）文件检测函数。C 语言中常用的文件检测函数有以下几个。

1）文件结束检测函数 feof( )。

调用格式： `feof(文件指针);`

功能：判断文件是否处于文件结束位置，如文件结束，则返回值为 1，否则为 0。

2）读写文件出错检测函数 ferror( )。

调用格式： `ferror(文件指针);`

功能：检查文件在用各种输入输出函数进行读写时是否出错。如 ferror 返回值为 0，则表示未出错，否则表示有错。

3）文件出错标志和文件结束标志置 0 函数 clearer( )。

调用格式： `clearerr(文件指针);`

功能：用于清除出错标志和文件结束标志，使它们的值为 0。

7.2.3 技能训练

【实验 7-7】编写程序，从键盘上输入一系列字符，写到磁盘文件 file 中，以“#”作为输入的结束标志，然后把文件中的内容在屏幕上输出。

指 导

本实验的功能是执行了两次磁盘文件操作：先用 fputc 函数把输入的字符放在 fileP 指向的文件中，然后把文件中的内容用 fgetc 函数逐个读取，在屏幕上显示。

程序定义了文件指针 fileP，先以写方式打开文本文件 file，并使 fileP 指向该文件。如打开文件出错，则给出提示并退出程序。输入字符到文件中的循环是以输入“#”作为循环结束的标志；然后再以读方式打开文本文件 file，循环读取文本文件的每一个字符，并显示在屏幕上，并以 EOF 作为循环的结束标志，也就是判断是否读到文件的结尾。每次文件操作结束后，都要用 fclose 函数关闭文件。

```
/*EX7_9.CPP*/
#include<stdio.h>
#include <conio.h>
#include <stdlib.h>
main( )
{
    FILE *fileP;
    char charC;
    if((fileP =fopen("file","w"))==NULL)
    {
        printf("不能打开文件 \n");
        exit(0);
    }
    printf("请输入字符:\n");
    while ((charC =getchar( ))!='#')
    {
        fputc(charC,fileP);
```

```
    }
    fclose(fileP);
    if ((fileP =fopen("file","r"))==NULL)
    {
        printf("不能打开文件\n");
        exit(0);
    }
    printf("文件内容为:\n");
    charC =fgetc(fileP);
    while(charC!=EOF)
    {
        putchar(charC);
        charC =fgetc(fileP);
    }
    fclose(fileP);
}
```

该程序首先打开当前目录中文件名为 file 的文件，然后从键盘上输入字符并存储到文件 file 中，输入完成后关闭文件 file，最后再次打开文件 file，并输出文件 file 中的字符。图 7-13 所示为该程序的一次运行实例结果图。

图 7-13　程序 EX7_9 运行结果

【实验 7-8】有两个磁盘文件 file1.txt 和 file2.txt，各存放若干行字母，今要求把这两个文件中的信息按行交叉合并（即先是 file1.txt 的第一行，接着是 file2.txt 中的第一行，然后是 file1.txt 的第二行，跟着是 file2.txt 的第二行，…），输出到一个新文件 file3.txt 中去。

指 导

以读方式打开磁盘文件 file1.txt 和 file2.txt，然后依次读取 file1.txt 和 file2.txt 的一行，交叉存入新文件 file3.txt，因此可以通过 3 个循环语句实现。具体做法为：通过 fgets 函数分别获得文件 file1.txt 和 file2.txt 中的每一行字符，分别赋值给字符数组 charArray1 和 charArray2，然后将字符数组 charArray1 和 charArray2 中的内容依次写入文件 file3.txt。假如其中某个文件读取完成，则将另一文件剩余行写入文件 file3.txt 后部。

```
/*EX7_10.CPP*/
#include<stdio.h>
#include <conio.h>
#include <stdlib.h>
main( )
{
    FILE *fileP1,*fileP2,*fileP3;
```

```
    char charArray1[255],charArray2[255];
    if((fileP1=fopen("file1.txt","r"))==NULL)
       {printf("file file1 cannot be opened\n");exit(0);}
    if((fileP2=fopen("file2.txt","r"))==NULL)
       {printf("file file2 cannot be opened\n");exit(0);}
    if((fileP3=fopen("file3.txt","w+"))==NULL)
       {printf("file file3 cannot be opened\n");exit(0);}
   while(fgets(charArray1,255,fileP1)!=NULL&&fgets(charArray2,255,fileP2)!
=NULL)
    {
       fputs(charArray1,fileP3);
       fputs(charArray2,fileP3);
    }
    while(fgets(charArray1,255,fileP1)!=NULL)
    {
       fputs(charArray1,fileP3);
    }
    while(fgets(charArray2,255,fileP2)!=NULL)
    {
       fputs(charArray2,fileP3);
    }
    /*char charC;   //以下注释掉的代码,为查看文件 file1、file2、file3 的内容,以检查
运行效果
    rewind(fileP1);
    rewind(fileP2);
    rewind(fileP3);
    printf("file1 文件内容为:\n");
    charC =fgetc(fileP1);
    while(charC!=EOF)
    {
       putchar(charC);
       charC =fgetc(fileP1);
    }
    printf("file2 文件内容为:\n");
    charC =fgetc(fileP2);
    while(charC!=EOF)
    {
       putchar(charC);
       charC =fgetc(fileP2);
    }
    printf("file3 文件内容为:\n");
    charC =fgetc(fileP3);
    while(charC!=EOF)
    {
       putchar(charC);
       charC =fgetc(fileP3);
    }*/
    fclose(fileP1); fclose(fileP2); fclose(fileP3);
 }
```

去掉上述代码中的注释符号，该程序的一次运行实例如图 7-14 所示。

图 7-14　程序 EX7_10 运行结果

【实验 7-9】 从键盘输入两个学生数据，写入一个文件中，再读出这两个学生的数据显示在屏幕上。

指 导

该实验需要一个数据结构来存储学生信息，因此需要定义一个学生结构体。并将输入后的学生信息写入文件，再读出该文件的内容，显示在屏幕上。每个学生的信息包含一组数据，因此使用数据块读写函数 fread 和 fwrite 来完成对文件的读写，程序如下。

```
/*EX7_11.CPP*/
#include<stdio.h>
#include <conio.h>
#include <stdlib.h>
struct structStu
{
   char charName[10];
   int intNum;
   int intAge;
   char charAddr[20];
}structStu_1[2],structStu_2[2],*structStuP,*structStuQ;

main( )
{
   FILE *fileP;
   structStuP= structStu_1;
   structStuQ= structStu_2;
   int intIndex;
   if((fileP=fopen("stu_list","wb+"))==NULL)
   {
      printf("Cannot open file strike any key exit!");
      exit(0);
   }
   printf("input data\n");
   for(intIndex =0; intIndex<2; intIndex++,structStuP++)
   scanf("%s %d %d %s",structStuP->charName,&structStuP->intNum,
   &structStuP ->intAge,structStuP->charAddr);
   structStuP= structStu_1;
   fwrite(structStuP,sizeof(struct structStu),2,fileP);
   rewind(fileP);
   fread(structStuQ,sizeof(struct structStu),2,fileP);
   printf("NAME\tNUMBER\t   AGE\t ADDR\n");
```

```
    for(intIndex=0;intIndex<2;intIndex++,structStuQ++)
    printf("%s\t%5d%7d\t%s\n",structStuQ->charName,structStuQ->intNum,
    structStuQ->intAge,structStuQ-> charAddr);
    fclose(fileP);
}
```

本例程序定义了一个结构 structStu，说明了两个结构数组 structStu_1 和 structStu_2 及两个结构指针变量 structStuP 和 structStuQ。structStuP 指向 structStu_1，structStuQ 指向 structStu_2。程序以读写方式打开二进制文件“stu_list”，输入二个学生数据之后，写入该文件中，然后用 rewind 函数把文件内部位置指针重新移到文件首，读出两个学生数据后，在屏幕上显示。该程序的一次运行实例如图 7-15 所示。

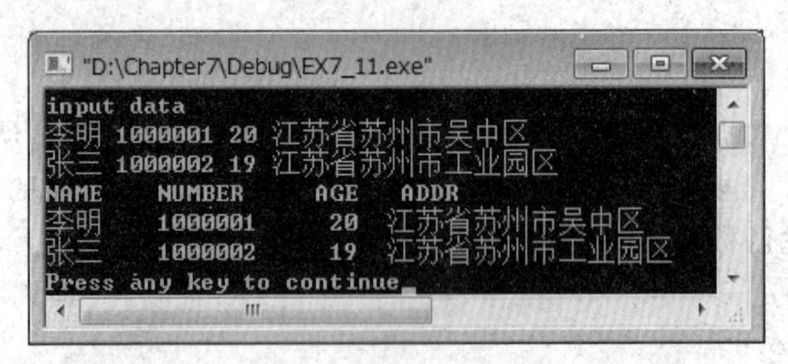

图 7-15　程序 EX7_11 运行结果

【实验 7-10】用 fscanf 和 fprintf 函数完成实验 7-9 的问题。

指 导

与函数 fread 和 fwrite 相比，fscanf 和 fprintf 函数每次只能读写一个结构数组元素，因此采用了循环语句来读写全部数组元素，程序如下。

```
/*EX7_12.CPP*/
# include<stdio.h>
#include <conio.h>
#include <stdlib.h>
struct structStu
{
    char charName[10];
    int intNum;
    int intAge;
    char charAddr[20];
}structStu_1[2],structStu_2[2],*structStuP,*structStuQ;
main( )
{
    FILE *fileP;
    structStuP= structStu_1;
    structStuQ= structStu_2;
    int intIndex;
    if((fileP=fopen("stu_list","wb+"))==NULL)
    {
       printf("Cannot open file strike any key exit!");
       exit(0);
    }
```

```
    printf("input data\n");
    for(intIndex =0; intIndex <2; intIndex++,structStuP++)
    scanf("%s %d %d %s",structStuP->charName,&structStuP->intNum,
    &structStuP ->intAge,structStuP->charAddr);
    structStuP= structStu_1;
    for(intIndex=0;intIndex<2;intIndex++,structStuP++)
    fprintf(fileP,"%s %5d %7d %s\n",structStuP->charName, structStuP-> intNum,
structStuP->intAge,structStuP-> charAddr);
    rewind(fileP);
    for(intIndex =0; intIndex <2; intIndex++,structStuQ++)
    fscanf(fileP,"%s %d %d %s\n",structStuQ->charName,&structStuQ->intNum,
    &structStuQ ->intAge,structStuQ->charAddr);
    printf("NAME\tNUMBER\t   AGE\t ADDR\n");
    structStuQ= structStu_2;
    for(intIndex=0;intIndex<2;intIndex++,structStuQ++)
  printf("%s\t%5d%7d\t%s\n",structStuQ->charName,structStuQ->intNum,structS
tuQ->intAge,structStuQ-> charAddr);
    fclose(fileP);
  }
```

本程序中，fscanf 和 fprintf 函数每次只能读写一个结构数组元素，因此采用了循环语句来读写全部数组元素。还要注意指针变量 structStuP、structStuQ，由于循环改变了它们的值，因此在程序中分别对它们重新赋予了数组的首地址。该程序的一次运行实例如图 7-16 所示。

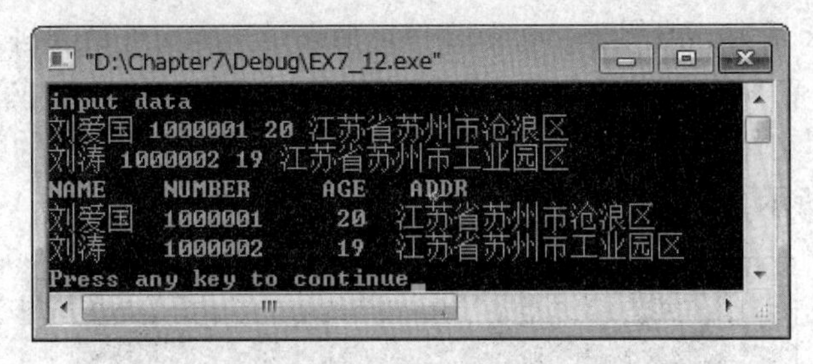

图 7-16　程序 EX7_12 运行结果

【实验 7-11】在学生文件 stu_ list 中读出第二个学生的数据。

指 导

前两个实验对文件的读取都是顺序读出，而该实验只读写文件 stu_ list 中某一指定部分的内容。因此，用函数 fseek 先将文件内部的位置指针移动到需要读写的位置，然后再使用函数 fread 读取指定数据。

```
  /*EX7_13.CPP*/
  #include<stdio.h>
  #include <conio.h>
  #include <stdlib.h>
  struct structStu
  {
     char charName[10];
     int intNum;
```

```
    int intAge;
    char charAddr[20];
}structStudent,*structStuP;
main( )
{
    FILE *fileP;
    int intIndex =1;
    structStuP =& structStudent;
    if((fileP=fopen("stu_list","rb"))==NULL)
    {
        printf("Cannot open file strike any key exit!");
        getch( );
        exit(1);
    }
    rewind(fileP);
    fseek(fileP,intIndex*sizeof(struct structStu),0);
    fread(structStuP,sizeof(struct structStu),1,fileP);
    printf("name\tnumber\t    age    addr\n");
    printf("%s\t%5d  %7d  %s\n",structStuP->charName,structStuP->intNum,
structStuP->intAge,structStuP-> charAddr);
}
```

本程序中，fseek 函数一般用于二进制文件，如果是文本文件就要进行转换，在计算位置的时候会出现错误。在完成本实验之前，可以事先使用 fwrite 函数生成二进制文件，或使用事前准备好的二进制文件。通过读取实验 7-9 所生成的文件 stu-list 里的数据，该程序的一次运行实例如图 7-17 所示。

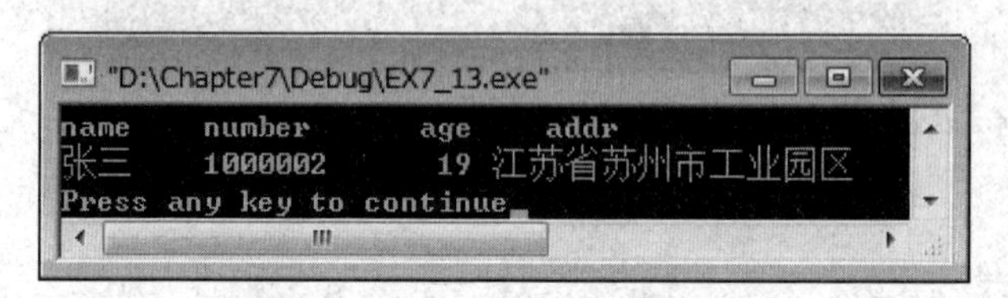

图 7-17　程序 EX7_13 运行结果

7.2.4　拓展与练习

【练习】利用本章的学习内容实现简单的文件加密。

指 导

每次对原文中的一个字符进行加密，再将加密后的这个字符存储到密文，直到将原文中的每个字符做如上处理后，才结束该加密程序。具体做法为：首先通过键盘输入加密密钥，然后读取原文中的每一个字符，与加密密钥进行异或操作，得到该字符的加密密文，然后将该加密密文存入密文中，直到处理完原文中的每个字符，程序如下。

```
/*EX7_14.CPP*/
#include <stdio.h>
#include <conio.h>
```

```
#include <stdlib.h>
main( )
{
    FILE *originalFileP,*CipherFileP;
    char charC;
    int intCipher;
    int intN;
    printf("请输入密钥 intN 的值: ");
    scanf("%d",& intN);
    if ((originalFileP =fopen("test","rb"))==NULL)
    {
        printf("不能打开文件\n");
        exit(0);
    }
    if ((CipherFileP =fopen("Ciphertext","wb"))==NULL)
    {
        printf("不能打开文件\n");
        exit(0);
    }
    charC =fgetc(originalFileP);
    while(charC!=EOF)
    {
        intCipher=(int)(charC)^intN;
        fputc((char)(intCipher),CipherFileP);
    charC =fgetc(originalFileP);
    }
    printf("加密成功! \n");
    fclose(CipherFileP);
    fclose(originalFileP);
}
```

该程序实现了较简单对称加密的一种算法。C 语言在 Visual C++环境下，一个 int 型数据占 4 字节，因此该程序可以有 4294967296 个加密密钥。现假设输入加密密钥 1234，其执行结果如图 7-18～图 7-20 所示。

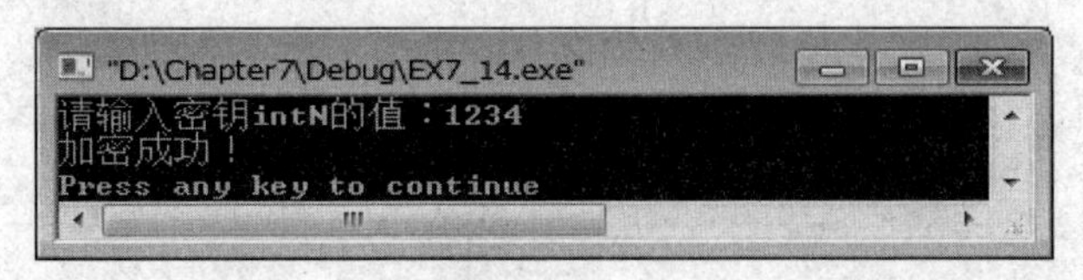

图 7-18　程序 EX7_14 运行结果

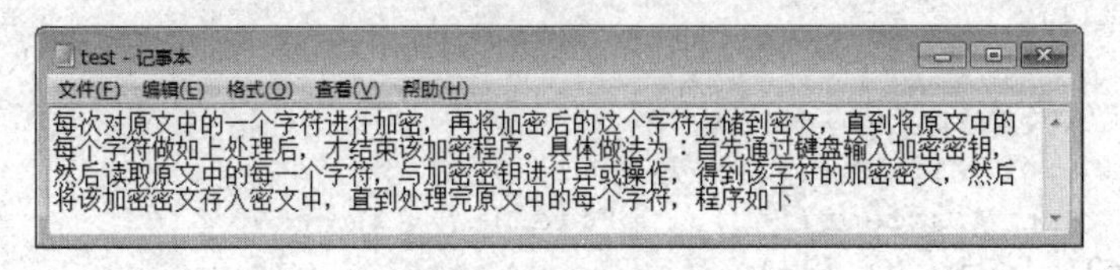

图 7-19　程序 EX7_14 加密前原文内容

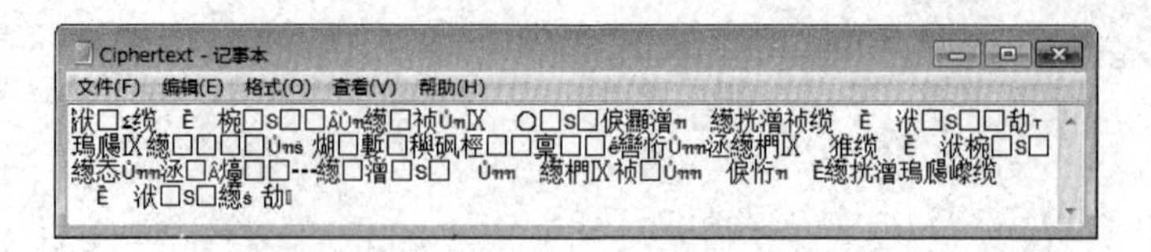

图 7-20 程序 EX7_14 加密后密文内容

此外，该实例只是为了说明通过 C 语言中的位运算与文件处理解决问题的方法。在实际中，加密算法要复杂得多，对它的处理相对也比较复杂。例如，该程序可以使用不同的加密密钥进行多次加密，或者配合使用其他位运算，对原文实现非对称加密等方法，都可以增加密文的破解难度，以达到文件传输过程中的安全性。解密为加密的逆过程，因此解密程序可以作为课后练习，由自己编程运行。

7.2.5 编程规范与常见错误

（1）使用文件时，忘记打开文件。

（2）用只读方式打开，却企图向该文件输出数据。

（3）文件使用完，忘记关闭文件等错误。

因此，文件打开前，应做到对文件的状态进行检查。

7.2.6 贯通案例——之八

1. 问题描述

在贯通案例之七的基础上实现学生成绩管理系统的加载文件、保存文件两个功能。

2. 编写源程序

```
/*  函数功能：保存学生记录文件
    函数参数：结构体指针 head,指向存储学生信息的结构体数组的首地址
              整型变量 n,表示学生人数
              整型变量 m,表示考试科目
    函数返回值：无
*/
/*EX7_15.CPP*/
void SaveScoreFile(STU *pStuHead,const int intN,const int intM )
{
    FILE *pFile ;
    int i ;
    STU *pStu = pStuHead;
    if((pFile =fopen("record","wb"))==NULL)
    {
        printf("can not open file\n");
        exit(1);
     }
    printf("\nSaving file\n");
    fwrite( &intN,sizeof(int),1,pFile ) ;
    fwrite( &intM,sizeof(int),1,pFile ) ;
    for (i=0; i< intN; i++)
    {
        fwrite(pStuHead +i ,sizeof(struct student),1,pFile ) ;
```

```
    }
    fclose(pFile) ;
    return;
}
/*  函数功能：加载学生记录文件
    函数参数：结构体指针 head,指向存储学生信息的结构体数组的首地址
              整型变量 n,表示学生人数
              整型变量 m,表示考试科目
    函数返回值：结构体指针 head,指向存储学生信息的结构体数组的首地址
*/
/*EX7_16.CPP*/
STU *LoadScoreFile(STU * pStuHead,int *pIntN,int *pIntM )
{
    FILE * pFile ;
    int i ;
    if ( (pFile =fopen("record","rb")) == NULL )
    {
        printf ("open failure\n") ;
        exit(-1) ;
    }
    fread(pIntN,sizeof(int),1,pFile) ;       /* 先读出学生数 */
    fread(pIntM,sizeof(int),1,pFile) ;       /* 先读出课程数 */
    printf("M:[%d] N:[%d]\n",* pIntM,* pIntN ) ;
    for( i=0; i<= * pIntN; i++)
    {
        fread(pStuHead + i ,sizeof( struct student),1,pFile )  ;
    }
    fclose (pFile) ;
    return pStuHead ;
}
```

3. 运行结果

运行结果如图 7-21 所示。

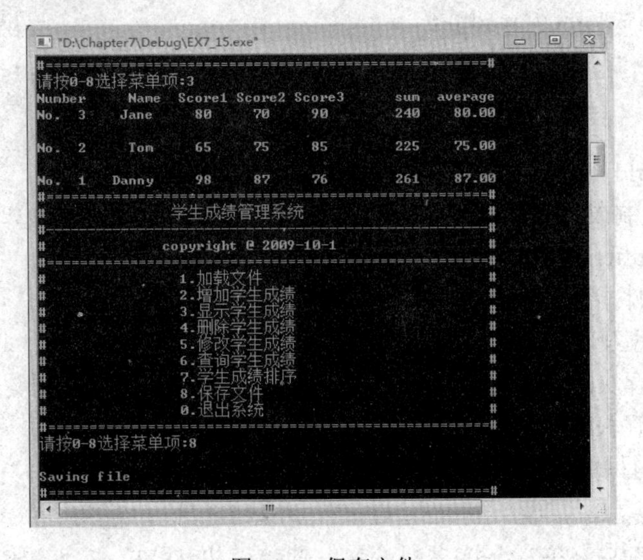

图 7-21 保存文件

自测题

一、选择题

1. 在C程序中，可把整型数以二进制形式存放到文件中的函数是（　　）。

A．fprintf 函数　　B．fread 函数　　C．fwrite 函数　　D．fputc 函数

2. 以下程序的输出结果是（　　）。

```
main( )
{
    char charX=040;
    printf("%o\n",charX<<1);
}
```

A．100　　B．80　　C．64　　D．32

3. 下面程序执行后，文件 test 中的内容是（　　）。

```
#include <stdio.h>
#include <conio.h>
#include <stdlib.h>
void fun(char *charFileName,char *charS)
{
    FILE *fileMyFile;
    int intIndex;
    fileMyFile=fopen(charFileName,"w");

    for(intIndex=0;intIndex<strlen(charS);intIndex++)
        fputc(charS[intIndex],fileMyFile);
    fclose(fileMyFile);
}
main()
{
    fun("test","new world");
    fun("test","hello,");
}
```

A．hello,　　B．new worldhello,

C．new world　　D．hello，rld

4. 读取二进制文件的函数调用形式为 `fread(buffer,intSize,unsignedCount,fileP);`，其中，buffer 代表的是（　　）。

A．一个文件指针，指向待读取的文件

B．一个整型变量，代表待读取的数据的字节数

C．一个内存块的首地址，代表读入数据存放的地址

D．一个内存块的字节数

5. 下列程序运行后，文件 t1.dat 中的内容是（　　）。

```
#include <stdio.h>
void WriteStr(char *charFileName,char *charStr)
```

```
{
    FILE *fileP;
    fileP=fopen(charFileName,"w");
    fputs(charStr,fileP);
    fclose(fileP);
}
main( )
{
    WriteStr("t1.dat","start");
    WriteStr("t1.dat","end");
}
```

A. start　　B. end

C. startend　　D. endrt

6. 下列叙述中错误的是（　　）。

A. 在C语言中，对二进制文件的访问速度比文本文件快

B. 在C语言中，二进制文件以二进制代码形式存储数据

C. 语句“FILE fp;”定义了一个名为fp 的文件指针

D. C 语言中的文本文件以ASCII码形式存储数据

7. 有以下程序，若文本文件filea.txt中原有内容为hello，则运行以上程序后，文件filea.txt的内容为（　　）。

```
#include <stdio.h>
main( )
{  FILE *fileP;
   fileP=fopen("filea.txt","w");
   fprintf(fileP,"abc");
   fclose(fileP);
}
```

A. helloabc　　B. abclo　　C. abc　　D. abchello

8. 下列叙述中正确的是（　　）。

A. C 语言中的文件是流式文件，因此只能顺序存取数据

B. 打开一个已存在的文件并进行了写操作后，原有文件中的全部数据必定被覆盖

C. 在一个程序中，当对文件进行了写操作后，必须先关闭该文件然后再打开，才能读到第1 个数据

D. 当对文件的读（写）操作完成之后，必须将它关闭，否则可能导致数据丢失

9. 设fileP已定义，执行语句“`fileP=fopen("file","w");`”后，以下针对文本文件file操作叙述的选项中正确的是（　　）。

A. 写操作结束后可以从头开始读　　B. 只能写不能读

C. 可以在原有内容后追加写　　D. 可以随意读和写

10. 下列关于C语言文件的叙述中正确的是（　　）。

A. 文件由一系列数据一次排列组成，只能构成二进制文件

B. 文件由结构序列组成，可以构成二进制文件或文本文件

C. 文件由数据序列组成，可以构成二进制文件或文本文件

D. 文件由字符序列组成，只能是文本文件

11. 下列叙述中错误的是（　　）。

A. 计算机不能直接执行用 C 语言编写的源程序

B. C 程序经 C 编译程序编译后，生成后缀为.obj 的文件是一个二进制文件

C. 后缀为.obj 的文件，经连接程序生成后缀为.exe 的文件是一个二进制文件

D. 后缀为.obj 和.exe 的二进制文件都可以直接运行

12. 设 fp 为指向某二进制文件的指针，且已读到此文件末尾，则函数 feof(fp)的返回值为（　　）。

A. EOF　　B. 非 0 值　　C. 0　　D. NULL

13. 以下叙述中错误的是（　　）。

A. gets 函数用于从终端读入字符串

B. getchar 函数用于从磁盘文件读入字符

C. fputs 函数用于把字符串输出到文件

D. fwrite 函数用于以二进制形式输出数据到文件

14. 下列程序的功能是进行位运算，程序运行后的输出结果是（　　）。

```
main( )
{
    unsigned char charA,charB;
    charA =7^3; charB =~4 & 3;
    printf("%d %d\n",charA,charB);
}
```

A. 4 3　　B. 7 3　　C. 7 0　　D. 4 0

15. 有以下程序，运行后的输出结果是（　　）。

```
main( )
{
    unsigned char unsignedCharA,unsignedCharB,unsignedCharC;
    unsignedCharA=0x3;
    unsignedCharB=unsignedCharA|0x8;
    unsignedCharC=unsignedCharB<<1;
    printf("%d%d\n",unsignedCharB,unsignedCharC);
}
```

A. -1112　　B. -6-13　　C. 1224　　D. 1122

二、填空题

1. 若 fileP 已正确定义为一个文件指针，d1.dat 为二进制文件，请填空，以便为“读”而打开此文件：fileP=fopen(________)。

2. 设有定义：`FILE *fileP;`，请将以下打开文件的语句补充完整，以便可以向文本文件 readme.txt 的最后续写内容。fileP=fopen("readme.txt", ________)。

3. 设“`int intB= 2;`”，表达式(intB<< 2)/(intB>>1)的值是________。

4. 10&6 的值是________。

5. 设 `int intA=10;`，intA<<2 的值是________。

6. 根据文件存储的内容的不同，文件可以分为________文件和________文件两种。

7. 根据存储介质的不同，文件又可以分为________文件和________文件两种。

8. 按文件中数据的组织形式，可以将其分为________文件和________文件。

9. 对文件进行读写操作之前，必须先执行________文件的操作；在读写操作结束之后，必须执行________文件的操作。

10. fopen 函数如果调用成功，返回相应文件的________；否则，返回________。

11. 在 C 程序中，文件可以用________方式存取，也可以用________方式存取。

12. feof(fileP)函数用来判断文件是否结束，如果遇到文件结束，函数值为________；否则为________。

三、程序填空题

1. 下面的程序用于统计文件中字符的个数，请填空。

```
# include <stdio.h>
main( )
{
    FILE *fileP;
    long longNum=0;
    if((fileP=fopen("file.dat","r"))==NULL)
    {
        printf("Open file error!\n");
        ________;
    }
    while________
    {
        fgetc(fileP);
        longNum++;
    }
    printf("number=%d\n",longNum);
    ________;
}
```

2. 下面的程序是从一个二进制文件中读入结构体数据，并把结构体数据显示在终端屏幕上，请填空。

```
# include <stdio.h>
struct structData
{
    int  intNum;
   float  floatTotal;
};
main( )
{
    FILE  *fileP;
    fileP=fopen("file.dat","r");
    print(fileP);
    ________;
}
print(________)
{
    struct structData structDataRb;
```

```
    while(!feof(fileP))
    {
        fread(&structDataRb,________,1,fileP);
        printf("%d,%f",________,________);
    }
}
```

四、编程题

编写程序，通过键盘输入一个文件名，然后输入一串字符（用“#”结束输入），存放到此文件中形成文本文件，并将字符的个数写到文件尾部。

附录A　ASCII码表

十进制	八进制	十六进制	控制字符	十进制	八进制	十六进制	控制字符
000	000	00	NUT	032	040	20	(space)
001	001	01	SOH	033	041	21	!
002	002	02	STX	034	042	22	”
003	003	03	ETX	035	043	23	#
004	004	04	EOT	036	044	24	$
005	005	05	ENQ	037	045	25	%
006	006	06	ACK	038	046	26	&
007	007	07	BEL	039	047	27	’
008	010	08	BS	040	050	28	(
009	011	09	HT	041	051	29	)
010	012	0A	LF	042	052	2A	*
011	013	0B	VT	043	053	2B	+
012	014	0C	FF	044	054	2C	,
013	015	0D	CR	045	055	2D	-
014	016	0E	SO	046	056	2E	.
015	017	0F	SI	047	057	2F	/
016	020	10	DLE	048	060	30	0
017	021	11	DC1	049	061	31	1
018	022	12	DC2	050	062	32	2
019	023	13	DC3	051	063	33	3
020	024	14	DC4	052	064	34	4
021	025	15	NAK	053	065	35	5
022	026	16	SYN	054	066	36	6
023	027	17	TB	055	067	37	7
024	030	18	CAN	056	070	38	8
025	031	19	EM	057	071	39	9
026	032	1A	SUB	058	072	3A	:
027	033	1B	ESC	059	073	3B	;
028	034	1C	FS	060	074	3C	<
029	035	1D	GS	061	075	3D	=
030	036	1E	RS	062	076	3E	>
031	037	1F	US	063	077	3F	?

续表

十进制	八进制	十六进制	控制字符	十进制	八进制	十六进制	控制字符
064	100	40	@	099	143	63	c
065	101	41	A	100	144	64	d
066	102	42	B	101	145	65	e
067	103	43	C	102	146	66	f
068	104	44	D	103	147	67	g
069	105	45	E	104	150	68	h
070	106	46	F	105	151	69	i
071	107	47	G	106	152	6A	j
072	110	48	H	107	153	6B	k
073	111	49	I	108	154	6C	l
074	112	4A	J	109	155	6D	m
075	113	4B	K	110	156	6E	n
076	114	4C	L	111	157	6F	o
077	115	4D	M	112	160	70	p
078	116	4E	N	113	161	71	q
079	117	4F	O	114	162	72	r
080	120	50	P	115	163	73	s
081	121	51	Q	116	164	74	t
082	122	52	R	117	165	75	u
083	123	53	S	118	166	76	v
084	124	54	T	119	167	77	w
085	125	55	U	120	170	78	x
086	126	56	V	121	171	79	y
087	127	57	W	122	172	7A	z
088	130	58	X	123	173	7B	{
089	131	59	Y	124	174	7C	|
090	132	5A	Z	125	175	7D	}
091	133	5B	[	126	176	7E	～
092	134	5C	/	127	177	7F	DEL
093	135	5D	]				
094	136	5E	^				
095	137	5F	—				
096	140	60	、				
097	141	61	a				
098	142	62	b				

续表

NUL	空	VT	垂直制表	SYN	空转同步
SOH	标题开始	FF	走纸控制	ETB	信息组传送结束
STX	正文开始	CR	回车	CAN	作废
ETX	正文结束	SO	移位输出	EM	纸尽
EOY	传输结束	SI	移位输入	SUB	换置
ENQ	询问字符	DLE	空格	ESC	换码
ACK	承认	DC1	设备控制 1	FS	文字分隔符
BEL	报警	DC2	设备控制 2	GS	组分隔符
BS	退一格	DC3	设备控制 3	RS	记录分隔符
HT	横向列表	DC4	设备控制 4	US	单元分隔符
LF	换行	NAK	否定	DEL	删除

附录 B　C 语言的关键字

auto	double	in	struct
break	else	long	switch
case	enum	register	typedef
char	extern	return	union
const	float	short	unsigned
continue	for	signed	void
default	goto	sizeof	volatile
do	if	static	while

附录C　运算符的优先级和结合性

级别	运　算　符	结　合　性
15	() []　.　->	从左至右
14	++　--　+　-　!　~(类型)　*　&　sizeof	从右至左
13	* /　%	从左至右
12	+ -	从左至右
11	<<　>>	从左至右
10	<　<=　>　>=	从左至右
9	==　!=	从左至右
8	&	从左至右
7	^	从左至右
6	|	从左至右
5	&&	从左至右
4	||	从左至右
3	? :	从右至左
2	=　+=　-=　*=　/=　%=　&=　^=　|=　<<=　>>=	从右至左
1	,	从左至右

说明：

（1）表中运算符分为15级，级别越高，优先级就越高。

（2）第14级的*代表取内容运算符，第13级的*代表乘法运算符。

（3）第14级的-代表负号运算符，第12级的-代表减法运算符。

（4）第14级的&代表取地址运算符，第8级的&代表按位与运算符。

附录D 常用C库函数

附表 D-1 输入输出函数（使用时应包含头文件“stdio.h”）

函数名称	调用形式	函数功能	返回值
close	int close(int handle);	关闭与 handle 相关联的文件	关闭成功返回 0；否则返回-1
creat	int creat(char *path,int amode);	以 amode 指定的方式创建一个新文件或重写一个已经存在的文件	创建成功时返回非负整数给 handle；否则返回-1
eof	int eof(int handle);	检查与 handle 相关的文件是否结束	若文件结束返回 1，否则返回 0；返回值为-1 表示出错
fclose	int fclose(FILE *stream);	关闭 stream 所指的文件并释放文件缓冲区	操作成功返回 0，否则返回非 0
feof	int feof(FILE *stream);	测试所给的文件是否结束	若检测到文件结束，返回非 0 值；否则返回为 0
ferror	int ferror(FILE *stream);	检测 stream 所指向的文件是否有错	若有错返回非 0；否则返回 0
fflush	int fflush(FILE *stream);	把 stream 所指向的所有数据和控制信息存盘	若成功返回 0；否则返回非 0
fgetc	int fgetc(FILE *stream);	从 stream 所指向的文件中读取下一个字符	操作成功返回所得到的字符；当文件结束或出错时返回 EOF
fgets	char *fgets(char *s,int n，FILE stream);	从输入流 stream 中读取 n-1 个字符，或遇到换行符‘\n’为止，并把读出的内容存入 s 中	操作成功返回所指的字符串的指针；出错或遇到文件结束符时返回 NULL
fopen	FILE *fopen(char *filename,char *mode);	以 mode 指定的方式打开以 filename 为文件名的文件	操作成功返回到相连的流；出错时返回 NULL
fprintf	int fprintf(FILE *stream,char *format[,argument,…]);	照原样输出格式串 format 的内容到流 stream 中，没遇到一个%，就按规定的格式依次输出一个 argument 的值到流 stream 中	返回所写字符的个数；出错时返回 EOF
fputc	int fputc(char *s,FILE *stream);	写一个字符到流中	操作成功返回所写的字符；失败或出错时返回 EOF
fputs	int fputs(char *s,FILE *stream);	把 s 所指的以空字符结束的字符串输出到流中，不加换行符‘\n’，不拷贝字符串结束标记‘\0’	操作成功返回最后写的字符；出错时返回 EOF
fread	intfread(void *ptr,int size,intn,FILE*stream);	从所给的流 stream 中读取 n 项数据，每一项数据的长度是 size 字节，放到由 ptr 所指的缓冲区中	操作成功返回所读的数据项数（不是字节数）；遇到文件结束或出错时返回 0
freopen	FILE *freopen(char Filename,char*mode, FIFE*stream);	用 filename 所指定的文件代替与打开的流 stream 相关联的文件	若操作成功返回 stream；出错时返回 NULL

续表

函数名称	调用形式	函数功能	返 回 值
fscanf	int fscanf(FIL*stream, char*format,address,…);	从流 stream 中扫描输入字段，每读入一个字段，就按照从 format 所指定的格式串中取一个从%开始的格式进行格式化，之后存在对应的地址 address 中	返回成功的扫描、转换和存储的输入字段的个数；遇到文件结束返回 EOF；如果没有输入字段被存储，则返回为 0
fseek	int fseek(FILE *stream,long offset,int whence);	设置与流 stream 相联系的文件指针到新的位置，新位置与 whence 给定的文件位置的距离为 offset 个字节	调用 fseek 之后，文件指针指向一个新的位置，成功地移动指针时返回 0；出错或失败时返回非 0 值
fwrite	int fwrite(void*ptr,int size,int n,FILE*stream);	把指针 ptr 所指的 n 个数据输出到流 stream 中，每个数据项的长度是 size 个字节	操作成功返回确切写入的数据项的个数（不是字节数）；遇到文件结束或出错时返回 0
getc	int getc(FILE*stream);	Getc 是返回指定输入流 stream 中一个字符的宏，它移动 stream 文件的指针，使之指向下一个字符	操作成功返回所读取的字符；遇到文件结束或出错时返回 EOF
getchar	int getchar();	从标准输入流读取一个字符	操作成功返回输入流中的一个字符；遇到文件结束或出错时返回 EOF
gets	char*gets(char*s);	从输入流中读取一个字符串，以换行符结束，送入 s 中，并在 s 中用‘\0’空字符代替换行符	操作成功返回指向字符串的指针；出错或遇到文件结束时返回 NULL
getw	int getw(FILE*stream);	从输入流中读取一个整数，不应用于当 stream 以 text 文本方式打开的情况	操作成功时返回输入流 stream 中的一个整数；遇到文件结束或出错时返回 EOF
kbhit	int kbhit();	检查当前按下的键	若按下的键有效，返回非 0 值；否则返回 0 值
lseek	long lseek(int handle, long offset,int fromwhere);	Lseek 把与 handle 相联系的文件指针从 fromwhere 所指的文件位置移到偏移量为 offset 的新位置	返回从文件开始位置算起到指针新位置的偏移量字节数；发生错误返回-1L
open	int open(char*path,int mode);	根据 mode 的值打开由 path 指定的文件	调用成功返回文件句柄为非负整数；出错时返回-1
printf	int printf(char *format[,argu,…]);	照原样复制格式串 format 中的内容到标准输出设备，每遇到一个%，就按规定的格式，依次输出一个表达式 argu 的值到标准输出设备上	操作成功返回输出的字符值；出错返回 EOF
putc	int putc(int c, FILE *stream);	将字符 c 输出到 stream 中	操作成功返回输出字符的值；否则返回 EOF
putchar	int putchar(int ch);	向标准输出设备输出字符	操作成功返回 ch 值；出错时返回 EOF
puts	int puts(char*s);	输出以空字符结束的字符串 s 到标准输出设备上，并加上换行符	返回最后输出的字符；出错时返回 EOF
putw	int putw(int w,FILE *stream);	输出整数 w 的值到流 stream 中	操作成功返回 w 的值；出错时返回 EOF
read	int read(int handle,void *buf,unsigned len);	从与 handle 相联系的文件中读取 len 个字节到由 buf 所指的缓冲区中	操作成功返回实际读入的字节数，到文件的末尾返回 0；失败时返回-1

续表

函数名称	调用形式	函数功能	返回值
remove	int remove(char *filename);	删除由filename所指定的文件，若文件已经打开，则先要关闭该文件再进行删除	操作成功返回0值，否则返回-1
rename	int rename(char *oldname,char *newname);	将oldname所指定的旧文件名改为由newname所指定的新文件名	操作成功返回0值；否则返回-1
rewind	viod rewind(FILE *stream);	把文件的指针重新定位到文件的开头位置	无
scanf	int scanf(char*format, address,…);	Scanf扫描输入字段，从标准输入设备中每读入一个字段，就从依次按照format所规定的格式串中取一个%开始的格式进行格式化，然后存入对应的一个地址address中	操作成功返回扫描、转换和存储的输入的字段的个数；遇到文件结束，返回值为EOF
sprintf	int sprintf(char *buffer,char format,[argu,…]);	本函数接受一系列参数和确定输出格式的格式控制串（由fromat指定），并把格式化的数据输出到buffer中	返回输出的字节数；出错返回EOF
sscanf	int sscanf(char *buffer,char *format,address,..);	扫描输入字段，从buffer所指的字符串每读入一个字段，就从依次按照由format所指的格式串中取一个从%开始的格式进行格式化，然后存入对应的地址address中	操作成功返回扫描、转换和存储的输入字段的个数；遇到文件结束则返回EOF
write	int write(int handle,void *buf,unsigned len);	从buf所指的缓冲区中写len个字节的内容到handle所指的文件中	返回实际所写的字节数；如果出错返回-1

附表 D-2　　数学函数（使用时应包含头文件“math.h”）

函数名称	调用形式	函数功能	返回值
acos	double acos(double x);	计算x的反余弦值	计算结果
asin	double asin(double x);	计算x的反余弦值	计算结果
atan	double atan(double x);	计算x的反正切值	计算结果
atan2	double atan2(double y,double x);	计算y/x的反正切值	计算结果
ceil	double ceil(double x);	舍入	返回>=x的用双精度浮点数表示的最小整数
cos	double cos(double x);	计算x的余弦值	计算结果
cosh	double cosh(double x);	计算x的双曲余弦值	计算结果
exp	double exp(double x);	计算e的x次方的值	计算结果
fabs	double fabs(double x);	计算双精度x的绝对值|x|	计算结果
floor	double floor(double x);	下舍入	返回<=x的用双精度浮点数表示的最大整数
fmod	double fmod(double x,double y);	计算x对y的模，即x/y的余数	计算结果
log	double log(double x);	计算x的自然对数ln x的值	计算结果

续表

函数名称	调用形式	函数功能	返 回 值
log10	double log10(double x);	计算 10 为底的常用对数 $\log_{10}x$ 的值	计算结果
pow	double pow(double x,double y);	计算 x 的 y 次方的值	计算结果
sin	double sin(double x);	计算 x 的正切值	计算结果
sinh	double sinh(double x);	计算 x 的双曲正切值	计算结果
sqrt	double sqrt(double x);	计算 x 的平方根的值	计算结果
tan	double tan(double x);	计算 x 的正切值	计算结果
tanh	double tanh(double x);	计算 x 的双曲正切值	计算结果

附表 D-3　　字符分类函数（使用时应包含头文件“ctype.h”）

函数名称	调用形式	函数功能	返 回 值
isalnum	int isalnum(int c);	字符分类宏，英文字符和数字字符判别	若 c 是字母（’A’～’Z’或’a’～’z’）或数字（0～9），返回非 0 值
isalpha	int isalpha(int c);	字符分类宏，英文字符判别	若 c 是字母（’A’～’Z’或’a’～’z’），返回非 0 值
iscntrl	int iscntrl(int c);	字符分类宏，删除字符或控制字符判别	若 c 的低字节的值在 0～127，返回非 0 值
isdigit	int isdigit(int c);	字符分类宏，十进制数判别	若 c 为数字字符（0～9），返回非 0 值
isgraph	int isgraph(int c);	字符分类宏，可输出字符判别	若 c 为可输出刷字符，并不包括空字符时返回值为非 0
islower	int islower(int c);	字符分类宏，小写字符判别	若 c 为小写字母（’a’～’z’），返回非 0 值
isprint	int isprint(int c);	字符分类宏，输出字符判别	若 c 为可输出字符，返回为非 0 值
ispunct	int ispunct(int c);	字符分类宏，标点符号判别	若 c 为标点，isscntrl 或 isspace 时，返回为非 0 值
isspace	int isspace(int c);	字符分类宏，格式符判别	若是空格、制表符、回车、换行、馈送符，返回非 0 值
isupper	int isupper(int c);	字符分类宏，大写字符判别	若 c 是大写字母（’A’～’Z’），返回非 0 值
isxdigit	int isxdigit(int c);	字符分类宏，十六进制数判别	若 c 是十六进制数（0～9，A～F 或 a～f）字符，返回非 0 值

附表 D-4　　字符串函数（使用时应包含头文件“string.h”）

函数名称	调用形式	函数功能	返 回 值
memchr	void memchr(void*s, int c,size_t n);	由 s 指向的内存块的前 n 个字节中搜索字符 c 中的内容	成功时返回指向 s 中 c 首次出现的位置的指针；其他情况返回 NULL
memcmp	int memcmp(void*s1, void*s2,size_t n);	从首字符开始，逐位比较 s1 和 s2 所指向的内存块的前 n 个字节	s1 所指的内容小于 s2 所指的内容，返回小于 0 的整数；s1 所指的内容等于 s2 所指的内容，返回 0；s1 所指的内容大于 s2 所指的内容，返回大于 0 的整数

续表

函数名称	调用形式	函数功能	返　回　值
memcpy	void *memcpy(void * dest,void*src,size_t n);	从 stc 拷贝 n 个字节的内容放到 dest，若 src 与 dest 重叠 memcpy 无意义	返回 dest
memmove	void *memmvoe(void *dest,void *src,size_t n);	从 src 拷贝 n 个字节的内存块到 dest	返回 dest
memset	void *memset(void *s, Int c,size_t n);	设置数组 s 的前 n 个字节均为字符 c 中的内容	返回 s
strcat	char *strcat(char*dest, char *src);	在 dest 所指的字符串的尾部添加由 src 所指的字符串	返回指向连接后的字符串的指针
strchr	char *stchr(char *s,int c);	扫描字符串 ,搜索由 c 指定的字符第 1 次出现的位置	返回指向串 s 中首次出现字符 c 的指针；若找不到由 c 所指的字符，返回 NULL
strcmp	int strcmp(char *s1, char *s2);	比较串 s1 和串 s2，从首字符开始比较，接着比较随后对应的字符，直到发现不同，或到达字符串的结束为止	当 s1<s2 时，返值<0; 当 s1=s2 时，返值=0; 当 s1>s2 时，返值>0;
strcpy	char *strcpy(char*dest, char *stc);	把串 stc 的内容拷贝到 dest	返回指向 dest 的指针
strcspn	size_t strcspn(char *s1, char *s2);	寻找第一个不包含 s2 的 s1 的字符串的长度	返回完全不包含串 s2 的 s1 的字符串的长度
strlen	size_t strlen(char *s);	计算字符串的长度	返回 s 的长度（不计空字符）串
strncat	char *strncat(char*dest, char*src,size_t maxlen)	把源串 src 最多 maxlen 个字符添加到目的串 dest 后面，再加一个空字符	返回指向 dest 的指针
strncmp	int strncmp(char *s1, char*s2,size_t maxlen);	比较串 s1 和串 s2，从首字符开始比较，接着比较随后对应的字符，直到发现不同，或到达 maxlen 位为止	当 s1<s2 时，返值<0; 当 s1=s2 时，返值=0; 当 s1>s2 时，返值>0;
strncpy	char*strncpy(char*dest, char*src,size_t maxlen)	拷贝 src 串中的最多不超过 maxlen 个字符拷贝到 dest	返回指向 dest 的指针
strpbrk	char*strpbrk(char*s1,char*s2);	扫描字符串 s1，找出字符串 s2 中的任一字符的第 1 次出现	若找到，返回指向 s1 中第 1 个与 s2 中任何一个字符相匹配的字符的指针；否则返回 NULL
strspn	size_t strspn(char*s1,char*s2);	搜索给定字符集的子集在字符串中第一次出现的段	返回字符串 s1 中开始发现包含字符串 s2 中全部字符的起始位置的初始长度
strstr	char strstr(char *s1,char *s2);	搜索给定子串 s2 在 s1 中第一次出现的位置	返回 s1 中第一次出现子串 s2 位置的指针；如果在串 s1 中找不到子串 s2，返回 NULL

附表 D-5　　动态存储分配函数

函数名称	调用形式	函数功能	返　回　值
calloc	void *calloc(size_tnitem,size_t size);	动态分配内存空间，内存量为 nitem×size 字节	返回新的分配内存块的起始地址；若无 nitem 乘 size 字节的内存空间返回 NULL

续表

函数名称	调用形式	函数功能	返　回　值
free	void free(void *block);	释放以前分配的首地址为 block 的内存块	无
malloc	void *malloc(size_t size);	分配长度为 size 字节的内存块	返回指向新分配内存块首地址的指针；否则返回 NULL
realloc	void *realloc(void *block,size_t size);	收缩或扩充已分配的内存块大小改为 size 字节	返回指向该内存区的指针

注意：在 ANSI 标准中使用时应包含头文件“stdlib.h”，不过目前很多 C 编译器都把这些信息放在“malloc.h”中。

附表 D-6　　时间函数（使用时应包含头文件“time.h”）

函数名称	调用形式	函数功能	返　回　值
asctime	char*asctime(struct tm*tblock);	转换日期和时间为 ASCII 字符串	返回指向字符串的指针
ctime	char*ctime(time_t*time);	把日期和时间转换为对应的字符串	返回指向包含日期和时间的字符串的指针
difftime	double difftime(time_t time2,time_t time1);	计算两个时刻之间的时间差	返回两个时刻的秒差值
gmtime	struct tm*gmtime(time_t *time);	把日期和时间转换为格林威治时间（GMT）	返回指向 tm 结构体的指针
time	time_t time(time_t*time);	取系统当前的时间	返回系统的当前日历时间；若系统无时间，返回-1

注意：在“time.h”文件中定义的结构 tm 如下：

```
struct tm{
    int tm_sec;      /*  秒,0～59  */
    int tm_min;      /*   分,0～59  */
    int tm_hour;     /*  小时,0～23*/
    int tm_mday;     /*  每月天数,1～31   */
    int tm_mon;      /*  从一月开始的月数,0～11  */
    int tm_year;     /*  自 1900 的年数, */
    int tm_wday;     /*  自星期日的天数,0～6   */
    int tm_yday;     /*  自 1 月 1 日起的天数,0～365*/
    int tm_isdst;    /*  采用夏时制为正,否则为 0; 若为负,则无此信息*/
```

附表 D-7　　数 据 转 换 函 数

函数名称	调用形式	功　能	返　回　值
atof	#include<atof.h> #include<stdlib.h> double atof(char*s)	将字符串转换为双精度浮点数	返回转换的双精度浮点数
atoi	#include<atof.h> #include<stdlib.h> int atoi(char*s);	把字符串转换为整型数	返回转换的整型数
atoll	#include<atof.h> #include<stdlib.h> long atoll(char*s);	把字符串转换为长整型数	返回转换得到的长整型数

续表

函数名称	调用形式	功　能	返　回　值
strtod	#include<stdlib.h> double strtod(char*s,char**endptr)	把数字串 s 转换成双精度浮点数。Endptr 是指向停止扫描字符的指针	返回转换结果
strtol	#include<stdlib.h> long strtol(char*c,char** endptr,int radix);	把字符串 s 转换成长整型数。数制 radix 可取值 2～36	返回转换结果
strtoul	#include<stdlib.h> unsigned long strtoul(char*c,char* *endptr,itn radix);	把字符串 s 转换成无符号长整型数	返回转换结果
tolower	#include<ctype.h> int tolower(int c);	把 c 的字符代码转换成小写字母代码	返回转换结果
toupper	#include<ctype.h> int toupper(int c);	把 c 的字符代码转换成大写字母代码	返回转换结果

附录 E　编译、连接时常见的错误和警告信息

C 编译程序和连接程序查出的源程序错误主要分为两类：一般错误和警告。一般错误指程序的语法错误，磁盘或内存存取错误等，编译程序将完成现阶段的编译，然后停止。警告并不阻止编译，它指出一些值得怀疑的情况，而这些情况的本身未必一定是错误的。不管是错误还是警告，编译程序首先输出错误或警告信息，然后输出源文件和发现出错或警告的行号，最后输出信息的内容，对每一条信息，提供可能产生的原因和纠正方法。请注意，错误并不一定恰好在给出的行上，即真正产生错误的行可能在编译指出的前后一行或几行。为节省篇幅，这里仅给出了常见的错误和警告信息。

常见一般错误

（1）#operator not followed macro argument name　#运算符后未跟宏参数名。
（2）‘XXXX’ not an argument　‘XXXX’不是函数参数。
（3）Argument #missing name　#参数名丢失。
（4）Argument list syntax error　#参数表语法错误。
（5）Array bound missing]　数组界符‘]’丢失。
（6）Bad file name format in include directive　包含指令中文件名格式不正确。
（7）Call of no-function　调用未定义函数。
（8）Case outside of switch　case 出现在 switch 外。
（9）Case statement missing　漏 case 语句。
（10）Compound statement missing}　复合语句漏掉‘}’。编译程序扫描到源文件时，未发现结束大括号，通常是由于大括号不匹配造成的。
（11）Could not find ‘XXX’　编译程序找不到‘XXX’文件。
（12）Declaration missing;　说明漏分号。
（13）Declaration syntax error　说明语法错误。在源文件中，某个说明丢失了某些符号或有多余的符号。
（14）Default out of switch　Default 在 switch 之外出现。
（15）Do statement must have while　Do 语句必须有 while。
（16）Do-while statement missing(　Do-while 语句中漏‘(’。
（17）Do-while statement missing)　Do-while 语句中漏‘)’。
（18）Do-while statement missing;　Do-while 语句中漏分号。
（19）Error writing output file　写输出文件错误。通常是由于磁盘空间造成的，可尽量删掉一些不必要的文件。
（20）Expression syntax error　表达式语法错误。当编译程序分析一

个表达式并发现一些严重错误时，出现本错误信息，通常是由于两个连续操作符，括号不匹配或缺少括号，前一语句漏分号等引起的。

（21）Extra parameter in call 调用时出现多余的参数。

（22）Extra parameter in call to XXX 调用XXX函数时出现了多余的参数。其中该函数由原型定义。

（23）For statement missing (for语句漏‘(’。

（24）For statement missing) for语句漏‘)’。

（25）For statement missing; for语句漏‘;’。

（26）Function call missing) 函数调用缺少‘)’。

（27）If statement missing(if语句缺少‘(’。

（28）If statement missing) if语句缺少‘)’。

（29）Illegal character ‘(’ (0xXX) 非法的字符‘(’ (0xXX)。编辑程序时发现输入文件中有一些非法字符，以十六进制方式打印该字符（以全角方式输入英文时往往会出现这种情况）。

（30）Illegal struct operation 非法结构操作。

（31）Incompatible type conversion 不相容的类型转换。

（32）Incorrect use of default default使用不正确。

（33）Initialize syntax error 初始化语法错。

（34）Invalid indirection 无效的间接运算。间接运算符（*）要求非空指针作为操作分量。

（35）Ivalid macro argument separator 无效的宏参数分隔符。

（36）Invalid use of arrow 箭头（指向运算符）使用错。

（37）Invalid use of dot 点（成员运算符）使用错。

（38）Lvalue required 赋值请求。赋值操作符左边必须是数值变量、结构引用域、间接指针和数组分量中的一个。

（39）Macro argument syntax error 宏参数语法错。

（40）Mismatch number of parameter in definition 定义中的参数和函数原型中的不匹配。

（41）Misplace break break位置错误。

（42）Misplaced continue continue位置错。

（43）Misplaced else else位置错。

（44）Misplaced else directive else指令位置错。

（45）Must be addressable 必须是可编址的。取址操作符（&）作用于一个不可编址的对象，如寄存器变量。

（46）Non_portable pointer comparison 不可移植的指针比较。源程序中，将

一个指针和一个非指针（常量零除外）进行比较，若比较恰当，应强行移植错误信息。

（47）Non_portable pointer assignment　不可移植的指针赋值。

（48）Not an allowed type　不允许的类型。

（49）Out of memory　内存不够。

（50）Pointer required on left side of operand　操作符左边应该是一个指针。

（51）Size of structure or array not known　结构或数组长度未定义。

（52）Statement missing ;　语句缺少‘;’。

（53）Structure or union syntax error　结构或联合语法错。

（54）subscripting missing]　下标缺少‘]’。

（55）Switch statement missing(　switch 语句缺少‘(’。

（56）Switch statement missing)　switch 语句缺少‘)’。

（57）Too few parameter in call　调用函数时参数太少。

（58）Too few parameter in call to ‘XXX’　调用‘XXX’时参数太少。

（59）Type mismatch in parameter #　参数“#”类型不匹配。

（60）Type mismatch in parameter # in call to ‘XXX’　调用‘XXX’时，参数“#”类型不匹配。

（61）Type mismatch in parameter ‘XXX’　参数‘XXX’类型不匹配。

（62）Type mismatch in parameter ‘XXX’ in call to ‘YYY’

调用‘YYY’时，参数‘XXX’不匹配。

（63）Unable to creat output file ‘XXX’　不能创建输出‘XXX’。当工作软盘已满或有写保护时，产生本错误。

（64）Unable to open include file ‘XXX.XX’ Options/Directories/Include Directories

不能打开含文件‘XXX.XXX’。可能是由于项目没能正确设置造成的。

（65）Unable to open input file ‘XXX’　不能打开输入文件‘XXX’。当编译程序找不到源文件时出现本错误，检查文件名是否拼错或检查相应的软盘或目录中是否有此文件。

（66）Undefined symbol ‘XXX’　符号‘XXX’未定义。可能由于说明或引用处有拼写错误，也可能是由于标识符说明错误引起的。

（67）Unexpected end of file in comment stated on line #　源文件在某个注释中意外结束。通常是由于注释结束标志“*/”引起的。

（68）Unterminated charater constant　未终结的字符常量。

（69）Unterminated string　未终结的字符串。

（70）Unterminated string or character constant　未终结的字符串或字符常量。

（71）User break　用户中断。在集成环境里进行编译或连接时，用户按了 Ctrl+Break 键。

（72）While statement missing (　　While 语句漏掉‘(’。

（73）Wrong number of argument in of ‘XXX’　　调用‘XXX’时，参数个数错。

常见警告

（1）‘XXX’ declared but never used　　说明‘XXX’但未使用。

（2）‘XXX’ is assigned a value which is never used　　‘XXX’被赋予一个未使用的值。此变量出现在一个赋值语句中，但直到函数结束都未使用过。

（3）Code has no effect　　代码无效。当编译程序遇到一个含有无效操作符的语句时，发出本警告。

（4）Conversion may lose significant digits　　转换时可能丢失高位数字。

（5）Non_portable pointer assignment　　不可移植的指针赋值。源文件中把一个指针赋给另一个非指针，或将一个非指针赋给指针，作为特例。可把常量 0 赋给一个指针。若是恰当的，可强行抑制本警告。

（6）Non_portable pointer assignment　　不可移植的指针比较。

（7）Parameter ‘XXX’ is never used　　参数‘XXX’没有使用。通常是由于拼写错误引起的。

（8）Possible use of “XXX” before definition　　在定义“XXX”以前可能已使用。

（9）Possible incorrect assignment　　赋值可能不正确。当编译程序遇到赋值操作符作为条件表达式（如 if、while 或 do_while 语句中的一部分）的主运算符时，发生本警告，通常是由于把赋值号当作等号使用了。

（10）Structure passed by value　　结构按值传送。通常在编制程序时，把结构作为参数传送，而又漏了地址操作符（&）。因为结构可按值传送，因此这种遗漏是可以接受的。

（11）Superfluous&with function or array　　在函数或数组中多余的‘&’号。取地址操作符（&）对一个数组或函数名是不必要的，应删掉。

（12）Suspicious pointer conversion　　值得怀疑的指针转换。

自测题参考答案

模 块 1

一、选择题参考答案

1. A 2. C 3. D 4. D 5. A 6. A 7. C 8. B 9. C 10. C

11. B 12. C 13. D 14. D 15. D 16. C 17. D 18. C 19. A

二、填空题参考答案

1．5

2．double

3．2 30

4．16

5．16.00

6．文件包含（或#include）

7．14

8．左

9．printf() scanf()

10．1

三、程序填空题参考答案

1．

（1） scanf("%d,%d",&intA,&intB)或 scanf("%d%d",&intA,&intB)

（2） intA=intA+intB-temp;

（3） printf("%d，%d\n",intA,intB)

2．

（1）123.4568

（2） 123.4568

（3）1234

（4） 1234

（5） abcde

3．

（1）

65 A A

48 0

0 1 9

（2）

a\b　　tw

123

四、编程题参考答案

1. 答案

```
#include<stdio.h>
main( )
{
    int intA,intB,intC;
    float floatX,floatY;
    floatX=3.6;
    floatY=4.2;
    intA=(int)floatX;
    intB=(int)(floatX+floatY);
    intC=intA%intB;
    floatX=floatX+floatY;
    printf("intA=%d,intB=%d,intC=%d,floatX=%f\n",intA,intB,intC,floatX);
}
```

2. 答案

```
#include<stdio.h>
main( )
{
    int intA,intB,intC;
    long longD;
    intA=19;
    intB=22;
    intC=650;
    longD=intA*intB*intC;
    printf("intA*intB*intC=%d\n",longD);
}
```

3. 答案

```
#include<stdio.h>
main( )
{
    int intA1,intA2;
    double doubleB,doubleC;
    doubleB=35.425;
    doubleC=52.924;
    intA1=(int)doubleB*doubleC;
    intA2=(int)doubleB%(int)doubleC;
    printf("intA1=%d,intA2=%d\n",intA1,intA2);
}
```

4. 答案

```
#include<stdio.h>
main()
{
```

```
    float floatA,floatB,floatArea;
    scanf("%f%f",& floatA,& floatB);
    floatArea =floatA*floatB;
    printf("The area is:%.2f\n",floatArea);
}
```

模 块 2

一、选择题参考答案

1. C 2. B 3. D 4. B 5. A 6. C 7. B 8. B 9. C 10. B 11. B
12. A 13. D 14. C 15. A 16. A 17. B 18. D 19. D 20. D 21. B

二、填空题参考答案

1. 10
2. 0918273645
3. 3
4. yes
5. 选择结构　循环结构
6. 0
7. (intX%3==0)&&(intX%7==0)
8. break
9. 等效
10. 非 0

三、程序填空题参考答案

1.
（1）||
（2）&& charCh<='z'
（3）if (charCh>='0' && charCh<='9')

2.
（1）10
（2）intTemp
（3）default

3.
（1）intSum=0
（2）==
（3）intI++

4.
（1）intJ=2
（2）scanf("%d",&intX);
（3）intSum=intSum-intMax-intMin

四、阅读程序题参考答案

1. 2,1

2. 0 2
3. 2,1
4. 2
5. 1
6. 5 0 3
7. 10
8. 1 3 2
9. 0
10. 3

五、编程题参考答案

```
main()
{
    int intDay,intMonth,intYear,intSum,intLeap;
    printf("\nplease input intYear,intMonth,intDay\n");
    scanf("%d,%d,%d",&intYear,&intMonth,&intDay);
    switch(intMonth)                    /*先计算某月以前月份的总天数*/
    {
        case 1:intSum=0;break;
        case 2: intSum=31;break;
        case 3: intSum=59;break;
        case 4: intSum=90;break;
        case 5: intSum=120;break;
        case 6: intSum=151;break;
        case 7: intSum=181;break;
        case 8: intSum=212;break;
        case 9: intSum=243;break;
        case 10: intSum=273;break;
        case 11: intSum=304;break;
        case 12: intSum=334;break;
        default:printf("data error");break;
    }
    intSum=intSum+intDay;               /*再加上某天的天数*/
    if(intYear%400==0 || (intYear%4==0&&intYear%100!=0)) /*判断是不是闰年*/
    intLeap=1;
      else
        intLeap=0;
    if(intLeap==1&& intMonth>2)      /*如果是闰年且月份大于2,总天数应该加一天*/
    intSum++;
    printf("It is the %dth day.",intSum);
}
```

模 块 3

一、选择题参考答案

1. D 2. D 3. A 4. C

二、填空题参考答案

1．0　9

2．0

3．99

4．'\0'

三、阅读程序题参考答案

1．135

2．240

3．024

4．98

四、程序填空题参考答案

1．

（1）intArr[0]

（2）intMax<intArr[intI]

（3）intI

2．

（1）intArr[0][0]

（2）intI

（3）intJ

3．

（1）charArrS[intI]<= '9'

（2）intNumber++

（3）intOther++

4．

（1） intP=intJ

（2） intP!=intI

（3） intArrCs[intI]

五、编程题参考答案

1．

```
#include <stdio.h>
main( )
{
    int intArr[10];
    int intI,intSum,intMax,intMin;
    intSum=0;
    intMax=intMin=intArr[0];
    printf("请输入十个数:\n");
    for(intI=0;intI<10;intI++)
        scanf("%d",&intArr[intI]);
    for(intI=0;intI<10;intI++)
    {
        if (intArr[intI]>intMax)
            intMax=intArr[intI];
```

```
        if (intArr[intI]<intMin)
            intMin=intArr[intI];
        intSum+=intArr[intI];
      }
    printf("最高分=%d 最低分=%d 平均分 =%d\n",intMax,intMin,intSum/10);
}
```

2．答案

```
main()
{
    char charC;
    int intLetters=0,intSpace=0,intDigit=0,intOthers=0;
    printf("please input some characters\n");
    while((charC=getchar())!='\n')
    {
    if(charC>='a'&&charC<='z'||charC>='A'&&charC<='Z')
        intLetters++;
    else if(charC==' ')
        intSpace++;
            else if(charC>='0'&&charC<='9')
                intDigit++;
            else
                intOthers++;
    }
    printf("all         in         all:char=%d         space=%d         digit=%d
others=%d\n",intLetters,intSpace,intDigit,intOthers);
}
```

3.（略）

4.（略）

模 块 4

一、选择题参考答案

1．A 2．A 3．D 4．A 5．C

二、填空题参考答案

1．void

2．形参 实参

3．数组的首地址

三、阅读程序题参考答案

1．10

2．15

3．9

4．15

四、程序填空题参考答案

1．

（1）-intF

（2）intM

（3）fun(10)

2.

（1）int intA，int intB

（2）intA,intB

（3）intX,intY

3.

（1）intI+1

（2）<

（3）intArr

4.

（1）strlen(charArrStr)/2 或 strlen(charArrStr)/2.0 或 0.5*strlen(charArrStr)或 intJ 或 intJ−1

（2）charArrStr[intJ−1]或*(charArrStr+intJ−1)

（3）fun(charArrSt)

五、编程题答案

1．答案

```
#include <stdio.h>
double fun(double doubleX)
{
   double doubleY;
   if(doubleX<-1)
      doubleY=doubleX*doubleX-1;
   else
      if (doubleX<=1)
         doubleY=doubleX*doubleX;
      else
         doubleY=doubleX*doubleX+1;
   return doubleY;
}
main()
{
   double doubleX;
   scanf("%f",&doubleX);
   printf("%f",fun(doubleX));
}
```

2．答案

```
#include <stdio.h>
long sum(int intM,int intA)
{
   long longS=0,longT;
   int intI,intJ;
   for(intI=1;intI<=intM;intI++)
   {
```

```
        longT=0;
        for(intJ=1;intJ<=INTI;intJ++)
            longT=longT*10+intA;
        longS=longS+longT;
    }
    return longS;
}
main()
{
    long longY;
    int intM,intA;
    scanf("%d%d",&intA,&intM);
    longY=sum(intM,intA);
    printf("%ld",longY);
}
```

模 块 5

一、选择题参考答案

1. D　2. B　3. A　4. A　5. A　6. B　7. D　8. C　9. C　10. B　11. A

二、填空题参考答案

1. int *z，　*z
2. g
3. 字节
4. 地址
5. 直接访问
6. 间接访问　指针
7. 下标　指针
8. 存储地址
9. * pInt++
10. 5

三、程序填空题参考答案

1.

（1）pInt1

（2）pInt2=pInt1

（3）*pInt2

2.

（1）pInt= intArray

（2）pInt= intArray

（3）*pInt++

3.

（1）\0

（2）intI++

（3）charStr

4．

（1）'\0'或 0

（2）intN++或 intN+=1 或 intN=intN+1

（3）intNum

四、阅读程序题参考答案

1．80，-20

2．efgh

3．8，4

4．b，B，A，b

5．10 28

五、编程题参考答案

1．答案

```
#include <stdio.h>
main( )
{
   Int intA,intB;
   int *pMax,*pMin,*pTemp;
   printf("请输入两个整数 intA,intB:");
   scanf("%d,%d",&intA,&intB);
   pMax=&intA; pMin =&intB;
   if(*pMax< *pMin)
   {
      pTemp=pMax; pMax= pMin; pMin =pTemp;
   }
   printf("\nintA=%d,intB=%d\n",intA,intB);
   printf("max=%d,min=%d\n",*pMax,*pMin);
}
```

2．答案

```
#include <stdio.h>
main( )
{
int intArray[10],i;
   int *pInt= intArray;
     printf("请输入十个整数：\n");
   for(i=0;i<10;i++)
      scanf("%d",pInt++);
   printf("输出：\n");
   pInt= intArray;
     for(i=0;i<10;i++)
      printf("%2d",*pInt++);
   printf("\n");
}
```

3. 答案

```
#include <stdio.h>
main( )
{
char charStr[20];
    char *pStr=charStr;
    puts("请输入字符串:");
    gets(charStr);
    while(*pStr!='\0')
    {
        if(*pStr=='\'')
            *pStr='A';
        pStr++;
    }
    puts(charStr);
}
```

4. 答案

```
void swap(int *pInt1,int *pInt2)
{
    int intTemp=*pInt1;
    *pInt1=*pInt2;
    *pInt2=intTemp;
}
main( )
{
    int intA=4,intB=6;
    swap(&intA,&intB);
    printf("intA=%d,intB=%d\n",intA,intB);
}
```

5. 答案

```
void inv(int intArray[],int intN)        /*形参 a 是数组名*/
{
    int intTemp;
    int *pInt1=intArray;
    int *pInt2=&intArray[intN-1];
      while (pInt1<pInt2)
    {
        intTemp=*pInt1;
        *pInt1++=*pInt2;
        *pInt2--=intTemp;
   }
}
main( )
{
    int intI,intArrayData[10]={3,7,9,11,0,6,7,5,4,2};
    printf("原始数组:\n");
    for(intI=0;intI<10;intI++)
        printf("%d,",intArrayData [intI]);
```

```
    printf("\n");
    inv(intArrayData,10);
    printf("转换后数组:\n");
    for(intI=0;intI<10;intI++)
        printf("%d,",intArrayData [intI]);
    printf("\n");
}
```

模 块 6

一、选择题参考答案

1. D 2. B 3. B 4. D 5. B

二、填空题参考答案

1．& personA.intId
2．struct DATE dateD={2006,10,1};
3．5 4
4．结构体
5．共用体
6．枚举
7．结构体
8．个数 顺序
9．pStudent->intNumber (*pStudent).intNumber
10．printf("%s", pEmployee->charName);

三、阅读程序题参考答案

1．2002 Shangxian
2．50

四、编程题参考答案

```
main()
{
    int intI,intJ,intSum;
    float floatA,floatB;
    struct student
    {
        char charName[10];
        int intN;
        int intS[5];
        float floatAver;
    };
    struct student studentTable[20];
    for(intI =0; intI <20; intI ++)
    {
        printf("输入姓名,学号,成绩:\n");
        scanf("%s%d",studentTable[intI].charName,&studentTable[intI].intN);
        for (intJ =0; intJ <5; intJ ++)
        scanf("%d",studentTable[intI].intS[intJ]);
```

```
    }
    for(intI =0; intI <20; intI ++)
    {
        intSum=0;
        for(intJ =0; intJ <5; intJ ++)
        intSum=intSum+studentTable[intI].intS[intJ];
        studentTable[intI].floatAver=intSum/5.0;
    }
    floatA=0;
    for(intI =0; intI <20; intI ++)
        floatA=floatA+studentTable[intI].floatAver;
    floatB=floatA/20;
    for(intI =0; intI <20; intI ++)
    printf("%s  平 均 分 :%.2f\n",studentTable[intI].charName,studentTable
[intI].floatAver);
    printf("总平均分:%.2f\n",floatB);
}
```

模 块 7

一、选择题参考答案

1. C 2. A 3. A 4. C 5. B 6. C 7. C 8. D 9. B 10. C

11. D 12. B 13. B 14. A 15. D

二、填空题参考答案

1. “d1.dat”，“rb”
2. “a”
3. 8
4. 2
5. 40
6. 程序　　数据
7. 磁盘　　设备
8. ASCII 码（文本）　　二进制码
9. fopen（打开）　　fclose(关闭)
10. 文件指针　　空指针值 NULL
11. 文本文件　　二进制
12. 1　　0

三、程序填空题参考答案

1.

（1）exit(0)

（2）(!feof(fileP))

（3）fclose(fileP)

2.

（1）fclose(fileP)

（2）FILE * fileP

（3）sizeof(structDataRb)

（4）structDataRb.intNum

（5）structDataRb.floatTotal

四、编程题参考答案

```
#include <stdio.h>
#include <string.h>
void main()
{
    FILE *fileP;
    int intLen;
    char charFileName[128],charArry[100];
    puts("输入文件名：");
    gets(charFileName);
    puts("输入字符串,以#结束：");
    gets(charArry);
    intLen = strlen(charArry);
    charArry[intLen-1] ='\0';
    fileP=fopen(charFileName,"w");
    if (fileP==NULL)
    {
        printf("文件创建失败！");
    }
    fprintf(fileP,"%s%d",charArry,intLen-1);
    fclose(fileP);
}
```